信息技术基础教程

薛　刚　郝雷刚　主编

中国农业大学出版社
·北京·

内 容 简 介

本书是依据教育部 2021 年发布的《高等职业教育专科信息技术课程标准》同时兼顾《全国计算机等级考试一级计算机基础及 MS Office 应用考试大纲》的要求编写的。全书共分为 6 章,分别是信息技术与计算机、文档处理、电子表格处理、演示文稿制作、信息检索以及新一代信息技术概述。本书可作为高等职业院校非计算机专业学生学习信息技术的通用教材及国家计算机等级考试(一级 MS Office)的参考用书,还可以为广大读者全面系统地获取信息技术相关知识提供帮助。

图书在版编目(CIP)数据

信息技术基础教程 / 薛刚,郝雷刚主编. -- 北京:中国农业大学出版社,2022.6
ISBN 978-7-5655-2782-1

Ⅰ.①信…　Ⅱ.①薛…②郝…　Ⅲ.①电子计算机-高等职业教育-教材　Ⅳ.①TP3

中国版本图书馆 CIP 数据核字(2022)第 086292 号

书　　名	信息技术基础教程
作　　者	薛　刚　郝雷刚　主编

策　　划	张　玉	**责任编辑**	张　玉
封面设计	郑　川		
出版发行	中国农业大学出版社		
社　　址	北京市海淀区圆明园西路 2 号	**邮政编码**	100193
电　　话	发行部 010-62733489,1190	**读者服务部**	010-62732336
	编辑部 010-62732617,2618	**出版部**	010-62733440
网　　址	http://www.caupress.cn	**E-mail**	cbsszs@cau.edu.cn
经　　销	新华书店		
印　　刷	运河(唐山)印务有限公司		
版　　次	2022 年 6 月第 1 版　2022 年 6 月第 1 次印刷		
规　　格	185 mm×260 mm　16 开本　17 印张　425 千字		
定　　价	48.00 元		

图书如有质量问题本社发行部负责调换

编写委员会

编审人员

主　编　薛　刚　郝雷刚

副主编　张聚方　李晓岭

参　编　李　娇　高　鹏　庞俊霞
　　　　陈子轩　李　婷　王　澍

主　审　王振鹏

编写说明

信息化是当今世界经济和社会发展的趋势,以计算机技术和通信技术为代表的信息技术已成为经济社会转型发展的主要驱动力,是建设创新型国家、制造强国、网络强国、数字中国、智慧社会的基础支撑。提升国民信息素养,增强个体在信息社会的适应力与创造力,对个人的生活、学习和工作,对全面建设社会主义现代化国家具有重大意义。

信息技术课程是高等职业教育专科各专业学生必修或限定选修的公共基础课程。学生通过学习本课程,能够增强信息意识、提升计算思维、促进数字化创新与发展能力、树立正确的信息社会价值观和责任感,为其职业发展、终身学习和服务社会奠定基础。

本书是依据教育部2021年发布的《高等职业教育专科信息技术课程标准》同时兼顾《全国计算机等级考试一级计算机基础及MS Office应用考试大纲》的要求编写的。编者结合多年来的实践教学经验,以信息技术相关基础知识为基础,把信息技术应用技能培养作为重点,并结合信息技术发展的前沿热点编写了本书。全书共分为6章,分别是信息技术与计算机、文档处理、电子表格处理、演示文稿制作、信息检索以及新一代信息技术概述。本书可作为高等职业院校非计算机专业学生学习信息技术的通用教材及国家计算机等级考试(一级MS Office)的参考用书,还可以为广大读者全面系统地获取信息技术相关知识提供帮助。

本书由李鹏丽担任编委会主任委员,霍自祥、王振鹏、任利民、于保国、王会民任编委会副主任委员,曹志国、薛刚、张杰、王彦勇、华梅志、李裕、孔海珍、武向梅任编委会委员。薛刚、郝雷刚任主编,张聚方、李晓岭任副主编,李娇、高鹏、庞俊霞、陈子轩、李婷、王澍参编,全书由薛刚、郝雷刚统稿,王振鹏主审。本书在编写过程中参考了大量的文献,在此对所参考引用文献的作者表示衷心的感谢!同时也对河北广电网络集团邯郸公司技术部王澍主任及河北工程大学教育技术中心李婷老师所给予的帮助一并表示衷心感谢。由于编者经验不足,学识有限,书中难免存在疏漏和不足,恳请广大读者批评指正。

编　者
2022年3月

目　录

第1章 信息技术与计算机

在信息化社会,以计算机技术、网络技术为代表的信息技术对人类社会产生了广泛影响,特别是计算机技术,其应用几乎无所不在,已成为人们工作、生活、学习不可或缺的重要组成部分,并由此形成了独特的计算机文化。信息素养与社会责任是指在信息技术领域通过对信息行业相关知识的了解内化形成的职业素养和行为自律能力;信息素养与社会责任对个人在各自行业内的发展起着重要作用。本章包含信息技术与信息化社会、计算机系统及基本工作原理、计算机中数的运算与编码、信息素养与社会责任 4 个部分。通过本章的学习,学习者应该掌握以下主要内容:

(1)理解计算机基本工作原理;

(2)理解计算机采用二进制编码的原因;

(3)掌握不同数制之间相互转换的方法;

(4)理解计算机编码的基本原理;

(5)理解计算机系统的基本组成;

(6)理解计算机硬件系统和软件系统的基本内容及两者之间的联系;

(7)了解信息素养的基本概念及主要要素;

(8)了解信息技术发展史及知名企业的兴衰变化过程,树立正确的职业理念;

(9)了解信息安全及自主可控的要求;

(10)掌握信息伦理知识并能有效辨别虚假信息,了解相关法律法规与职业行为自律的要求。

1.1 信息技术与信息化社会

1.1.1 信息概述

1.信息的概念

由于信息的多样性和应用领域的不同,对信息的定义呈现出不同的理解和描述方法,国内普遍认同的观点有以下几种。

(1)信息论创始人香农认为:信息是不确定量的减少,信息是用来消除随机不确定性的东西,信息指的是有新内容或新知识的消息。因此信息可以帮助人们消除认识上的不确定性。

(2)控制论的奠基人维纳提出:信息就是信息,不是物质,也不是能量,它是区别于物质与能量的第三类资源。物质、能量和信息是构成世界的三大要素,是人类赖以生存的三种资源。

(3)我国信息论专家钟义信教授认为:信息是事物运动的状态和方式,也就是事物内部结构和外部联系的状态和方式。

（4）我国有些专家学者认为：信息是对事物运动的状态和方式的表征，能够消除认识上的不确定性。

（5）也有些专家学者认为：信息是指利用文字、符号、声音、图形、图像等形式为载体，通过各种途径传播的内容。

2.信息的基本特征

根据信息的定义，总结出信息具有以下基本特征。

（1）传递性　信息的传递打破了时间和空间的限制。例如，甲骨文上记录的内容。

（2）共享性　信息作为一种资源，通过交流可以在不同个体或者群体间共享。例如，萧伯纳的"苹果论"。

（3）依附性和可处理性　信息不能独立存在，必须依附于一种或多种载体才能够表现出来，为人们所接受，并按照某种需要进行处理和存储。

（4）价值相对性　同一条信息只能满足某些群体某些方面的需要，也就是说有些信息对某些人有用、对某些人没用，其价值是相对的。

（5）时效性　信息不是一成不变的东西，它会随着客观事物的变化而变化，反映事物某一特定时刻的状态。例如，交通信号、股市行情、天气预报等。

（6）真伪性　人们接收到的信息，并非都是对事物的真实反映，因此信息具有真伪性。

3.信息的载体形式

由于信息本身不是实体，必须通过一定的载体才能够进行存储、传递和表现，符号、文字、语言、图形、图像、视频、音频和动画等都可以承载信息，是信息的载体形式，也是信息的常见表现形态。

4.信息的传播过程

信息的传播过程一般为：信息发出方→用何载体→以何途径→信息接收方→接收效果及作用。对于人类而言，我们通过眼睛（视觉）、耳朵（听觉）、鼻子（嗅觉）、舌头（味觉）、身体（触觉）等感觉器官接收信息、获取信息。例如，医生通过听诊器了解病人的心率，其信息接收方式是通过听觉；听障人士主要通过视觉来接收信息；视障人士主要通过听觉和触觉来接收信息。获取信息的基本过程如下：确定信息需求→确定信息来源→采集信息→保存信息。

1.1.2　信息技术概述

1.信息技术的含义

信息技术（Information Technology，IT）是指一切与信息的获取、存储、加工、表达、交流、管理和评价等有关的技术。目前，信息技术主要包括计算机技术、通信技术、传感技术和微电子技术等。

2.信息技术革命及广泛应用

人类社会发展历史上经历过5次信息技术革命，每一次都具有划时代的意义。

第一次革命是语言的产生和应用，这是人类从猿进化到人的重要标志，人类的信息能力有了一次质的飞跃。第二次革命是文字的发明和应用，文字使人类信息的存储和传递取得了重大突破，最早发现的文字是甲骨文，其首次打破了信息存储和传递的时空限制。第三次革命是造纸术和印刷术的发明和应用,造纸术和印刷术为知识的积累和传播提供了更可靠的保证,并初步实现了广泛的信息共享,扩大了信息交流的范围。第四次革命是电报、电话、广播、电视等电信技术的发明和应用,现代电信技术进一步突破了时间和空间的限制,信息传递的手段和效率再次发生了质的飞跃。第五次革命是电子计算机和通信技术的应用,快速发展的现代信息技术使人类的信息活动能力得到了空前的发展,将人类社会推进到了数字化信息时代。

随着信息技术的不断发展,其中在工作、生活、教育、科学研究、医疗保健、军事国防等方面广泛应用。比如计算机辅助设计 CAD、计算机辅助测试 CAT、计算机辅助制造 CAM、计算机辅助教学 CAI 等。

3. 信息技术的发展趋势

随着基础科学、通信技术、互联网技术等新技术的不断发展,信息技术的发展呈现出多元化、网络化、多媒体化、智能化和虚拟化的新特点。

(1)多元化 当今社会各行各业都离不开信息技术,信息技术与其他学科、领域的紧密结合和相互渗透,将引领信息技术朝着多元化方向发展。

(2)网络化 随着互联网的功能越来越强大,人类的很多活动都将通过网络完成,信息技术也在逐步朝着网络化方向发展。

(3)多媒体化 利用计算机既能阅读文章、查看图片,又能听音乐、看电影,这些都体现了信息的多媒体化。

(4)智能化 随着人工智能技术的进一步发展,以机器人为代表的人工智能技术将逐步取代人类从事某些生产劳动,人类信息技术将迈入智能化时代。

(5)虚拟化 由计算机仿真生成虚拟的现实世界。例如,VR、AR 等。

4. 信息技术对社会的影响

信息技术的广泛应用给人们的日常学习、工作和生活带来全面而深刻的影响,既有积极的一面,也有消极的一面。

(1)信息技术产生的积极影响 包含促进社会发展,创造新的人类文明,推动科技进步,加速产业变革。例如,智能制造、新能源开发、互联网创新等。现代信息技术的广泛应用也提高了人们的生活质量和学习效率,例如,电子购物、网上看病、协同办公、远程培训等。

(2)信息技术带来的消极影响 包含信息泛滥、信息污染、信息犯罪等,这些都可能成为危害人们身心健康的因素。

总之,我们要以辩证的观点看待信息技术,客观认识,扬长避短,设法消除其不利影响,合理而充分地发挥其积极作用。

1.1.3 信息化社会与计算机文化

1. 信息化社会

信息化社会也称信息社会,是以电子信息技术为基础,以信息资源为基本发展资源,以信息服务性产业为基本社会产业,以数字化和网络化为基本社会交往方式的新型社会。在农业社会和工业社会中,物质和能源是主要资源,人们所从事的是大规模的物质生产,而在信息社会中,信息成为比物质和能源更为重要的资源,以开发和利用信息资源为目的的信息经济活动迅速扩大,逐渐取代工业生产活动而成为国民经济活动的主要内容。信息经济在国民经济中

占据主导地位并构成社会信息化的物质基础。以计算机、微电子和通信技术为主的信息技术革命是社会信息化的动力源泉。信息技术在生产、生活、教育、科研、医疗保健、企业和政府管理以及家庭中的广泛应用从根本上改变了人们的生活方式、行为方式和价值观念,对经济和社会发展产生了巨大而深刻的影响,自1964年日本的梅棹忠夫第一次使用了"信息社会"后,这一概念已被越来越多的人所接受。

2. 信息化社会的主要特征

信息化社会主要有以下几个基本特征:一是在信息社会中,信息、知识成为重要的生产力要素,和物质、能量一起构成社会赖以生存的三大资源;二是社会经济的主体由制造业转向以高新科技为核心的第三产业,信息和知识产业占据了主导地位,有别于农业社会以农业经济为主导,工业社会以工业经济为主导;三是贸易不再主要局限于国内,跨国贸易和全球贸易成为主流,而交易结算也不再主要依靠现金,而是主要依靠信用;四是信息社会中劳动者的信息技术能力、信息素养和知识成为基本要求,劳动力主体不再是机械的操作者,而是信息的生产者和传播者;五是科技与人文在信息、知识的作用下更加紧密地结合起来,人类生活不断趋向和谐,社会可持续发展。

3. 计算机文化

20世纪80年代初,在瑞士洛桑召开的第三届世界计算机教育大会上,科学家最早提出了计算机文化的概念。随着计算机科学技术的发展,现代信息社会计算机技术的应用几乎无所不在,已成为人们工作、生活、学习不可或缺的重要组成部分,并由此形成了独特的计算机文化。计算机文化的真正内涵是计算机具有计算及信息处理能力。

所谓计算机文化,就是以计算机为核心,集网络文化、信息文化、多媒体文化为一体,并对人类社会的生存方式产生广泛而深远的影响的新型文化形态。这种新型文化形态可以体现为:①计算机理论及其技术对自然科学、社会科学的广泛渗透;②计算机的软、硬件设备作为人类所创造的物质设备丰富了人类文化的物质设备品种;③计算机应用介入人类社会的方方面面,从而创造和形成的科学思想、科学方法、科学精神、价值标准等成为一种新的文化观念。

计算机文化作为当今最具活力的一种新型文化形态,加快了人类社会前进的步伐,其所产生的思想观念、所带来的物质基础条件以及计算机文化教育的普及有利于人类社会的进步、发展。同时,计算机文化也带来了人类新的学习观念:面对浩瀚的知识海洋,人脑所能接受的知识是有限的,我们根本无法"背"完,电脑这种工具可以解放我们繁重的记忆性劳动,使人脑更多地用来完成"创造"性劳动。计算机文化代表一个新的时代文化,它已经将一个人经过文化教育后所具有的能力由传统的读、写、算,提升到了一个新高度,即除了能读、写、算以外,还要具有计算机运用能力(信息能力)。而这种能力可通过计算机文化的普及得到实现。计算机文化来源于计算机技术,正是后者的发展,孕育并推动了计算机文化的产生和成长,而计算机文化的普及,又反过来促进了计算机技术的进步与计算机应用的扩展。当人类跨入21世纪时,又迎来了以网络为中心的信息时代。作为计算机文化的一个重要组成部分,网络文化已成为人们生活的一部分,深刻地影响着人们的生活,极大地丰富了计算机文化的内涵,让每个人都能领略计算机文化的无穷魅力,体会计算机文化的浩瀚。

1.2 计算机系统及基本工作原理

1.2.1 计算机系统组成和发展历程

1.计算机系统的组成

一个完整的计算机系统由硬件系统和软件系统两大部分构成,如图1-1所示。

计算机硬件(Hardware)是构成计算机的各种物质实体的总和。

计算机软件(Software)是计算机上运行的各种程序及相关资料的总和。

硬件是软件建立和依托的基础,软件是计算机系统的灵魂,没有软件的计算机成为"裸机",而裸机是无法工作的。同样,没有硬件对软件的物质支持,软件的功能则无从谈起。所以把计算机系统当作一个整体,它既包括硬件也包括软件,两者不可分割。

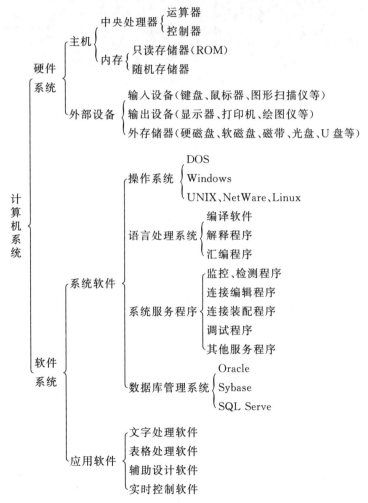

图 1-1　计算机系统组成

2.计算机的发展历程

1946年2月,世界上第一台电子计算机"电子数字积分计算机"(Electronic Numerical

Integrator and Calculator，ENIAC)在美国宾夕法尼亚大学问世，如图 1-2 所示。这是美国奥伯丁武器试验场为了满足计算弹道需要而研制的，ENIAC 的问世具有划时代的意义，代表了电子计算机时代的到来。

图 1-2　世界上第一台计算机(ENIAC)

从 ENIAC 开始，现代计算机经历了高速的发展历程，根据元器件的不同，大体经历了下面 4 个发展阶段，如表 1-1 所示。

表 1-1　计算机发展历史

代别	逻辑元件	存储方式	编程语言	特点
第一代计算机	电子管	磁鼓	机器语言	容量小，体积大，成本高，运算速度较低，只有几千到几万次/秒
第二代计算机	晶体管	磁芯存储器	初级语言	运算速度提升到几万次到几十万次/秒，有了操作系统的雏形
第三代计算机	中小规模集成电路	半导体存储器	高级语言	高级语言发展迅速，操作系统也进一步发展，开始有了分时操作系统
第四代计算机	超大规模集成电路	半导体存储器	高级语言	产生微处理器，出现了并行、流水线、高速缓存和虚拟存储器等概念

1.2.2　计算机基本工作原理

1.指令和指令系统

计算机硬件能够直接识别并执行的命令称为机器指令(简称指令)，一台计算机能够识别的指令的集合称为指令系统。指令通常由操作码和操作对象两大部分组成。操作码表示操作的类型，如：加、减、乘、除等；操作对象是指操作对象的来源(如参加运算的操作数据或操作数据地址)以及操作结果的地址(操作数据目标地址)，如图 1-3 所示。

操作码	操作数据地址(操作数据)，操作数据目标地址

图 1-3　指令组成

在设计计算机时就要确定它能执行什么样的指令,怎样表示操作码,用什么样的寻址方式等,对它们要做出具体的规定。指令类型是否丰富,指令系统的功能强弱直接决定了计算机的处理能力,影响着计算机的结构。指令的不同组合可以构成完成不同任务的程序,也就是说,程序员可以通过设计编写出实现不同任务的多个程序。计算机则会严格按照程序安排的指令顺序执行规定的操作,完成预定的任务。

需要注意的是不同类型的计算机其指令系统不同,与计算机设计相关。

2. 计算机的工作原理

计算机的基本原理是存储程序和程序控制。

计算机在运行时,先从内存中取出第一条指令,通过控制器的译码,按指令的要求,从存储器中取出数据进行指定的运算和逻辑操作等加工,然后再按地址把结果送到内存中去。接下来,再取出第二条指令,在控制器的指挥下完成规定操作。依此进行下去。直至遇到停止指令。

程序与数据一样存储,按程序编排的顺序,一步一步地取出指令,自动地完成指令规定的操作是计算机最基本的工作原理。这一原理最初是由美籍匈牙利数学家冯·诺依曼于 1954 年提出来的,故称为冯·诺依曼原理。

程序的执行过程如图 1-4 所示。

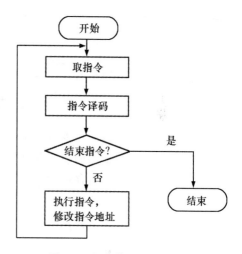

图 1-4 程序的执行过程

1.2.3 计算机硬件系统

计算机的硬件系统由 5 个基本部分组成:运算器、控制器、存储器、输入设备和输出设备。如图 1-5 所示。

图中实线箭头"——▶"代表数据流或指令流,在机器内部表现为二进制数;虚线箭头"--▶"代表控制流,在机器内部起控制作用,计算机的工作正是通过这两种不同类型的信息流动完成的。计算机中将运算器和控制器集成在一起称为中央处理器(Center Processing Unit,CPU)。而中央处理器和内存储器又组成了主机。输入设备、输出设备和外存储器合称为外部设备(Input/Output Unit,I/O)。

1. 运算器

运算器由很多逻辑电路组成,包括算术逻辑单元(Arithmetic Logical Unit,ALU)和一系列寄存器等部件。其中算术逻辑单元(ALU)是运算器的核心。它可以进行算术运算和逻辑运算。算术运算是指加、减、乘、除等;逻辑运算泛指非算术运算,如非、与、或等运算。在控制器的控制下,运算器从内存中取出数据送到运算器中进行处理,处理的结果再送回存储器。运算器的操作是在CPU内部进行的,这些操作对使用者来说是感受不到的。

2. 控制器

控制器是计算机的指挥部。它的功能是从内存中依次取出指令,分析指令并产生相应的控制信号,送向各个部件,指挥计算机的各个部件协调工作,就像人的大脑按照计划指挥躯体

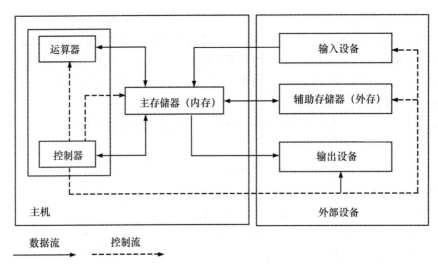

图 1-5　冯·诺依曼计算机硬件的基本结构

完成一套动作一样。因此可以说它是统一协调各部件的中枢,也是计算机中的"计算机",它对计算机的控制是通过输出的电压和脉冲信号来实现的。

控制器一般由指令寄存器、指令译码器、时序电路和控制电路组成。

3.存储器

存储器就好比是计算机的"仓库",其中有许多小的"空间"被称为存储单元,每个小的"空间"编上了号,被称为单元地址,用它们来存放输入设备送来的数据以及运算器送来的运算结果。

对存储器的操作有两种,一是"写入",二是"读取"。往存储器里"存入"数据的操作称为写入;从存储器里把数据取出来的操作叫作读取。计算机中的存储器分为主存储器和辅助存储器两种。

(1)主存储器　主存储器,又称为内存储器,简称内存。在控制器的控制下,与运算器、输入/输出设备交换信息。目前,计算机的内存都是采用大规模或超大规模的半导体集成器件。它由随机读写存储器 RAM 和只读存储器 ROM 组成。在 RAM 中的程序和数据,一旦关机就会全部丢失。主存储器的速度比运算器的速度慢,为此在中央处理器内部增加了高速缓冲存储器,以便在速度上和中央处理器匹配。

(2)辅助存储器　辅助存储器也称为外部存储器,简称外存。当用到外存中的程序和数据时,才将它们从外存调入内存。所以外存只同内存交换信息。

(3)两者区别　内存储器速度快、容量较小,可以直接向运算器和控制器提供数据和指令,用于存放计算机当前正在运行的程序和数据;与内存储器相比,外存储器的速度相对较慢,存储容量较大,而且价格相对较低,它作为内存储器的延伸和后援,用于存放暂时不用的程序和数据,因此外存储器中的程序和数据必须先调入内存器方可使用。

4.输入设备

计算机要进行数据处理,必须将程序和数据送到内存,转换为计算机能够识别的电信号,这样的设备叫作输入设备。其功能就是将数据、程序及其他信息从人们熟悉的形式转换为计算机能够接受的信息形式,输入到计算机内部。常见的输入设备有键盘、鼠标、扫描仪等。

5.输出设备

将主机的信息输出时,就要产生与输出信息相对应的各种电信号,并在显示器上显示,或在打印机上打印,或在外存储器上存放等。能够将计算机内部的信息传递出来的设备就是输出设备。其功能是将计算机内部二进制形式的信息转换成人们所需要的或其他设备所能接受和识别的信息形式。常见的输出设备有显示器、打印机、绘图仪、音箱等。

1.2.4 计算机软件系统

所谓软件是指程序、数据和相关文档的集合。一台计算机性能的好坏除了与硬件系统相关,还与所配置的软件系统密切相关。具有相同硬件的计算机,配置不同的软件系统,其工作效率都会有一定的差别。

计算机软件包括系统软件和应用软件两大类。

1.系统软件

系统软件是一个计算机系统必须配置的程序和数据集合,是计算机硬件系统正常工作必须配置的软件。系统软件又是管理、监控和维护计算机资源的软件,用来扩大计算机的功能、提高计算机的工作效率,一般由计算机生产厂家或专门的软件开发公司研制,其他程序都要在系统软件支持下编写和运行。系统软件包括各种操作系统、程序设计语言、编译或解释程序、系统服务类程序(诊断程序)、网络软件、数据库管理系统等,如表1-2所示。

表1-2 计算机系统软件举例

类型	举例说明
操作系统	DOS:是基于字符界面的单用户单任务的操作系统
	Windows:是基于图形界面的单用户多任务的操作系统
	UNIX:是一个通用的交互式的分时操作系统,用于各种计算机
	NetWare:是基于文件服务和目录服务的网络操作系统
	Linux:是一个通用的交互式的分时操作系统,用于各种计算机
语言处理程序	汇编程序:将汇编语言编写的源程序翻译成机器语言
	编译程序:将用高级语言编写的源程序翻译成二进制的目标程序,然后再通过连接装配程序,连接成计算机可执行的程序。
	解释程序:将源程序输入计算机后,用该种语言的解释程序将其逐条解释,逐条执行,执行完后只得结果,而不保存解释后的机器代码。
数据库管理系统	普及式关系型:FoxPro、Access
	大型关系型:Oracle、Sybase、SQL Serve
服务性程序	编辑程序、调试程序、装配和连接程序、测试程序等

(1)操作系统 操作系统(Operating System,OS)是计算机系统软件的核心,是方便用户管理和控制计算机软、硬件资源的系统软件(或程序集合)。其本身是系统软件的一部分,是最贴近硬件的系统软件,它由一系列具有控制和管理功能的子程序组成,用户通过操作系统来使用计算机,因此操作系统是用户和计算机之间的接口。从用户角度看,操作系统可以看成是对

计算机硬件的扩充;从人机交互方式来看,操作系统是用户与机器的接口;从计算机的系统结构看,操作系统是一种层次、模块结构的程序集合,属于有序分层法,是无序模块的有序层次调用。操作系统在设计方面体现了计算机技术和管理技术的结合。

操作系统所管理的软硬件资源包括:处理器管理、存储器管理、文件管理、作业管理和设备管理等。

一般来说,操作系统由以下几个部分组成。

①进程调度子系统:决定哪个进程使用 CPU,对进程进行调度、管理。

②进程间通信子系统:负责各个进程之间的通信。

③内存管理子系统:负责管理计算机内存。

④设备管理子系统:负责管理各种计算机外部设备,主要由设备驱动程序构成。

⑤文件子系统:负责管理磁盘上的各种文件和目录。

⑥网络子系统:负责处理各种与网络有关的东西。

(2)语言处理程序　在介绍语言处理程序之前,我们先来了解一下常见的程序设计语言有哪些。要利用计算机解决实际问题,首先要编制程序。程序设计语言就是用来编写程序的语言,它是人与计算机之间交换信息的工具。

程序设计语言是软件系统的重要组成部分,而相应的各种语言处理程序属于系统软件。程序设计语言一般分为机器语言、汇编语言、高级语言、非过程语言、智能性语言 5 类。

①机器语言。机器语言(Machine Language)是各种不同功能机器指令的集合。机器指令是一系列二进制代码,所以机器语言是计算机能直接理解并执行的语言,不用翻译,CPU 可直接执行,是各种计算机语言中运行最快的一种语言。

由于机器语言是一系列二进制代码,所以这种语言不容易被人们记忆和掌握,编写困难。不同类型的计算机机器语言是不同的,而且不可移植。机器语言是第一代语言。

②汇编语言。由于机器语言难于被人们记忆和编写,人们就对这种语言进行改进,采用助记符来代替操作码,用地址符号代替地址码。即用一些简单的英语缩写词、字母和数字符号来代替机器指令,这样使每条指令都具有明显的特征,便于使用和记忆,这种语言就是汇编语言(Assembler Language)。

汇编语言仍然是一种面向机器的语言。它的语句和机器指令一一对应,即每条指定由操作码和地址码所组成。汇编语言是第二代语言。

③高级语言。高级语言是面向用户的过程语言,它和自然语言更接近,并能为计算机所接受和执行的语言。

高级语言与硬件功能相分离,独立于具体的机器系统,在编程序时人们不需要对机器的指令系统有深入的了解,而且一个用高级语言编写的源程序可以在不同型号的计算机上使用,因此它的通用性和可移植性强。高级语言是第三代语言。

目前世界上已有数百种高级语言,大致分为 4 类:一是命令式语言,现代流行的大多数语言都是这一类型,比如 Fortran、Pascal、Cobol、C、C++、BASIC、Ada、Java、C♯ 等,各种脚本语言也被看作此种类型;二是函数式语言,这种语言非常适合于进行人工智能等工作的计算,典型的函数式语言如 Lisp、Haskell、ML、Scheme、F♯ 等;三是逻辑式语言,这种语言主要用在专家系统的实现中,最著名的逻辑式语言是 Prolog;四是面向对象语言,现代语言中的大多数都提供面向对象的支持,但有些语言是直接建立在面向对象基本模型上的,语言的语法形式的语义就是基本对象操作,主要的纯面向对象语言是 Smalltalk。

　　BASIC 便于初学者使用,也可以用于中、小型事物处理;Cobol 适用于商业、银行、交通等行业;Fortran 语言适用于大型科学计算;Pascal 适用于数据结构分析;Lisp 是一种智能程序设计语言;C 语言特别使用于编写应用软件和系统软件;Java 为面向网络的程序设计语言。

　　源程序(Source Program)是人们为解决某一问题而编制且未经计算机编译或汇编的程序,源程序只有被翻译成目标程序才能被计算机接受和执行。

　　汇编语言和高级语言的源程序必须被翻译成机器所能识别的二进制码后才能被计算机执行,这项工作是由计算机自己来完成的。翻译程序有编译程序和解释程序两种,因此在使用高级语言时,首先要给计算机配备高级语言的编译程序和解释程序。图 1-6 表示高级语言的两种编译方式。

　　编译程序将用高级语言编写的源程序翻译成二进制目标程序,然后再通过连接装配程序,连接成计算机可执行的程序。编译之后的目标程序和连接之后的可执行程序都是以文件方式存放在磁盘上,再运行可执行程序便可得到该源程序的运行结果。编译产生的目标程序运行速度快,但占内存空间大。编译过程如图 1-6(a)所示。

　　解释程序就是将源程序输入计算机后,用该种语言的解释程序将其逐条解释,逐条执行,执行完后只得结果,而不保存解释后的机器代码。再次运行这个程序时还要重新解释执行。解释过程如图 1-6(b)所示。

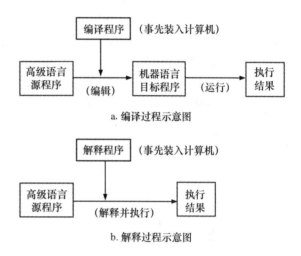

a. 编译过程示意图

b. 解释过程示意图

图 1-6　高级语言的两种编译方式

　　(3)数据库管理系统　数据库管理系统是对计算机中所存放的大量数据进行组织、管理、查询并提供一定处理功能的软件系统。常见的数据库系统有 FoxPro、Oracle、Access、SQL Server 等。数据库技术是计算机技术中发展最快、用途广泛的一个分支。可以说,在今后的任何计算机应用开发中都离不开对数据库技术的了解。先掌握微型计算机数据库的应用,再了解大型数据库技术和应用是掌握数据库技术的有效途径。

　　(4)服务性程序　服务性程序是一类辅助性的程序,它提供各种运行所需的服务,主要有:编辑程序、调试程序、装配和连接程序、测试程序等。

2. 应用软件

　　应用软件是指为用户解决某个实际问题而编制的程序和有关资料。可分为应用软件包和用户程序。应用软件包是指软件公司为解决带有通用性的问题精心研制的供用户选择的程序。用户程序是指为特定用户解决特定问题而开发的软件,面向特定的用户,如银行、邮电等行业,具有专用性。表 1-3 所列为各类计算机应用软件。

表 1-3 计算机应用软件

类型	举例说明
办公软件	微软 Office，WPS Office 等
图像处理软件	PhotoShop、数码大师、影视屏王等
媒体播放器	Realplayer、Windows Media Player、暴风影音等
媒体编辑器	会声会影、声音处理软件 Cool Edit、视频解码器 ffdshow 等
媒体格式转换器	Moyea FLV to Video Converter、Total Video Converter、Win avi Video Converter、Win MPG Video Convert、Win MPG IPod Convert、Real media Editor 等
图像浏览工具	ACDSee、2345 看图王、Google Picasa、Xnview 等
截图工具	Snagit、EPSnap、HyperSnap 等
图像/动画编辑工具	3ds Max、PhotoShop、GIF Movie Gear、Picasa、光影魔术手等
通信工具	QQ、微信等
编程/程序开发软件	JDK、Visual ASM、Microsoft Visual Studio2005 等
翻译软件	Power Word、Magic win、Systran 等
防火墙和杀毒软件	金山毒霸、卡巴斯基、瑞星、诺顿、360 安全卫士等
阅读器	CAJ Viewer、Adobe Reader 等
输入法	搜狗拼音、智能 ABC、极品五笔等
网络电视	Power Player、PPLive、PPMate、PNV、PPStream、QQLive 等
系统优化/保护工具	Windows 清理助手、Windows 优化大师、超级兔子、奇虎 360 安全卫士、数据恢复文件 Easy Recovery 等
下载软件	Thunder、Web Thunder、Bit Comet、Flash Get 等
解压缩软件	WINRAR
虚拟光驱	DAEMON Tools
数学公式编辑软件	mathType
文本编辑器	Ultra Edit

通用的应用软件，如文字处理软件、表处理软件等，为各行各业的用户所使用。文字处理软件的功能包括文字的录入、编辑、保存、排版、制表和打印等，WPS 和 Microsoft Word 是目前流行的文字处理软件。表处理软件则根据数据表自动制作图表，对数据进行管理和分析、制作分类汇总报表等，Lotus 1-2-3 和 Microsoft Excel 是目前流行的表处理软件。

专用的应用软件，如财务管理系统、计算机辅助设计（CAD）软件和部分的应用数据库管理系统等。还有一类专业应用软件是供软件开发人员使用的，称为软件开发工具，也称支持软件。例如计算机辅助软件工程 CASE、Visual C＋＋和 Visual Basic 都是面向对象的软件开发工具，Visual FoxPro 也常作为应用数据库系统的开发工具。

计算机软件和硬件之间的关系，可以用图 1-7 进行概括。

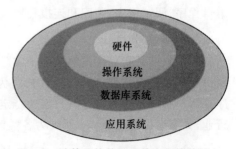

图 1-7 计算机软件和硬件之间的关系

1.3　计算机中数的运算与编码

自然界的信息是丰富多彩的,有数值、字符、声音、图形、图像、视频等。但是计算机本质上只能处理二进制"0"和"1",因此必须将各种信息转换成计算机能够接受和处理的二进制数据,这种转换往往由外部设备和计算机自动进行。进入计算机中的各种数据都要转换成二进制数据存储,计算机才能进行运算和处理;同样,从计算机中输出的数据也要进行逆向转换。

1.3.1　数制

1. 基本概念

(1)数制　数制也称计数制,是用一组固定的符号和统一的规则来表示数值的方法。人们在生产实践和日常生活中,创造了多种表示数的方法,这些数的表示规则就称为数制。人们通常采用的数制有十进制、二进制、八进制和十六进制。比如,日常生活所使用的一般是十进制,而钟表使用的是六十进制,在古代,我国还曾使用过1斤等于16两的十六进制,计算机中使用的则是二进制。它们的共同点是,对于任意的一个r进制数,即逢r进位。

(2)基数　一个数制所包含的数字符号的个数称为该数制的基数。如,十进制含0~9十个数字符号,其基数为10;二进制包含0、1两个数字,其基数为2。

为区分不同数制的数,本书中约定对于任意一个r进制的数n,记作:$(n)_r$。如$(1010)_2$、$(610)_8$、$(13BE)_{16}$,分别表示二进制数、八进制数和十六进制数。不用括号及下标的数,默认为十进制数。人们也习惯在数的后面加上字母 D(十进制)、B(二进制)、O(八进制)、H(十六进制)来表示其前面的数所采用的数制,如13BEH 表示一个十六进制数,而1010B 表示的是一个二进制数。

(3)位值　位值也叫权。任何一个数都是由一串数字表示的,其中每一位数字所表示的实际值除本身的数值外,还与它所处的位置有关,由位置决定的值就叫位值。例如,十进制数126.45,整数部分右起第1位代表数值6,即6×10^0;第2位代表20,即2×10^1;第3位代表100,即1×10^2。小数部分左起第1位代表0.4,即4×10^{-1};第2位代表0.05,即5×10^{-2}。故权$= r^i (i = -m \sim n, m、n$为自然数,$r$为数制的基数)。

当然,任意一个数制最右边的数字,权最小;最左边的数字,权最大。而且高一位的权是相邻低一位的权与该数制基数之积。

(4)数值的按权展开　存在这样一个规律:任何一个数都是其各位数字本身的值与其权之积的总和,这种形式叫作数值的按权展开,可用下式表示:

$$d = \sum_{i=-m}^{n-1} x_i r^i$$

式中,d为该数的十进制表示,n为整数位数,m为小数位数,r为基数,x为任意一位。

比如:

$126.45 = 1 \times 10^2 + 2 \times 10^1 + 6 \times 10^0 + 4 \times 10^{-1} + 5 \times 10^{-2}$

$(1010.01)_2 = 1 \times 2^3 + 0 \times 2^2 + 1 \times 2^1 + 0 \times 2^0 + 0 \times 2^{-1} + 1 \times 2^{-2} = 10.25$

2.常用数制

常用的数制有十进制、二进制、八进制和十六进制。

(1)十进制　基数为10,即逢10进位。它含有10个数字符号:0、1、2、3、4、5、6、7、8、9,权为$10^i(i$为自然数)。这里,权均以十进制数表示。十进制是人们最习惯使用的一种数制。

(2)二进制　基数为2,即逢2进位。它含有两个数字符号:0、1。权为$2^i(i$为自然数)。二进制是计算机中最常用的数制,这是因为二进制具有如下优点。

①可行性。采用二进制,它只有0和1两个状态,这在物理上是容易实现的。在计算机中就是利用了电平的高低、电流的有无、开关的通断、晶体管的导通与截止这些明显区别的状态来表示二进制数值。这比用十个物理状态来表示十进制数要容易得多。

②简易性。二进制数的运算法则简单,如二进制的求和法则只有3种:

$0+0=0$

$0+1=1=1+0$

$1+1=10$

而十进制数的求和法则就很多,有$(10×11)/2=55$种,所以使用二进制可以使计算机运算器的结构大为简化。

③逻辑性。由于二进制数符号1和0正好与逻辑代数中的"真"与"假"相对应,所以用二进制来表示逻辑二值,进行逻辑运算就十分自然方便。

④可靠性。由于二进制只有0和1两个符号,因此在存储、传输和处理时不容易出错,这就使计算机的高可靠性得到了保证。但是,二进制也有明显的缺点:书写复杂,不便阅读。所以,二进制数常转换为八进制或十六进制数表示。

(3)八进制　基数为8,即逢8进位。它含有8个数字符号:0、1、2、3、4、5、6、7,权为$8^i(i$为自然数)。

(4)十六进制　基数为16,即逢16进位。它含有16个数字符号:0、1、2、3、4、5、6、7、8、9、A、B、C、D、E、F,权为$16^i(i$为自然数)。其中的A、B、C、D、E、F依次与十进制的10、11、12、13、14、15相对应。

应当指出,二进制、八进制、十六进制和十进制都是计算机中常用的数制,所以在一定数值范围内直接写出它们之间的对应表示,也是经常遇到的。表1-4列出了0～15这16个十进制数与其他3种数制的对应表示。

表1-4　不同进制权值表

十进制	二进制	八进制	十六进制
0	0000	0	0
1	0001	1	1
2	0010	2	2
3	0011	3	3
4	0100	4	4
5	0101	5	5
6	0110	6	6

续表1-4

十进制	二进制	八进制	十六进制
7	0111	7	7
8	1000	10	8
9	1001	11	9
10	1010	12	A
11	1011	13	B
12	1100	14	C
13	1101	15	D
14	1110	16	E
15	1111	17	F
16	10000	20	10

1.3.2 不同数制间的转换

1. 二进制数、八进制数、十六进制数转换为十进制数

利用按权展开的方法,可以把任意一个数制的数转换成十进制数。

【例1】将二进制数$(1001.101)_2$转换成十进制数

解:$(1001.101)_2 = 1 \times 2^3 + 0 \times 2^2 + 0 \times 2^1 + 1 \times 2^0 + 1 \times 2^{-1} + 0 \times 2^{-2} + 1 \times 2^{-3} = 9.625$

【例2】将八进制数$(312.64)_8$转换成十进制数

解:$(312.64)_8 = 3 \times 8^2 + 1 \times 8^1 + 2 \times 8^0 + 6 \times 8^{-1} + 4 \times 8^{-2} = 202.8125$

【例3】将十六进制数$(A15.C)_{16}$转换成十进制数

解:$(A15.C)_{16} = 10 \times 16^2 + 1 \times 16^1 + 5 \times 16^0 + 12 \times 16^{-1} = 2581.75$

2. 十进制数转换为二进制数

把十进制数转换为二进制数的方法是:对整数部分和小数部分进行分别处理,整数转换用除以2取余倒排列法,小数转换用乘2取整正排列法。

【例4】将十进制数$(165.8125)_{10}$转换为二进制数。

解:整数部分165转换和小数部分0.8125转换如下所示:

即 $(165.8125)_{10} = (10100101.1101)_2$

上面的例子中,小数部分经过有限次乘 2 取整过程后就结束运算。但在有的情况下也可能是无限的,这就需要根据精度的要求在适当的位置上截止。八进制和十六进制数的转换中也有类似的情况。

3. 十进制数转换为八进制数

将十进制数转换成八进制数的方法是:整数部分转换采用除以 8 取余倒排列法;小数部分转换采用乘以 8 取整正排列法。

【例 5】将十进制数 $(136.5625)_{10}$ 转换为八进制数。

解:整数部分 136 和小数部分 0.5625 转换过程如下:

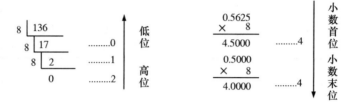

即 $(136.5625)_{10} = (210.44)_8$

4. 十进制数转换为十六进制数

将十进制数转换成十六进制数的方法是:整数部分转换采用除以 16 取余倒排列法;小数部分转换采用乘以 16 取整正排列法。

【例 6】将十进制数 $(1236.21875)_{10}$ 转换为十六进制数。

解:整数部分 1236 和小数部分 0.21875 转换过程如下:

即 $(1236.21875)_{10} = (4D4.38)_{16}$

5. 二进制数、八进制数、十六进制数间的转换

二进制数编码存在这样一个规律:n 位二进制数最多能表示 2^n 种状态,分别对应 $0, 1, 2, \cdots, 2^{n-1}$。因此若用一组二进制数表示具有 8 种状态的八进制数,至少要用 3 位。同样,表示一个十六进制数,至少要用 4 位。

(1)二进制数转换成八进制、十六进制数　将一个二进制数转换成八进制数,自小数点开始分别向左、向右每 3 位一组划分,不足 3 位的组以 0 补足,然后将每组二进制数以 1 位等值的八进制数代之即可。

将一个二进制数转换成十六进制数,自小数点开始分别向左、向右每 4 位一组划分,不足 4 位的组以 0 补足,然后将每组二进制数以 1 位等值的十六进制数代之即可。

【例 7】将二进制数 $(111100110.10111)_2$ 转换为八进制数。

解：将二进制数以小数点为基准，分别向左向右每3位一组，不足3位的以0补足，再将每组化为等值的八进制数，其具体过程如下，

$$(111100110.10111)_2 = 111\ 100\ 110\ .\ 101\ 110 = (746.56)_8$$
$$\qquad\qquad\qquad\ \ 7\quad 4\quad 6\ .\ 5\quad 6$$

【例8】将二进制数$(1111100101.10111)_2$转换为十六进制数

解：将二进制数以小数点为基准，分别向左向右每4位一组，不足4位的以0补足，再将每组化为等值的十六进制数，其具体过程如下：

$$(1111100101.10111)_2 = 0011\ 1110\ 0101\ .\ 1011\ 1000 = (3E5.B8)_{16}$$
$$\qquad\qquad\qquad\qquad\ \ 3\quad 14\quad 000\ .\ 11\quad 8$$

（2）八进制数、十六进制数转换成二进制数　将八进制数转换成二进制数，其过程与二进制数转换成八进制数相反。即将每一位八进制数字以等值的3位二进制数代之即可。

将十六进制数转换成二进制数，其过程与二进制数转换成十六进制数相反。即将每一位十六进制数字以等值的4位二进制数代之即可。

【例9】将$(3760.562)_8$转换成二进制数。

解：将每一位转换成对应的3位二进制数：

$$(3760.562)_8 = 3\quad 7\quad 6\quad 0\ .\ 5\quad 6\quad 2\ = (11111110000.10111001)_2$$
$$\qquad\qquad\quad\ \ 011\ 111\ 110\ 000\ .\ 101\ 110\ 010$$

【例10】将$(50E.F4)_{16}$转换成二进制数。

解：将每一位转换成对应的4位二进制数：

$$(50E.F4)_{16} = 5\quad 0\quad E\ .\ F\quad 4\ = (10100001110.111101)_2$$
$$\qquad\qquad\quad\ \ 0101\ 0000\ 1110\ .\ 1111\ 0100$$

1.3.3　常用的信息编码

计算机只认识二进制数，即在其内部进行运算、存储、接收、发出数据等都是使用二进制。而无论从键盘输入，还是在显示器或打印机上看到的字符（数字、字母、汉字等）都是非二进制数，怎样把这些非二进制数据变成二进制数？这就涉及了信息编码，即人机交互时各种字符由机器自动转换成它能识别的数据的问题。常用的信息编码有 BCD 码和 ASCII 码等。

1. BCD 码

BCD 码是英文 Binary Coded Decimal 的缩写，简称二-十进制编码，也称二进码十进数，专门解决用二进制数表示十进制数的问题，它是采用若干位二进制数码表示一位十进制数的编码方案。

二-十进制编码方法很多，最常用的是 8421 编码，8421 码和十进制数之间是一种直接按位转换，其方法是用4位二进制数表示1位十进制数，而4位二进制数自左至右每一位对应的位权是 2^3、2^2、2^1、2^0，即 8、4、2、1。

BCD 码用4位二进制数码表示 0～9 的十进制数，如表1-5所示。

表 1-5 0~9 的十进制

十进制	0	1	2	3	4	5	6	7	8	9
BCD 码	0000	0001	0010	0011	0100	0101	0110	0111	1000	1001

例如,将 618 转换为 BCD 码。

618=(011000011000)BCD

注意:

①BCD 码在书写时,每一个 BCD 码之间一定要留有空隙,从而避免 BCD 码与纯二进制数混淆。

②BCD 码仅在形式上变成了 0 和 1 组成的二进制形式,而实质上它表示的是十进制数,不过每位十进制数用 4 位二进制数编码罢了,运算规则和数值都是十进制的。

BCD 码常用于 IBM 大型机中,多用于科学计算。

2. ASCII 码

ASCII 码是英文 American standard Code Information Interchange 的缩写,意为"美国标准信息交换码",用于给西文字符编码。这种编码由七位二进制数组合而成,可以表示 2^7＝128 种编码,其中包括:数码 0~9,26 个大写英文字母,26 个小写英文字母,以及各种运算符号(如＋、－、*、/)、标点符号及控制命令(如回车 CR、换行 LF、退格 BS、警告 BEL 及删除 EDL 等)等,详见表 1-6。

表 1-6 7 位 ASCII 码表

低位	高位							
	000	001	010	011	100	101	110	111
0000	NUL	DLE	SP	0	@	P	、	p
0001	SOH	DC1	!	1	A	Q	a	q
0010	STX	DC2	"	2	B	R	b	r
0011	ETX	DC3	#	3	C	S	c	s
0100	EOT	DC4	$	4	D	T	d	t
0101	ENQ	NAK	%	5	E	U	e	u
0110	CK	SYN	&.	6	F	V	f	v
0111	BEL	ETB	'	7	G	W	g	w
1000	BS	CAN	(	8	H	X	h	x
1001	HT	EM	)	9	I	Y	i	y
1010	LF	SUB	*	:	J	Z	j	z
1011	VT	ESC	+	;	K	[	k	{
1100	FF	FS	,	<	L	\	l	|
1101	CR	GS	—	=	M	]	m	}
1110	SO	RS	.	>	N	↑	n	~
1111	SI	VS	/	?	O	↓	o	DEL

由表1-5可知,ASCII码值的排列由小到大为空格、字符(一些控制命令和符号)、数字、大写英文字母、小写英文字母,其中英文字母又按从A到Z依次增加的方法排列,例如:字母"A"的ASCII码为1000001(对应的十进制为65);字母"E"的ASCII码为1000101(对应的十进制为69)。

通常,每个字符的ASCII码用一个字节(8位二进制码)来存储和表示。其最高位(即左端第一位)一般置"0"。而最高位置"1"的ASCII码,即码值大于十进制数128的则称为扩展ASCII码,它用于表示其他几种西文文字和一些特殊符号。为了表示方便,一般不将某个字符的ASCII码直接书写成二进制数码,而用其对应的十进制或十六进制数表示。

3. 汉字编码

汉字处理系统对每种汉字输入方法规定了汉字输入计算机的代码,即汉字外部码(又称输入码),由键盘输入汉字用的是汉字的外部码。计算机识别汉字时,要把汉字的外部码转换成汉字的内部码(汉字的机内码)以便进行处理和存储。由于汉字的方块式的特殊形式,即为了将汉字以点阵的形式输出,计算机还要将汉字的机内码转换成汉字的字型码,以确定汉字的点阵,并且在计算机和其他系统或设备需要信息、数据交换时,还必须采用交换码。

(1)汉字外部码 汉字的外部码又称输入码,简称外码,由键盘输入汉字时主要是输入汉字的外码,每一个汉字对应一个外部码。目前,汉字的输入编码很多,好的编码方案应该是:简单清晰、直观易学、容易记忆、码位短、输入速度快、重码少。汉字输入方法不同,同一汉字的外码也可能不同,用户可根据自己的需要选择不同的输入方法。目前,使用得比较普遍的汉字输入方法是拼音法、五笔字型和智能ABC输入法等。

(2)汉字机内码 汉字机内码简称内码,是计算机内部存储和加工汉字时所用的代码。计算机处理汉字,实际上是处理汉字机内码。不管用哪种汉字输入码将汉字输入计算机,为了存储和处理方便,都需要将各种输入码转换成长度一致的汉字机内码。一般用两个字节表示一个汉字的内码。对于英文DOS而言,机内码是ASCII码,用一个字节表示1个字符。

(3)汉字交换码 汉字交换码又称国际码。汉字信息在传递、交换中必须规定统一的编码才不会造成混乱。目前国内计算机普遍采用的标准汉字交换码是1981年我国根据有关国际标准规定的《信息交换用汉字编码字符集——基本集》,即GB 2312—1980,简称国际码。

国际码收录的汉字和图形符号共7 445个,分为两级汉字。其中一级汉字3 755个,属于常用汉字,按汉字拼音字母顺序排序;二级汉字3 008个,属于非常用汉字,按部首顺序排序;还收录了682个图形符号。

交换码采用二维表的形式列出,在此二维表中有94行、94列,其中行号叫区号,列号叫位号。汉字区位码就是汉字实际所在的区号和位号组合在一起而得到的。

国际码采用两个字节表示一个汉字,每个字节只使用了低七位。这样,就达到了汉字和英文完全兼容的目的。但当英文字符与汉字字符混合存储时,容易发生冲突。所以,人们把国际码的两个字节高位放置1,作为汉字的内码使用。

(4)汉字输出码 汉字输出码又称汉字字形码或汉字发生器编码,对汉字字形经过点阵的数字化的一串二进制数称为汉字输出码。汉字输出码的作用是输出汉字。但汉字机内码不能直接作为每个汉字输出的字形信息,还需根据汉字机内码在字形库中检索出相应汉字的字形信息后才能由输出设备输出。

①汉字字形点阵。汉字的字形称为字模,以点阵表示。点阵中的点对应存储器中的一位,

对于 16×16 点阵的汉字,共有 256 个点,即 256 位。由于在计算机中,一个字节相当于 8 个二进制位,因此 16×16 点阵汉字需要 2×16＝32 个字节表示一个汉字的点阵数字信息(字模)。同理,24×24 点阵汉字需要 3×24＝72 字节表示一个汉字;32×32 点阵汉字需要 432＝128 个字节表示。总之,点阵数越大,分辨率越高,字形越美观,但是占用的存储空间越大。

②汉字字库。汉字字形数字化后,以二进制文件形式存储在存储器中,构成汉字字模库,汉字字模库又称汉字字形库,简称汉字字库。

汉字字库分为软字库和硬字库两种。软字库的汉字字库文件存储在软盘或硬盘中,需要时从它所在的磁盘上把字库加载到内存中即可。软字库使用灵活、方便,但是需要占用一定的内存空间。大多数用户是在安装汉字系统时把汉字字库存储在硬盘中,一般提供 16×16 点阵字库和 24×24 点阵字库。硬字库是将字库固化在汉卡中,用汉卡存储汉字字库,并将汉卡安装在机器的扩展槽中。汉卡由 ROM 或 RAM 芯片制成。使用汉卡可提高访问速度,节省存储空间,但是汉卡的造价较高。如今,由于存储容量的不断扩大,一般用户都是使用软字库。

1.3.4　计算机常用术语

1. 数据

从数学的角度来讲,数据是单纯数值型的,即纯数字,例如正数、负数,整数、小数、有理数、无理数等。而在计算机科学中,数据不仅指狭义上的数字,而是所有能输入计算机并被计算机程序处理的符号的介质的总称,是信息的表现形式和载体。数据可以是具有一定意义的文字、字母、数字符号的组合、图形、图像、视频、音频等,也可以是客观事物的属性、数量、位置及其相互关系的抽象表示。

2. 位与字节

位、字节是计算机数据存储的单位。位是最小的存储单位,指二进制中的一个位数:0 或 1,记为 bit。计算机在存储数据时,一个字节由 8 个二进制位构成,英文为 byte,一般记作 B,即 1 B＝8 bit,它是计算机存储数据的基本单位。

3. 字与字长

在计算机中,作为一个整体参与运算、处理和传送的一串二进制数,称为一个字(Word)。组成该字的二进制数的“位数”,称为字长。字长是计算机一次所能处理数据的实际位数,它决定了计算机处理数据的速率,是衡量计算机性能的一个重要指标,字长越长,计算精度越高,计算速度越快。字长通常是一个或若干个字节的倍数,如 8 位、16 位、32 位、64 位等,也常用字长来区分计算机,如 8 位机、16 位机、32 位机、64 位机等。

4. 存储容量

计算机的存储容量用于衡量存储器存储能力的大小,用存储的字节数来表示,常用单位是字节(B)、千字节(KB)、兆字节(MB)、千兆字节(GB)、太字节(TB),它们的换算关系为:

1 B＝8 bit

1 KB＝2^{10} B＝1 024 B

1 MB＝$2^{10}×2^{10}$ B＝1 024×1 024 B＝1 024 KB

$1\ GB=2^{10}\times 2^{10}\times 2^{10}\ B=1\ 024\times 1\ 024\times 1\ 024\ B=1\ 024\ MB$

$1\ TB=2^{10}\times 2^{10}\times 2^{10}\times 2^{10}\ B=1\ 024\times 1\ 024\times 1\ 024\times 1\ 024\ B=1\ 024\ GB$

1.3.4.5　指令与程序

（1）指令　指令是指挥计算机执行某种基本操作的命令。它是计算机能够识别的一组二进制编码。通常一条指令由两部分组成：第一部分指出应该进行什么样的操作，称为操作码；第二部分指出参与操作的数本身或它在内存中的地址，称为操作数。

（2）程序　一条指令规定一种操作，由一系列有序的指令组成的集合称为程序。例如：

```
LET A＝3
LET B＝4
LET C＝A＋B
PRINT C
END
```

上面就是一个简单的 BASIC 语言程序。很明显，它是由一条条指令组成的。

1.4　信息素养与社会责任

在技术变革和信息爆炸的时代，不管是日常生活、工作还是学术研究中，每个人都面临着不同的信息选择，都必须了解信息需求，知道如何及何时借助各种工具进行信息检索、评价和有效利用。由于信息素养对个体事业和生活的重要性，信息素养教育受到世界各国的广泛重视，并逐渐纳入高职院校的教学目标和评估体系中，成为评价人才综合素质的重要指标。

1.4.1　信息素养及组成要素

1. 基本概念

信息素养（Information Literacy）也称信息文化。1974 年，美国信息产业协会主席保罗·车可斯基（Paul Murkowski）将其定义为：利用众多信息工具以及主要信息资源解决具体问题的技能。1985 年，帕特里克·布雷维克将其定义为检索技巧、检索工具和信息资源知识的集合，是解决问题的一种形式。1989 年，美国图书馆协会（American Library Association，AIA）在《信息素养委员会主席总报告》中将"能够充分认识到何时需要信息，并具有高效发现、检索、评价和利用所需信息的能力"的人视为具有信息素养的人。2003 年，《布拉格宣言》指出信息素养是"确定、查找、评估、组织和有效地生产、使用和交流信息来解决问题的能力"。英国图书馆与情报专家协会（Chartered Institute of Library and Information Professional，CILP）则提出信息素养是"知道什么时候、为什么需要信息，去哪里找到信息，而且知道如何用一种道德的方式评估、使用和交流信息"。信息技术一般强调对技术的理解、认识和使用，而信息素养是一种了解、搜集、评估和利用信息的知识结构，重点是传播、分析、检索以及评价。

为了培养信息时代的新公民，信息素养教育已得到各国各界人士的重视。美国、英国、澳大利亚等国家的教育部门和图书馆界均开展了不同程度的信息素养教育。我国在《国家中长期教育改革和发展规划纲要（2010—2020 年）》中明确提出，要强化信息技术应用，鼓励学生利用信息手段主动学习、自主学习，增强运用信息技术分析问题和解决问题的能力。

2.组成要素

信息素养的组成要素主要包括信息意识、信息知识、信息能力和信息道德4个方面。

信息意识是指对信息的洞察力和敏感程度,是对信息的捕捉、分析、判断和吸收的自觉程度。信息意识支配着信息主体的信息行为,信息意识的强弱直接影响信息主体的信息行为效果。看一个人有没有信息素养、有多高的信息素养,首先要看他有没有信息意识,信息意识有多强。也就是说,碰到一个实际问题时,他能不能想到基于信息来解决问题。

信息知识是一切信息活动的基础,新时代高职院校的学生应掌握开展信息活动所必须具备的基本原理、概念和方法性知识,具体包括两个方面:一方面是信息基础知识,主要是指信息的概念、内涵、特征,信息源的类型、特点,信息组织的理论和基本方法,信息搜索和管理的基础知识,信息分析方法和原则,信息交流的形式、类型、模式等;另一方面是信息技术知识,包括信息技术的基本常识,信息系统结构及工作原理、信息技术的作用与应用等内容。

信息能力是指人们有效利用信息知识、技术和工具获取信息、加工处理信息以及创造和交流信息的能力,也可以简单地理解为在现代信息社会,人们"运用和操作"信息知识,解决各种实际问题的能力,是信息素养最核心的组成部分。它包括对信息知识的应用、信息资源的收集整理与管理评价、信息技术及其工具的选择和使用、信息处理过程的设计等能力。

信息道德是指一个人在利用信息能力解决问题的过程中是否遵守信息伦理。信息技术特别是网络技术的迅猛发展给人们的生活、学习和工作方式带来了根本性的变革,同时也引出许多新问题。如个人信息隐私权、软件知识产权、软件使用者权益、网络信息传播、网络黑客等。针对这些问题,出现了调整人们之间以及个人和社会之间信息关系的行为规范,这就形成了信息伦理。能不能在利用信息能力解决实际问题的过程中遵守信息伦理,体现了一个人信息道德水平的高低。

信息素养的4个组成要素之间并不是彼此孤立、毫无联系的。信息意识决定一个人是否能够想到用信息和信息技术来解决问题;信息知识和能力决定能不能把想到的做到、做好;信息道德决定在做的过程中能不能遵守信息道德规范、合乎信息伦理。信息知识和能力是信息素养的核心和基本内容,信息意识是信息能力的基础和前提,并渗透到信息能力的全过程。信息道德则是信息意识和信息能力正确应用的保证,它关系到信息社会的稳定和健康发展。

1.4.2　信息安全及自主可控

1.信息安全及网络安全

信息安全是一门涉及计算机科学与技术、网络技术、通信技术、密码技术、应用数学、数论、信息论等多种学科的综合性学科,实质就是要保护信息系统或信息网络中的信息资源免受各种类型的威胁、干扰和破坏。根据国际标准化组织的定义,信息安全的含义主要是指信息的完整性、可用性、保密性和可靠性。

信息安全不仅包括传统意义的网下信息安全,而且也包括非传统意义上网上信息安全,即网络信息安全。由于网络是现代社会信息传递的主要载体,因此信息安全与网络安全息息相关,一般的网络安全,主要是指面向网络的信息安全,或者是网上信息的安全。

2.信息安全相关法律法规

为保障信息安全特别是网络信息安全,我国对网络信息安全的立法工作一直十分重视。

近年来,关于网络信息安全立法已渐成体系,涉及网络与信息系统安全、信息内容安全、信息安全系统与产品、保密及密码管理、计算机病毒与危害性程序防治、金融等特定领域。

1994 年 2 月 18 日,我国颁布了第一个关于信息系统安全方面的法规《中华人民共和国计算机信息系统安全保护条例》,它分 5 章,共 31 条,目的是保护信息系统安全,促进计算机的应用和发展。除此之外,我国还颁布了一系列信息网络安全的法律体系规范和惩罚网络犯罪的法律,这类法律都是对计算机信息系统犯罪、利用计算机进行金融犯罪等做出的规定。我国直接针对计算机信息网络安全进行特别规定的法律法规主要有《计算机信息网络国际联网安全保护管理办法》《计算机信息系统国际联网保密管理规定》《中华人民共和国电子签名法》等。我国有关网络信息安全的法律法规还有《全国人民代表大会常务委员会关于维护互联网安全的决定》《互联网信息服务管理办法》《中华人民共和国计算机信息系统安全保护条例》《中华人民共和国网络安全法》《计算机软件保护条例》《中华人民共和国标准法》《网络产品和服务安全审查办法(试行)》等。虽然我国制定的有关信息安全的法律法规很多,但整体来看体系化、覆盖面与深度还不够。

3. 自主可控是信息安全的重要保障

网络安全是国家安全的重要基础,也是经济安全、社会安全、民生安全的重要保障。为了保障网络安全,除进行相关立法之外,还必须实现技术、产品、服务、系统的自主可控,也就是依靠自身研发设计,全面掌握产品核心技术,实现信息系统从硬件到软件的自主研发、生产、升级、维护的全程可控。

何为可控性?举个例子来说明。一个人买了一辆传统汽车,他就拥有了对汽车的控制权,一般不需要再考虑可控性,只需要考虑安全性就行了。但是,如果他买的是自动驾驶汽车,这辆汽车是一件网信产品,那么它的安全性就变得复杂了。即使汽车本身的安全性没有问题,它也可能被黑客劫持,这时汽车的控制权就落到黑客手里,黑客可以遥控汽车,使其不受用户控制,甚至造成车毁人亡的严重事故。这就是可控性出了问题。由此可见,对属于非传统安全范畴的网络安全而言,可控性与安全性缺一不可。国家网信办公布的《网络产品和服务安全审查办法(试行)》把网络安全审查分成安全性审查和可控性审查,其中的安全性审查与传统安全的要求相类似,而可控性审查在传统安全中强调得比较少,今后需要不断健全和完善。

当前,我国网信领域要求采用自主可控技术、产品、服务、系统的呼声越来越高,这里的"自主可控"强调的就是可控性。自主可控是实现网络安全的前提,是一个必要条件,但并不是充分条件。换言之,采用自主可控的技术不等于实现了网络安全,但没有采用自主可控的技术一定不安全。因此,为了实现网络安全,首先要实现自主可控,结合其他各种安全措施实现传统意义上的安全,最终实现保障网络安全的目标。

在实践中,建立安全可控的信息技术体系目前还面临着一系列的困难,不但涉及关键核心技术、零部件及基础软硬件的国产化和市场化问题,还涉及商业利益、用户习惯、社会观念等问题。国家信息技术领域的自主可控需要经过一个较长的时期,一般要经历"不可用—可用—好用"三个阶段。因此必须强调市场化引导,用市场带动国产信息技术的发展,使这些开始"不可用"的技术在应用中不断改进,进而建立和完善生态系统。对企业而言,应提高对自主可控的认识,在规划产品时对技术掌握程度、知识产权合法性、供应链安全等都要有周密的调查和部署,甚至要考虑到在别人切断供应时有没有备份系统顶上去(可用)。对用户而言,支持和选用国产软硬件从一定意义上说就是为自主可控做贡献。我们应增强网络安全意识,积极选用国

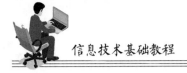

产软硬件,并及时反馈使用中发现的问题,帮助国产软硬件不断提升技术水平,更好保障我国网络安全。

我国北斗卫星导航系统、华为鸿蒙系统、华为海思芯片及国产软硬件正逐步提升、完善,向"好用"发展,在一定意义上基本实现了自主可控。

中国北斗卫星导航系统(BeiDou Navigation Satellite System,简称 BDS)是中国自行研制的全球卫星导航系统,也是继 GPS、GLONASS 之后的第三个成熟的卫星导航系统,是联合国卫星导航委员会已认定的供应商。

北斗卫星导航系统由空间段、地面段和用户段三部分组成,可在全球范围内全天候、全天时为各类用户提供高精度、高可靠定位、导航、授时服务,并且具备短报文通信能力,已经初步具备区域导航、定位和授时能力,定位精度为分米、厘米级别,测速精度 0.2 米/秒,授时精度 10 纳秒。

北斗基础产品已实现自主可控,国产北斗芯片、模块等关键技术全面突破,性能指标与国际同类产品相当。多款北斗芯片实现规模化应用,工艺水平达到 28 纳米。截至 2018 年 11 月,国产北斗导航型芯片、模块等基础产品销量已突破 7000 万片,国产高精度板卡和天线销量分别占国内市场 30% 和 90% 的市场份额。

华为鸿蒙系统(HUAWEI HarmonyOS)是华为在 2019 年 8 月 9 日于东莞举行华为开发者大会(HDC.2019)上正式发布的操作系统。鸿蒙 OS 是华为公司历时 10 年、投入 4 000 多名研发人员开发的一款基于微内核、面向 5G 物联网、面向全场景的分布式操作系统。鸿蒙的英文名是 HarmonyOS,意为和谐,是与安卓、iOS 不一样的操作系统,性能上不弱于安卓系统,而且华为还为基于安卓生态开发的应用平稳迁移到鸿蒙 OS 上做好了衔接。鸿蒙操作系统将打通手机、电脑、平板、电视、工业自动化控制、无人驾驶、车机设备、智能穿戴等不同设备的互联互通。鸿蒙 OS 架构中的内核会把之前的 Linux 内核、鸿蒙 OS 微内核与 LiteOS 合并为一个鸿蒙 OS 微内核。创造一个超级虚拟终端互联的世界,将人、设备、场景有机联系在一起。同时由于鸿蒙系统微内核的代码量只有 Linux 宏内核的千分之一,其受攻击概率大幅降低,安全性也得到提高。

海思是全球领先的 Fabless 半导体与器件设计公司。前身为华为集成电路设计中心,1991 年启动集成电路设计及研发业务,为汇聚行业人才、发挥产业集成优势,2004 年注册成立的实体公司,提供海思芯片对外销售及服务。海思致力于为智慧城市、智慧家庭、智慧出行等多场景智能终端打造性能领先、安全可靠的半导体基石,服务于千行百业客户及开发者,其产品覆盖智慧视觉、智慧 IoT、智慧媒体、智慧出行、显示交互、手机终端、数据中心及光收发器等多个领域。

经过多年努力,国产软硬件大多已达到"可用"阶段,并正向"好用"阶段发展,但是,国产信息技术体系在生态方面仍有不足。以国产桌面计算机技术为例,目前国产技术体系使用"1+3"的架构,即"Linux OS + 3 种国产 CPU(申威/飞腾或海思/龙芯)",而 Wintel 体系的架构是"Windows OS + Intel 架构 CPU"。现在,就单个软硬件的技术指标而言,国产体系与垄断体系相比,差距并不大,但就生态系统而言,仍有较大差距。

1.4.3 信息伦理和个人行为自律

1.信息伦理概述

(1)信息伦理概念 信息伦理概念的核心要素是"伦理"。我国典籍《礼记·乐记篇》记载,伦理乃"通伦理者也",也就是说,伦理是"处理人们相互关系所应遵循的道理和准则",而信息伦理则是信息活动中的规范和准则。西方伦理(ethics)一词源自希腊文的"ethos",本意是指本质、品格,与风俗、习惯的意思相近,其包含社会的一切规范、惯例、典章与制度。

信息伦理学研究源于计算机伦理,经网络伦理而最终发展到今天最广泛意义上的信息伦理。1976年,美国教授曼纳(W. Manner)提出"计算机伦理"这一术语,最先将伦理学理论应用到生产、传递和使用计算机时所出现的伦理问题,开拓了应用伦理研究的新领域——计算机伦理研究。20世纪90年代,计算机网络迅速兴起,人际交往和信息传播方式因此而发生很大的变化,网络伦理应时而生。90年代末期,德国信息科学家拉斐尔·卡普罗教授发表了3篇信息伦理方面的相关文章,《数字图书馆的伦理学方面》(1999年)、《数字时代的伦理与信息》(2000)、《21世纪信息社会的伦理学挑战》(2000),指出信息伦理学是信息社会的伦理问题,而不仅是计算机伦理或者网络伦理,从而首开广泛意义上信息伦理的先河。

所谓广泛意义的信息伦理,是指针对信息技术、信息社会及信息行为问题的价值判断标准,是指行为者在使用计算机或网络所提供的信息时,作为判断是非的行为准则与价值观念。它不是由国家强行制定和强制执行的,而是在社会舆论、传统习俗所形成的信念、价值观和习惯的约束下,人们自觉地通过自己的判断规范自己的信息行为。我国台湾学者庄道明指出,凡是探讨人类信息行为对与错问题的,即为信息伦理,其中信息行为包括对信息的搜集、整理、使用、储存与传播等。

(2)信息伦理准则与规范 当今信息化社会信息技术已经渗透到生产生活中的方方面面,在现实生活中,利用信息技术侵犯用户权益的事情时有发生。有的商家利用信息技术违规收集个人信息,有的商家在获取用户个人信息的过程中强制、频繁、过度索取权限;告知用户的解释条文繁杂冗长,对用户造成损失。针对信息技术所引发的大量道德失范问题,需要信息伦理对信息技术应用进行相应的规范,这对促进社会道德进步具有重要的作用。

国外一些计算机和网络组织尝试为其成员制定一系列行为规则,以规范业内人士的伦理准则。如,美国计算机协会(Association Computing Machinery,ACM)的《伦理与职业行为准则》,日本电子网络集团(Electronic Network Consortiun)的《网络服务伦理通用指南》,以及加拿大信息处理学会(Canadian Information Processing Society,CIPS)和英国计算机学会(British Computer Society,BCS)等组织制定的业内人员伦理准则。2002年3月,中国互联网协会也制定并且正式实施《中国互联网行业自律公约》。

各国行业组织制定的行业信息伦理准则虽不尽相同,但在内容上十分相近,它们具有信息伦理规范和行为认同的普遍一致性,在尊重知识产权和他人隐私权以及建立正确的信息伦理和道德标准方面发挥了明显的作用。同时,信息伦理准则不仅仅是信息从业人员和信息组织的行业规范,也应该是所有信息活动主体的规范。以下是美国计算机伦理协会为计算机使用者制定了著名的"计算机伦理十诫"(The Ten Commandments for Computer Ethics)。其内容是:①你不应用计算机去伤害别人;②你不应干扰别人的计算机工作;③你不应偷窃别人的文件;④你不应用计算机进行偷盗;⑤你不应用计算机作伪证;⑥你不应使用或复制没有付过钱的软件;⑦你不应未经许可使用别人的计算机资源;⑧你不应盗用别人的智力成果;⑨你应该考虑你所编的程序的社会后果;⑩你应该用深思熟虑和审慎的态度来使用计算机。"计算机伦理十诫"指明了"应该"和"不应该"的信息行为类型。

大学生是当代信息社会非常活跃的信息主体,是信息的接收者、利用者,也是信息的创造

者和传播者。在我们学习、生活和工作中，会遇到许多与信息道德有关的问题，在信息的搜集整理、使用、储存与传播过程中，应以下面三原则作为行为考量准则。一是普遍性原则，即辨别自己所实施的行动是否具有普遍的道德或权利。也就是说，可以应用到所有人及所有情况，但不伤害其他人。二是及他性原则，就是己所不欲，勿施于人。从伦理学的角度看，这是最保守意义上的道德规范，从自己的内心出发，推及他人。无论在何种情境下，凡是自己认为可以采取的行为，必须是能允许他人可以采取的行为。三是个体性原则，强调每一个网络用户都应该参与到网络道德的规章、制度的制定中来，自己制定规范，并遵守这些规范。强调自己立法，自己遵守，这是人的理性的最高表现，也是人的价值和尊严之所在。

借鉴美国计算机伦理协会的"伦理十诫"规范，结合我国信息技术发展的状况，具体应遵守的信息伦理规范包括以下几点：①不从事有损于社会和他人的活动。普遍性原则告诉我们，信息行为对他人、对信息环境是否有害是评价信息行为的基本道德准则。不管其行为是故意还是过失，只要对他人的计算机软件和硬件造成损害，或者妨碍他人工作就是不道德的。例如，制造和传播病毒、黑客行为、信息犯罪等都是严重损害他人的行为。不管出于什么动机，未经允许进入他人计算机系统，蓄意破坏他人计算机的行为，是违反信息伦理的。因此，应不制作或故意传播计算机病毒；不使用盗版软件；不模仿计算机"黑客"的行为。②不利用计算机和网络传播有害信息。不利用计算机和网络技术给其他信息主体或社会造成直接或间接的伤害。不阅读、不复制、不传播、不制造危害社会安定的有害信息；不把网络变成政治斗争的战场，造成网络秩序的破坏和影响网络信息交流和共享；善于辨别有用信息、无用信息和有害信息，抵制有害信息。③不谋取不正当的商业利益。例如，未经允许不能将商业广告寄发到他人的电子邮箱中，以免浪费他人的通信资源、时间和精力，干扰别人的私生活；至于利用计算机以各种方式偷窃、诈骗他人钱财的行为，更应该受到道德与法律的制裁。④尊重知识产权。不可侵犯信息产权人的经济利益。未经允许不能随意复制、发布他人所有的信息；引用他人文章时，须在尊重他人知识产权的基础上，合理合法引用。⑤尊重隐私权。隐私权的道德基础在于人们控制自己私人信息的权利和他人对私人信息的尊重，利用计算机及网络侵犯他人的隐私权是不道德的。对于个人来说，不应盗取他人存于信息系统中的个人信息；对于机构来说，未经本人同意，不得擅自收集、修改、出售消费者的个人数据，更不能利用信息系统对员工进行无限制的监视。⑥遵守有关的信息法律法规。和谐信息社会，不仅需要信息伦理规范的调节与引领，更需要通过相关法律特有的他律手段制约、控制、调节、处理扰乱信息社会秩序的违规和违法行为。信息法律法规与信息伦理应是一种共建互补的关系，人们的信息行为必须以信息伦理的自律和相关信息法的他律共同调节和约束。

2021年9月25日，中国国家新一代人工智能治理专业委员会发布《新一代人工智能伦理规范》，旨在将伦理道德融入人工智能全生命周期，为从事人工智能相关活动的自然人、法人和其他相关机构等提供伦理指引。同时，增强全社会的人工智能伦理意识与行为自觉，积极引导负责任的人工智能研发与应用活动，促进人工智能健康发展。《新一代人工智能伦理规范》第一条开宗明义，指出"本规范旨在将伦理道德融入人工智能全生命周期，促进公平、公正、和谐、安全，避免偏见、歧视、隐私和信息泄露等问题"。该伦理规范明确提出，人工智能各类活动应遵循增进人类福祉、促进公平公正、保护隐私安全、确保可控可信、强化责任担当、提升伦理素养等六项基本伦理规范。

2. 个人行为自律

(1)个人网络行为规范 计算机网络正在改变着人们的行为方式、思维方式乃至社会结构,它对于信息资源的共享起到了无与伦比的巨大作用,并且蕴藏着无尽的潜能。但是网络的作用不是单一的,在它广泛的积极作用背后,也有使人堕落的陷阱。其主要表现在:网络文化的误导,传播暴力、色情内容诱发的不道德和犯罪行为以及计算机"黑客"的不道德行为等。针对这些负面行为,各个国家都制定了相应的法律法规,以约束人们在计算机网络上的行为。例如,我国公安部公布的《计算机信息网络国际联网安全保护管理办法》中规定,任何单位和个人不得利用国际互联网制作、复制、查阅和传播下列信息。

①煽动抗拒、破坏宪法和法律、行政法规实施的。

②煽动颠覆国家政权,推翻社会主义制度的。

③煽动分裂国家、破坏国家统一的。

④煽动民族仇恨、破坏国家统一的。

⑤捏造或者歪曲事实,散布谣言,扰乱社会秩序的。

⑥宣扬封建迷信、淫秽、色情、赌博、暴力、凶杀、恐怖,教唆犯罪的。

⑦公然侮辱他人或者捏造事实诽谤他人的。

⑧损害国家机关信誉的。

⑨其他违反宪法和法律、行政法规的。

(2)计算机职业道德规范 当前计算机犯罪和违背计算机职业规范的行为非常普遍,已成为严重的社会问题,不仅需要加强计算机从业人员的职业道德教育,而且也要对每一位公民进行计算机职业道德教育,增强人们遵守计算机道德规范意识。提倡计算机的职业道德不仅有利于计算机信息系统的安全,而且有利于社会中的个体利益的保护。计算机职业道德规范主要有以下两个方面。

一是知识产权方面。1990年9月我国颁布了《中华人民共和国著作权法》,把计算机软件列为享有著作权保护的作品;1991年6月,颁布了《计算机软件保护条例》,规定计算机软件是个人或者团体的智力产品,同专利、著作一样受法律保护,任何未经授权的使用、复制都是非法的,要受到法律的制裁。人们在使用计算机软件或数据时,应遵照国家有关法律规定,尊重其作品的版权,这是使用计算机的基本道德规范。具体如下:①应当使用正版软件,坚决抵制盗版,尊重软件作者的知识产权。②不对软件进行非法复制。③不要为了保护自己的软件资源而制造病毒保护程序。④不要擅自篡改他人计算机内的系统信息资源。

二是计算机安全方面。计算机安全是指计算机信息系统的安全,计算机信息系统是由计算机及其相关配套的设备、设施(包括网络)构成的,为维护计算机系统的安全,防止病毒的入侵,用户应注意以下几点:①不要蓄意破坏和损伤他人的计算机系统设备及资源。②不要制造病毒程序,不要使用带病毒的软件,更不要有意传播病毒给其他计算机系统。③要采取预防措施在计算机内安装防病毒软件,定期检查计算机系统内文件是否有病毒并及时用杀毒软件清除。④维护计算机的正常运行,保护计算机系统数据的安全。⑤被授权者对自己享用的资源负有保护责任,口令密码不得泄露给外人。

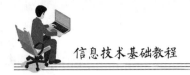

课后习题

一、选择题

1. 世界上第一台电子数字计算机,诞生于( )。
   A. 1945 年　　　B. 1946 年　　　C. 1947 年　　　D. 1948 年

2. 英文字母 D 的 ASCII 码是 01000100,那么英文字母 F 的 ASCII 码是( )。
   A. 01000011　　B. 01100101　　C. 01000101　　D. 01000110

3. 十进制数 120 转换成二进制整数是( )。
   A. 1111000　　B. 1110010　　C. 1001111　　D. 1001110

4. 下列不属于未来计算机发展趋势的是( )。
   A. 小型化　　　B. 微型化　　　C. 网络化　　　D. 智能化

5. 计算机处理数据的基本单位是( )。
   A. 字母　　　　B. 字节　　　　C. 位　　　　　D. 兆

6. 下列设备中属于输入设备的是( )。
   A. 显示器　　　B. 扫描仪　　　C. 打印机　　　D. 绘图机

7. 计算机软件总体分为系统软件和( )。
   A. 非系统软件　B. 重要软件　　C. 应用软件　　D. 工具软件

8. 计算机中处理的数据在计算机内部是以( )的形式存储和运算的。
   A. 位　　　　　B. 二进制　　　C. 字节　　　　D. 兆

9. 计算机系统中,( )是指运行的程序、数据及相应的文档的集合。
   A. 主机　　　　B. 系统软件　　C. 软件系统　　D. 应用软件

10. 微机的主机指的是( )。
    A. CPU、内存和硬盘等　　　　　　　　B. CPU 和内存储器等
    C. CPU、内存、主板和硬盘等　　　　　D. CPU、内存、硬盘、显示器和键盘等

11. 以下不属于信息的基本特征的是( )。
    A. 传递性　　　B. 共享性　　　C. 准确性　　　D. 真伪性

12. 计算机辅助教学的简写为( )。
    A. CAI　　　　B. CAD　　　　C. CAT　　　　D. CAM

13. 信息素养的组成要素主要包括( )、信息知识、信息能力和信息道德 4 个方面。
    A. 信息法　　　B. 信息觉悟　　C. 信息意识　　D. 信息源

14. 一个字符的标准 ASCII 码码长是( )。
    A. 7 bits　　　B. 8 bits　　　C. 16 bits　　　D. 6 bits

15. 以下不属于美国计算机伦理协会为计算机使用者制定的"计算机伦理十诫"的是( )。
    A. 你不应用计算机进行偷盗　　　　　B. 你不应干扰别人的计算机工作
    C. 你不应未经许可使用别人的计算机资源　D. 你不应考虑你所编的程序的社会后果

二、简答题

简述信息素养的概念及主要组成要素之间的关系。

三、论述题

结合我国在信息技术领域可控性与国外发达国家相比的差距与不足,从自身和国家的两个方面思考未来努力走向。

第2章 文档处理

文档处理是信息化办公的重要组成部分,广泛应用于人们的日常生活、学习和工作的方方面面。本章包含文档的基本编辑、图片的插入和编辑、表格的插入和编辑、样式与模板的创建和使用、多人协同编辑文档等内容,并通过案例展现使用文字处理软件进行文字处理的一般思路和操作方法。学习完本章后将获得以下基本能力:

(1)掌握文档的基本操作,如打开、复制、保存、另存为等,熟悉自动保存文档、联机文档、保护文档、检查文档、将文档发布为 PDF 格式、加密发布 PDF 格式文档等操作。

(2)掌握文本编辑、文本查找和替换、段落格式设置等操作。

(3)掌握图片、图形、艺术字等对象的插入、编辑和美化等操作。

(4)掌握在文档中插入和编辑表格、对表格进行美化、灵活应用公式对表格中数据进行处理等基本操作。

(5)熟悉分页符和分节符插入,掌握页眉、页脚、页码的插入和编辑等操作。

(6)掌握样式与模板的创建和使用,掌握目录的制作和编辑操作。

(7)熟悉文档不同视图和导航任务窗格的使用,掌握页面设置操作。

(8)掌握打印预览和打印操作的相关设置。

(9)掌握多人协同编辑文档的方法和技巧。

2.1 Word 基本操作环境

Microsoft Word2016 是一款集文字处理、表格处理、图文排版于一身的办公软件。该软件不仅适用各种书报、杂志、信函等文档的文字录入、编辑、排版,还可以对各种图像、表格等文件进行处理,能够使办公效率得到提升。

"工欲善其事,必先利其器"。想要熟练使用 Word 软件,首先要熟悉其基本操作环境。

2.1.1 基本操作窗体界面

1.开始窗体

无论是从 Windows【开始】菜单还是其他位置的快捷方式打开 Word,首先看到的都是如图 2-1 所示的开始窗体。随着 Word 版本的不断升级,开始窗的功能也越来越多,越来越实用,其主要功能有:

(1)新建 即新建文档,此处列出了几个常用的模板,供用户快捷使用。继续往下拉,用户可以看见更多的形式各样的模板,如果 Word 所提供的模板还不能满足用户的使用需求,还可以在联网的情况下,搜索微软或第三方提供的文档模板。

（2）最近　按照时间模式列出最近使用的文档,点击相关选项即会进入这一文档的编辑页面。用户还可以点击【打开其他文档】,根据储存路径去找寻已储存的文档。

（3）已固定　固定所需文件,方便以后查找。鼠标悬停在某个文件上方时,单击显示的图钉图标。

（4）登录　单击【登录】,即会进入 Microsoft 账号的登录界面,用户输入自己的账号后,可以使用一些联网的功能,比如云共享等功能。

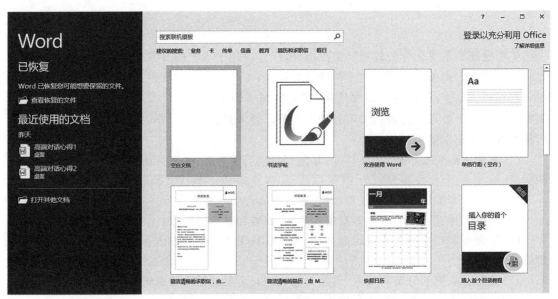

图 2-1　Word 开始窗体

2. 编辑页面

打开已建立的文档或者新建文档后,即可进入编辑界面(图 2-2)。这是 Word 最重要的工作界面,日常的编辑、排版、修改、审阅等工作均在这一界面上进行。

（1）文字(数据)显示区　这是工作的主空间,即窗口中间的空白区域,这个区域文字或图片等其他对象受显示比例缩放比例的影响。

（2）迷你工作栏　在文字显示区选定文字或其他对象时,Word 会自动弹出一个跟随式工具栏,这个工具栏由与选定对象相关的常用选项的操作控件构成。

（3）右键菜单　点击鼠标右键,系统即会弹出与选中的对象或光标停留处相匹配的操作菜单,其中包含了更为丰富的常用选项功能。同样也会弹出迷你工具栏。

（4）快速访问工具栏　包括【保存】【撤销】等按钮,可自定义。当用户点击旁边的下拉按钮时即可新增【新建】【打开】【打印预览】等功能。

（5）功能区　提供各种快捷操作功能按钮等,以便用户进行更为复杂的操作和设置。各式各样的控件被仔细分类和分组后放在了不同的选项卡中,点击相应的"功能区选项卡",即可打开拥有不同功能控件的选项卡。其一般采用"自动隐藏"模式,可以在其上单击鼠标右键,点击【自定义功能区】,将常用的选项添加到相应的功能区中,从而简化操作。

（6）对话框启动器　单击后弹出一个详细的相关选项设置窗口,显示选项卡相关模块更多的选项。选项卡的大多数"组"都具有自己的对话框启动器,这也是在 Word 操作中经常用到的。

（7）导航栏　一方面提供了一个在文档中快捷搜索文字的途径，更重要的是能够根据文档的标题，以树形结构的方式显示文档结构。点击文档结构的任何位置，系统就会自动将"文字（数据）显示区"的内容切换到这个位置。这对于处理大型文档特别有用。

（8）状态栏　显示文档或其他被选定的对象的状态，主窗口页面设置状态。

（9）视图切换　切换文字或其他被选定的对象的状态，主窗口页面设置状态。

（10）显示比例　可以根据需求调整文字"数据"显示区的显示比例，便于阅读和编辑。

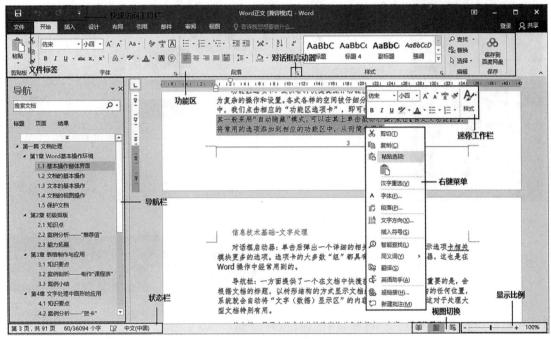

图 2-2　编辑窗口

3. 文字处理的一般思路

文字处理软件处理的对象主要是文字，当然也包括表格、图片等其他对象，但是不管处理哪一种对象，都必须遵循先选定"操作对象"，再选择具体"操作命令"的方式进行。利用文字处理软件处理文件时的一般思路如下：

（1）创建文档。

（2）录入文档内容。

（3）进行字体、段落、页面等格式设置。

（4）保存文档。

（5）打印输出文档。

2.1.2　文档的基本操作

文档的基本操作主要包括新建文档、保存文档、打开文档和关闭文档等。

1. 新建文档

用户可以使用 Word 方便快捷地新建多种类型的文档，如空白文档、基本模板的文档、博客文档以及书法字帖等。

启动 Word 应用程序以后,系统会进入【文件窗】,在其中的列表中会有一排常用的文档格式,点击【空白文档】即可。除此之外,用户还可以使用以下方法新建空白文档,如图 2-3 所示。

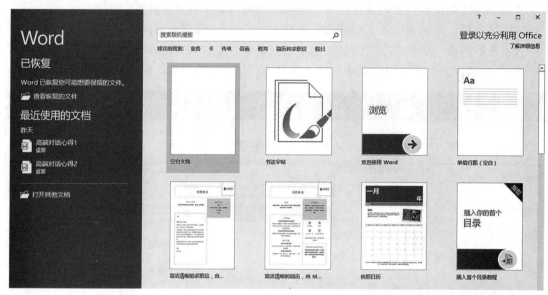

图 2-3　新建文档窗口

(1)使用【新建】按钮　单击【快速启动栏】中的【新建】按钮。如果【快速启动栏】中没有,点击【快速启动栏】最右侧的下三角按钮 ⊘,在下拉菜单中点击【新建】后,前方会显示对号,【快速启动栏】上也将同步显示【新建】按钮。如图 2-4 所示。

(2)使用【文件】按钮　单击【文件】按钮,进入【文件窗】,选择【新建】菜单项,然后在右侧列表框中选择【空白文档】选项即可。如图 2-5 所示。

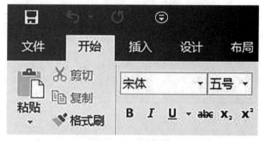

图 2-4　开始选项卡

 友情提示

按下【Ctrl】+【N】组合键即可创建一个新的空白文档。

2. 创建基于模板的文档

Word 为用户提供了多种类型的模板样式,用户可以根据需要选择模板样式并新建基于所选模板的文档,并可以通过联网获取更多的模板样式。

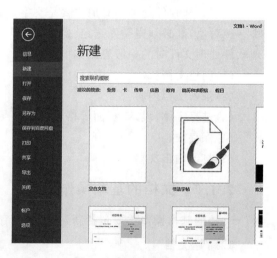

图 2-5　新建空白文档

具体步骤：

单击【文件】按钮，回到【文件窗】选择【新建】菜单项，然后在右侧列表框中根据需要选择已经安装好的模板，在此选择"快照日历"，然后单击【创建】按钮。效果如图 2-6 所示。

图 2-6　基于模板方式创建新文档

如果用户想要使用更多的模板，可以在"搜索联机模式"中输入想要的模板的关键字，然后点击【搜索】按钮即可搜索出相关的模板，随后点击【创建】即可。在日常工作中，个人简历是每个职场人都经常用到的，搜索"简历"即可得到如图 2-7 所示的联机模板。联机模式的设置大大简化了工作的复杂性，让用户的工作更加方便快捷。

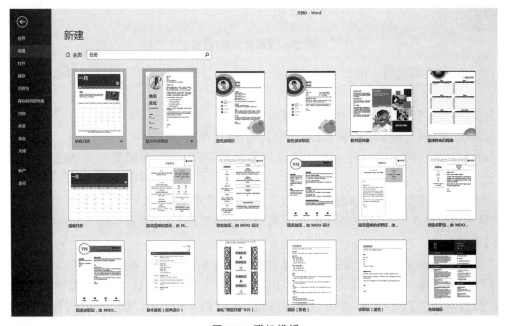

图 2-7　联机模板

3. 保存文档

在编辑文档的过程中,需要及时保存,以避免因断电、死机或系统自动关闭等情况而导致信息损失的情况。

(1)保存新建的文档　新建文档以后,用户可以将其保存起来。

方法一:在快速启动栏单击【保存】按钮,或者使用【Ctrl】+【S】组合键也可以达到相同的效果。

方法二:单击【文件】按钮,返回【开始窗】单击【保存】,弹出【另存为】对话框,在右侧的【保存位置】列表框中选择保存位置,在【文件名】文本框中输入文件名,然后单击【保存】按钮即可。如图 2-8 所示。

在此,我们将文件保存在"桌面"的"档案管理"文件夹中,将文件命名为"档案管理制度",点击【保存】即可。

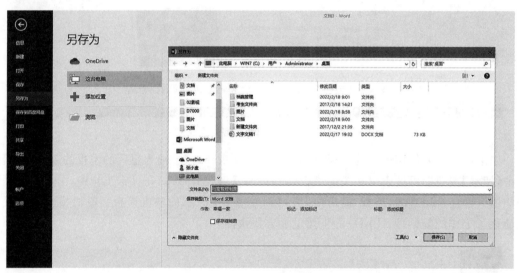

图 2-8　【另存为】对话框

(2)保存已有的文档　用户对已经保存过的文档进行编辑之后,可以使用以下几种方法保存。

方法一:单击【快速访问工具栏】中的【保存】按钮。

方法二:单击【文件】按钮,回到【文件窗】,选择【保存】菜单项。

(3)将文档另存　用户对已有文档进行编辑后,可以另存为同类型文档或其他类型的文件。

①另存为同类型文档　单击【文件】按钮,在左侧菜单中选择【另存为】菜单项,弹出【另存为】对话框,在【保存位置】列表框中选择保存位置,在【文件名】文本框中输入文件名,然后单击【保存】即可。

②另存为其他类型文件　同上,单击【文件】按钮,在左侧菜单中选择【另存为】菜单项,弹出【另存为】对话框,在【保存位置】列表框中选择保存位置,在【文件名】文本框中输入文件名后,单击【保存类型】下拉菜单,在列表框中选择要保存的文件类型,然后单击【保存】按钮即可。

(4)设置自动保存　使用 Word 的自动保存功能,可以在断电或死机的情况下最大限度地减少损失。具体步骤如下。

Step1：单击【文件】按钮在 Word 文件框中，左侧菜单中最底部选择【选项】菜单项。

Step2：弹出【Word 选项】对话框，在左侧菜单中切换到【保存】选项卡，在存文档组合框中的【将文件保存为此格式】下拉列表中选择文件的保存类型，这里选择【Word 文档（＊.docx）】，然后选中【保存自动恢复信息时间间隔（日）】复选框，并在其右侧的微调框中设置文档自动保存的时间间隔，这里将时间间隔设置为"10 分钟"。设置完毕，单击【确定】按钮即可，如图 2-9 所示。

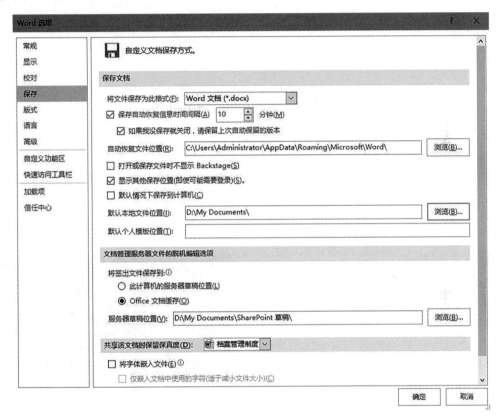

图 2-9　Word 自动保存功能

4.打开和关闭文档

在编辑文档的过程中，经常会用到打开和关闭文档的操作。用户可以通过如下方式打开和关闭 Word 文档。

（1）打开文档　打开文档的常用方法包括以下几种。

双击文档图标：在要打开的文档的图标上双击鼠标左键。

使用鼠标右键：在要打开的文档的图标上单击鼠标右键，然后从弹出的快捷菜单中选择【打开】菜单项，即可以打开该文档。

（2）关闭文档　关闭文档的常用方法包括以下几种。

使用【关闭】按钮

使用【关闭】按钮关闭 Word 文档是最为常用的一种关闭方法。直接单击 Word 文档窗口右上角的【关闭】按钮即可关闭。

使用快捷菜单

在标题栏空白处单击鼠标右键,然后从弹出的快捷菜单中选择【关闭(C)】菜单项即可关闭 Word 文档。如图 2-10 所示。

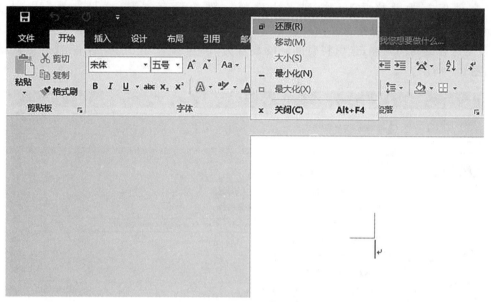

图 2-10　关闭 Word 文档

使用【文件】按钮

单击【文件】按钮,然后从左侧菜单中选择【关闭】菜单项即可关闭 Word 文档。

使用程序按钮

在任务栏中在要关闭的 Word 程序按钮上单击鼠标右键,然后在弹出的快捷菜单中选择【关闭窗口】菜单项即可关闭 Word 文档。如图 2-11 所示。

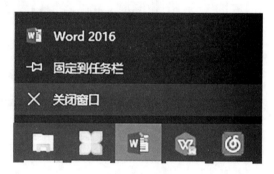

图 2-11　关闭窗口

2.1.3　文本的基本操作

文本处理是 Word 最重要的功能之一,接下来介绍如何在 Word 文档中输入文本、选定文本和编辑文本等内容。

1. 文本录入

文本的类型多种多样,我们首先学习如何在 Word 文档中输入中文、数字以及日期等对象。

(1)输入中文　新建一个 Word 空白文档后,用户就可以在文档中输入中文了。具体步骤如下。

Step1：打开本实例的原始文件"档案管理制度"(原始文件可在 http://xy.caupress.cn 网站下载),然后切换到任意一种汉字输入法。

Step2：单击文档编辑区,在光标闪烁处输入文本内容,例如"×××公司档案管理制度实施细则",然后按下【Enter】键将光标移至下一行行首。

Step3：接下来输入公司档案管理制度的主要内容即可。如图 2-12 所示。

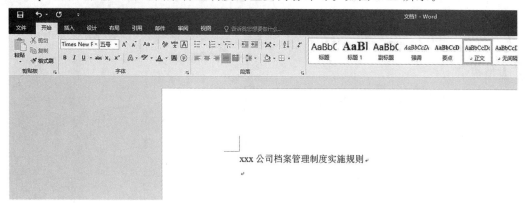

XXX 公司档案管理制度实施规则

图 2-12 输入文本内容

（2）输入数字 在编辑文档的过程中，如果用户需要用到数字内容，只需利用数字键直接输入即可。具体步骤如下。

Step1：将光标定位在文本"的"和"小"之间，然后按下相应的数字键即可。在此，我们输入数字"24"，如图 2-13 所示。

Step2：使用同样的方法输入其他所要输入的数字。

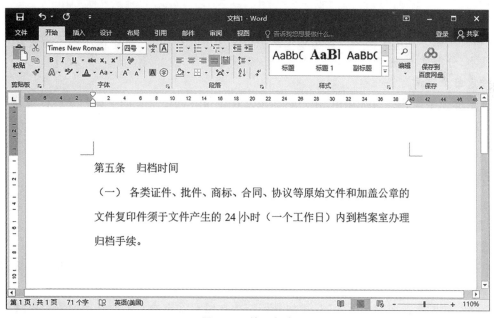

第五条 归档时间

（一）各类证件、批件、商标、合同、协议等原始文件和加盖公章的文件复印件须于文件产生的 24 小时（一个工作日）内到档案室办理归档手续。

图 2-13 输入数字

（3）输入日期和时间 用户在编辑文档时往往需要输入日期或时间，如果用户要使用当前的日期或时间，则可使用 Word 自带的插入日期和时间功能。具体步骤如下。

Step1：将光标定位在文档的最后一行行首，然后切换到【插入】选项卡，在【文本】组中单击【日期和时间】按钮。

Step2：弹出【日期和时间】对话框，在【可用格式（A）】列表框中选择一种日期格式，例如选择【2021 年 4 月 29 日星期四】选项。如图 2-14 所示。

Step3：单击【确定】按钮，当前日期便插入到了 Word 文档中。

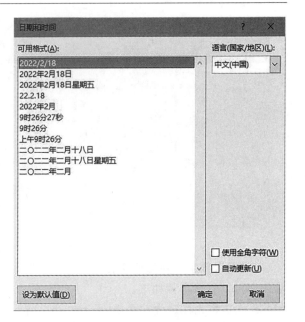

图 2-14　插入日期对象

友情提示

用户还可以使用快捷键输入当前日期和时间。

按下【Alt】+【Shift】+【D】组合键，即可输入当前的系统日期；

按下【Alt】+【Shift】+【T】组合键，即可输入当前的系统时间；

文档录入完成后，如果不希望其中某些日期和时间随系统的改变而改变，那么选中相应的日期和时间，然后按下【Ctrl】+【Shift】+【F9】组合键切断域的链接即可。

2. 选定文本

在对 Word 文档中的文本编辑之前，首先要选定要编辑的文本。下面就介绍几种使用鼠标和键盘选定文本的方法。

（1）使用鼠标选定文本　鼠标是选定文本最常用的工具，用户可以使用它选取单个字词、连续文本、分散文本、矩形文本、段落文本以及整个文档等。

选定单个字词

选定单个字词的方法很简单，用户只需将光标定位在需要选定的字词的开始位置，然后按住左键拖至需要选定的字词的结束位置，释放左键即可。

友情提示

在词语中的任何位置双击都可以选定要选中的词语，例如，选定"档案管理制度"正文中的词语"采购"，此时被选定的文本会呈反色显示。

选定连续文本

Step1：使用鼠标选定连续文本，用户只需将光标定位在需要选定的文本的开始位置，然后按住左键不放拖至需要选定的文本的结束位置释放即可。如图 2-15 所示。

Step2：如果要选定超长文本，只需将光标定位在需要选定的文本的开始位置，按住【Shift】键，然后用滚动条代替光标向下移动文档，直到看到想要选定的结束处，然后单击要选定文本的结束处，松开【Shift】键，这样从开始到结束处的这段文本内容，就会全部被选中。

选定分散文本

在 Word 文档中，首先使用拖动鼠标的方法选定一个文本，然后按下【Ctrl】键，再依次选定其他文本，就可以选定任意数量的分散文本了。如图 2-16 所示。

选定矩形文本

按下【Alt】键，同时在文本上拖动鼠标即可选定矩形文本。

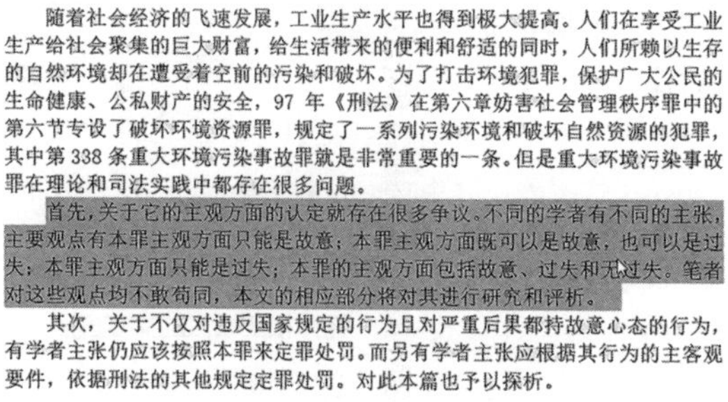

随着社会经济的飞速发展,工业生产水平也得到极大提高。人们在享受工业生产给社会聚集的巨大财富,给生活带来的便利和舒适的同时,人们所赖以生存的自然环境却在遭受着空前的污染和破坏。为了打击环境犯罪,保护广大公民的生命健康、公私财产的安全,97 年《刑法》在第六章妨害社会管理秩序罪中的第六节专设了破坏环境资源罪,规定了一系列污染环境和破坏自然资源的犯罪,其中第 338 条重大环境污染事故罪就是非常重要的一条。但是重大环境污染事故罪在理论和司法实践中都存在很多问题。

首先,关于它的主观方面的认定就存在很多争议。不同的学者有不同的主张,主要观点有本罪主观方面只能是故意;本罪主观方面既可以是故意,也可以是过失;本罪主观方面只能是过失;本罪的主观方面包括故意、过失和无过失。笔者对这些观点均不敢苟同,本文的相应部分将对其进行研究和评析。

其次,关于不仅对违反国家规定的行为且对严重后果都持故意心态的行为,有学者主张仍应该按照本罪来定罪处罚。而另有学者主张应根据其行为的主客观要件,依据刑法的其他规定定罪处罚。对此本篇也予以探析。

随着社会经济的飞速发展,工业生产水平也得到极大提高。人们在享受工业生产给社会聚集的巨大财富,给生活带来的便利和舒适的同时,人们所赖以生存的自然环境却在遭受着空前的污染和破坏。为了打击环境犯罪,保护广大公民的生命健康、公私财产的安全,97 年《刑法》在第六章妨害社会管理秩序罪中的第六节专设了破坏环境资源罪,规定了一系列污染环境和破坏自然资源的犯罪,其中第 338 条重大环境污染事故罪就是非常重要的一条。但是重大环境污染事故罪在理论和司法实践中都存在很多问题。

首先,关于它的主观方面的认定就存在很多争议。不同的学者有不同的主张,主要观点有本罪主观方面只能是故意;本罪主观方面既可以是故意,也可以是过失;本罪主观方面只能是过失;本罪的主观方面包括故意、过失和无过失。笔者对这些观点均不敢苟同,本文的相应部分将对其进行研究和评析。

其次,关于不仅对违反国家规定的行为且对严重后果都持故意心态的行为,有学者主张仍应该按照本罪来定罪处罚。而另有学者主张应根据其行为的主客观要件,依据刑法的其他规定定罪处罚。对此本篇也予以探析。

图 2-15　连续选择文本

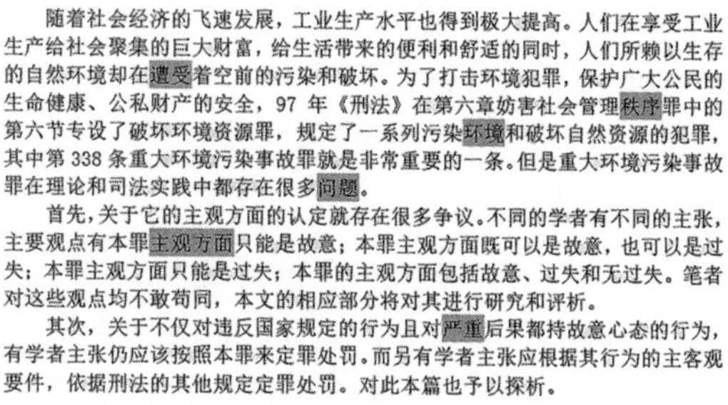

图 2-16　选定分散文本

选定段落文本

在要选定的段落中的任意位置三击鼠标左键即可选择整个段落文本。

使用组合键选定文本

除了使用鼠标选定文本外,用户还可以使用键盘上的组合键选取文本。在使用组合键选择文本前,用户应该根据需要将光标定位在适当的位置,然后再按下相应的组合键选定文本。

选取文本的常用组合键如表 2-1 所示。

表 2-1　选取文本的常用组合键

快捷键	功能
【Ctrl】+【A】	选择整篇文档
【Ctrl】+【Shift】+【Home】	选择光标所在位置至文档开始处的文本
【Ctrl】+【Shift】+【End】	选择光标所在位置至文档结束处的文本
【Alt】+【Ctrl】+【Shift】+【Page Up】	选择光标所在位置至本页开始处的文本
【Alt】+【Ctrl】+【Shift】+【Page Down】	选择光标所在位置至文档结束处的文本
【Shift】+ ↑	向上选中一行
【Shift】+ ↓	向下选中一行
【Shift】+ ←	向左选中第一个字符
【Shift】+ →	向右选中第一个字符
【Ctrl】+【Shift】+ ←	选择光标所在位置的左侧的词语
【Ctrl】+【Shift】+ →	选择光标所在位置的右侧的词语

（2）使用选中栏选定文本　所谓选中栏就是 Word 文档左侧的空白区域。

选择行

将鼠标指针移至要选中行左侧的选中栏中,然后单击鼠标左键即可选定该行文本。

选定段落

将鼠标指针移至要选中段落左侧的选中栏中,然后双击鼠标左键即可选定整段文本。

选定整篇文档

将鼠标指针移至选中栏中,然后三击鼠标左键即可选择整篇文档。

（3）使用菜单选定文本　使用【开始】选项卡【编辑】组中的【选择】按钮,可以选定全部文本或格式相似的文本。

Step1:切换到【开始】选项卡,在右侧的【编辑】组中单击【选择】按钮,在弹出的下拉列表中

选择【全选(A)】选项,此时即可选定整篇文档。如图 2-17 所示。

Step2:在上述操作中,如选择【选择格式相似的文本(S)】选项,即可选定格式类似的文本。

3.编辑文本

文档的编辑操作一般包括复制、粘贴、剪切、查找、替换、改写以及删除文本等内容。接下来分别进行介绍。

(1)复制文本 "复制"是指把文档中的一部分"拷贝"一份,然后放到其他位置的操作,而所"复制"的内容仍按原样保留在原位置。

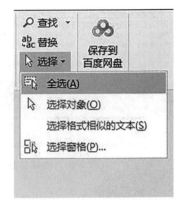

图 2-17　使用【选择】按钮

利用 Windows 剪贴板

剪贴板是 Windows 的一块临时存储区,可以保存一些内容,用户可以在剪贴板上对文本进行复制、粘贴或剪切等操作。

方法 1:首先选定需要进行操作的文本,然后在选定文本区域上单击鼠标右键,在弹出的快捷菜单中选择【复制】菜单项。

方法 2:首先选定需要进行操作的文本,然后切换到【开始】选项卡,在【剪贴板】组中单击【复制】按钮。

左键拖动

将鼠标指针放在选中的文本上,按下【Ctrl】键,同时按鼠标左键将其拖动到目标位置。

右键拖动

将鼠标指针放在选中的文本上,同时按住鼠标右键向目标位置拖动,到达位置后,松开右键,在快捷菜单中选择【复制到此位置(C)】菜单项。

(2)粘贴文本 复制文本以后,接下来就可以进行粘贴了。常用的粘贴文本的方法有以下几种。

使用鼠标右键菜单

复制文本以后,用户只需在目标位置单击鼠标右键,在弹出的快捷菜单中选择【粘贴选项】菜单项中任意的一个选项即可。

使用 Windows 剪贴板

利用 Windows 的剪贴板,用户可以选择粘贴选项,进行选择性粘贴或设置默认粘贴。

Step1:复制文本以后,切换到【开始】选项卡,在【剪贴板】组中单击【粘贴】按钮下方的下拉按钮,在弹出的下拉列表中选择【粘贴选项】选项中任意的一个粘贴按钮即可。

Step2:在弹出的下拉列表中选择【选择性粘贴(S)】选项。

Step3:随即弹出【选择性粘贴】窗口,用户可以根据需要选择粘贴形式,然后单击【确定】按钮即可。

Step4:在弹出的下拉列表中选择【设置默认粘贴(A)】选项。

Step5:随即弹出【Word 选项】对话框,切换到【高级】选项卡,在【剪切、复制和粘贴】组合中设置默认的粘贴方式即可。如图 2-18 所示。

(3)剪切文本 "剪切"是指把用户选中的信息放入剪切板中,单击"粘贴"后又会出现一份相同的信息,原来的信息会被系统自动删除。

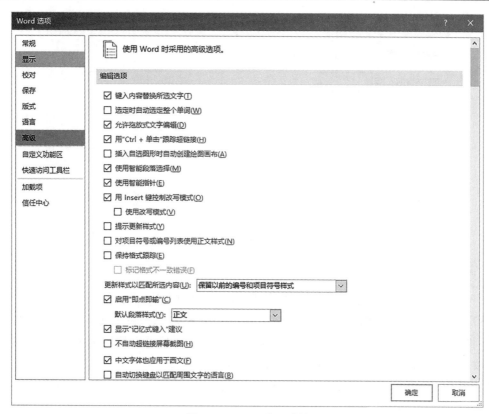

图 2-18　Word 选项功能

使用鼠标右键菜单

选中要剪切的文本,然后单击鼠标右键,在弹出的快捷菜单中选择【剪切】菜单项即可。

使用【剪切】按钮

选中文本以后,切换到【开始】选项卡,在【剪贴板】组中单击【剪切】按钮即可。

使用快捷键

使用组合键【Ctrl】+【X】,也可以快速地剪切文本。

4. 查找和替换文本

在编辑文档的过程中,用户有时要查找并替换某些字词。使用 Word 强大的查找和替换功能可以节约大量的时间。具体步骤如下。

Step1:打开本实例的原始文件,切换到【开始】选项卡,在【编辑】组中单击【查找】按钮。

Step2:弹出导航窗格,在查找文本框中输入要查找的文本"归档",按下【Enter】键,随即在导航窗格中查找到了该文本所在的页面和位置,同时文本"归档"在 Word 文档中呈反色显示。

Step3:如果用户要替换相关的文本,可以在【编辑】组中单击【替换】按钮。

Step4:弹出【查找和替换】对话框,自动切换到【替换(P)】选项卡,然后在【查找内容(N):】文本框中输入要查找的文本"归档",在【替换为】文本框中输入"方案"。如图 2-19 所示。

Step5:单击【全部替换(A)】按钮,弹出提示对话框,提示用户已完成替换,并显示替换结果。

Step6:单击【确定】按钮,然后单击【关闭】按钮,返回 Word 文档中。

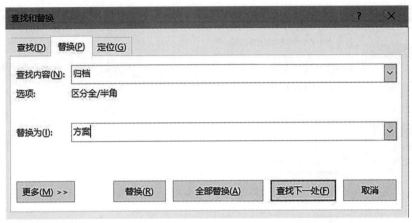

图 2-19　查找与替换功能

5. 改写文本

在 Word 文档中改写文本的方法主要有两种，一种是改写法，一种是选中法。

（1）改写法　打开需要操作的文件，单击状态栏中的【插入】按钮，随即变为【改写】按钮，进入改写状态，此时输入的文本将会按照相等的字符个数依次覆盖右侧的文本。如果状态栏中没有【改写】，则右键点击状态栏，然后勾选【改写】即可。

（2）选中法　首先用鼠标选中要替换的文本，然后输入需要的文本，按下空格键，此时新输入的文本会自动替换选中的文本。

（3）删除文本　删除是指将已经不需要的文本从文档中清除。除了使用剪切功能，用户还可以使用快捷键删除文本。如表 2-2 所示。

表 2-2　删除文本快捷键

快捷键	功能
【Backspace】	向左删除一个字符
【Delete】	向右删除一个字符
【Ctrl】+【Backspace】	向左删除一个字词
【Ctrl】+【Delete】	向右删除一个字词
【Ctrl】+【z】	撤销上一个操作
【Ctrl】+【y】	恢复上一个操作

2.1.4　文档的视图操作

1. 文档显示和隐藏操作

在 Word2016 文档窗口中，用户可以根据需要显示或隐藏标尺、网格线和导航窗格。

（1）显示和隐藏标尺　"标尺"是 Word 编辑软件中的一个重要工具，包括水平标尺和垂直标尺，用于显示 Word 文档的页边距、段落缩进、制表符等。如图 2-20 所示。

切换到【视图】选项卡，在【显示】组中选中【标尺】复选框，即可在 Word 文档中显示标尺。如果要隐藏标尺，在【显示】组中撤销【标尺】复选框即可。

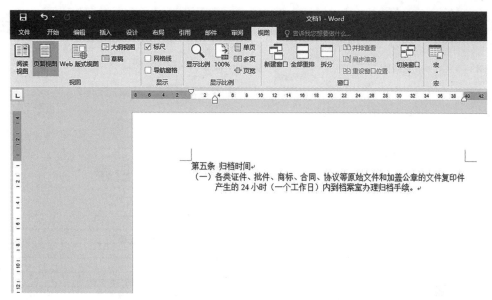

图 2-20　显示隐藏标尺

(2)显示和隐藏网格线　"网格线"能够帮助用户将 Word 文档中的图形、图像、文本框、艺术字等对象沿网格线对齐,在打印时网格线不被打印出来。如图 2-21 所示。

在【显示】组中选中【网格线】复选框,即可在 Word 文档中显示网格线。如果要隐藏网格线,在【显示】组中撤销【网格线】复选框即可。

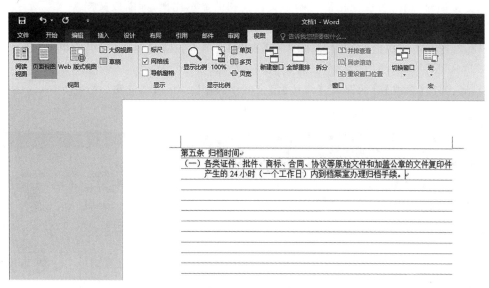

图 2-21　显示网格

(3)显示和隐藏导航窗格　"导航窗格"主要用于显示 Word 文档的标题大纲,用户单击其中的【标题】可以展开或收缩下一级标题,并且可以快速定位到标题对应的正文内容,还可以显示 Word 文档的缩略图。如图 2-22 所示。

在【显示】组中选中【导航窗格】复选框,即可在 Word 文档中显示导航窗格。如果要隐藏导航窗格,在【显示】组中撤销【导航窗格】复选框即可。

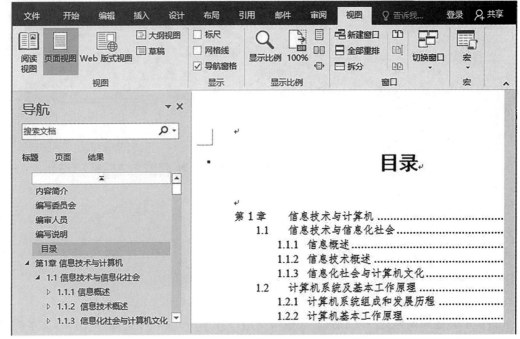

图 2-22　显示或隐藏导航窗格

2.1.4.2　缩放文档

浏览文档时,用户可以根据需要调整文档视图的显示比例,即缩放文档。

(1)缩放　使用【缩放】按钮,可以精确地调整 Word 文档的显示比例。具体步骤如下。

Step1:打开本实例的原始文件,切换到【视图】选项卡,在【显示比例】组中单击【显示比例】按钮。

Step2:弹出【缩放】对话框,在【缩放】组合框中选中【200%】单选钮。

Step3:单击【确定】按钮,返回 Word 文档即可。如图 2-23 所示。

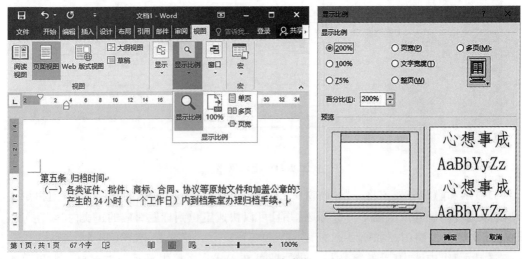

图 2-23　缩放功能

友情提示

另外,用户还可以单击文档窗口右下角的"显示比例"区域中的【100％】按钮,或直接单击【缩小】按钮和【放大】按钮,来调整文档的缩放比例。

(2)设置正常大小 切换到【视图】选项卡,在【显示比例】组中单击【100％】按钮,此时文档的显示比例就恢复了正常大小。

(3)设置单页显示 在【缩放】组中单击【单页】按钮。单页显示的效果如图 2-24 所示。

(4)设置双页显示 在【缩放】组中单击【双页】按钮。双页显示操作如图 2-25 所示

(5)设置页宽显示 在【缩放】组中单击【页宽】按钮。页宽显示操作如图 2-26 所示。

图 2-24 单页显示

图 2-25 双页显示

图 2-26 页宽显示

3.文档窗口的操作

文档窗口的操作主要包括缩放文档窗口、移动文档窗口、切换文档窗口、新建文档窗口、排列文档窗口、拆分文档窗口以及并排查看文档窗口等。

(1)缩放文档窗口 缩放文档窗口的操作包括向下还原窗口、最小化、最大化 3 种。具体操作步骤如下:

向下还原窗口具体步骤:

Step1:打开本实例的原始文件,单击文档窗口的右上角中的【向下还原】按钮。

Step2:此时文档窗口向下还原,并自动缩小到合适的大小。之前的【向下还原】按钮变成了【最大化】按钮,如图 2-27 所示。

a.窗口向下还原   b.窗口最大化

图 2-27 窗口向下还原与窗口最大化

最小化窗口具体步骤:

最小化窗口的操作方法非常简单,用户只需单击文档窗口的右上角中的【最小化】按钮,即可将 Word 文档最小化到桌面的任务栏上。如图 2-28 所示。

图 2-28 窗口最小化

最大化窗口具体步骤:

向下还原窗口后,之前的【向下还原】按钮会变成【最大化】按钮。此时,单击【最大化】按钮即可实现文档窗口的最大化。

（2）移动文档窗口 将文档窗口向下还原后,用户只需将鼠标指针定位在文档的标题栏上,按住鼠标左键不放。此时,左右拖动鼠标左键即可移动文档窗口。

（3）切换文档窗口 在日常办公中,用户经常同时打开多个文档窗口,通过文档中的【切换窗口】功能,可以轻松实现文档窗口的自由切换。具体步骤如下。

切换到【视图】选项卡,在【窗口】组中单击【切换窗口】按钮,在弹出的下拉列表中选择合适的选项,即可切换到相应的文档。如图2-29所示。

（4）新建文档窗口 通过文档中的【新建窗口】功能,可以轻松打开一个包含当前文档视图的新窗口。具体步骤如下。

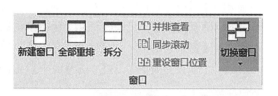

图2-29 切换窗口

切换到【视图】选项卡,在【窗口】组中单击【新建窗口】按钮。此时即可创建一个包含当前文档视图的新窗口。如图2-30所示。

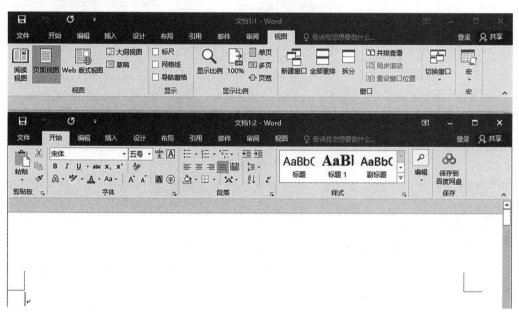

图2-30 新建文档窗口

（5）排列文档窗口 当用户同时打开多个文档时,为了方便比较不同文档中的内容,用户可以对文档窗口进行排列。通过文档中的【全部重排】功能,可以在屏幕上并排平铺所有打开的文档窗口。具体操作方法:切换到【视图】选项卡,在【窗口】组中单击【全部重排】按钮。

（6）拆分文档窗口 拆分窗口就是把一个文档窗口分成上下两个独立的窗口,从而可以通过两个文档窗口显示同一文档的不同部分。在拆分出的窗口中,对任何一个子窗口都可以进行独立操作,并且在其中任何一个窗口中所做的修改将立即反映到其他的拆分窗口中。具体步骤如下。

Step1:切换到【视图】选项卡,在【窗口】组中单击【拆分】按钮。

Step2:此时,在文档的窗口中出现一条分割线,上下拖动鼠标指针即可调整拆分线的位置。

Step3：调整完毕，单击鼠标左键，此时即可把一个文档窗口分成上下两个独立的窗口，如图 2-31 所示。

Step4：如果要取消拆分，在【窗口】组中单击【取消拆分】按钮即可。

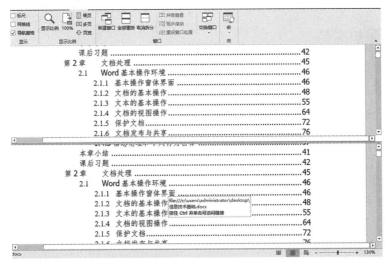

图 2-31　窗口拆分

（7）并排查看文档窗口　　Word 具有多个文档窗口并排查看的功能，通过多窗口并排查看，可以对不同窗口中的内容进行比较。

Step1：打开两个或两个以上 Word 文档窗口，切换到【视图】选项卡，然后在【窗口】组中单击【并排查看】按钮。

Step2：弹出【并排比较】对话框，选择"档案管理制度-副本"作为并排比较的 Word 文档。

Step3：单击【确定】按钮，此时即可同时查看打开的两个或多个文档。

Step4：此时【窗口】组中自动选中【同步滚动】按钮。

Step5：拖动滚动条或滑动鼠标即可实现在滚动当前文档时，另一个文档同时滚动。如图 2-32 所示。

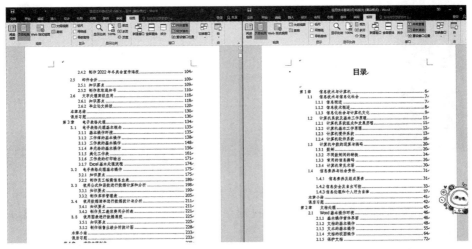

图 2-32　并排窗口

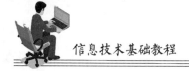

友情提示

如果用户要取消并排查看,在任意一个文档的【视图】选项卡中,单击【并排查看】按钮即可。

2.1.5 保护文档

用户可以通过设置只读文档、设置加密文档和启动强制保护等方法对文档进行保护,以防止无操作权限的人员随意打开或修改文档。

2.1.5.1 设置只读文档

只读文档是指开启的文档处在"只读"状态,无法被修改。设置只读文档的方法主要有以下两种。

(1)标记为最终状态 将文档标记为最终状态,可以让用户知晓文档是最终版本,并将其设置为只读。具体步骤如下。

Step1:打开文件,单击【文件】按钮,选择【信息】菜单项,单击【保护文档】,在下拉列表中选择【标记为最终状态(E)】选项。如图 2-33 所示。

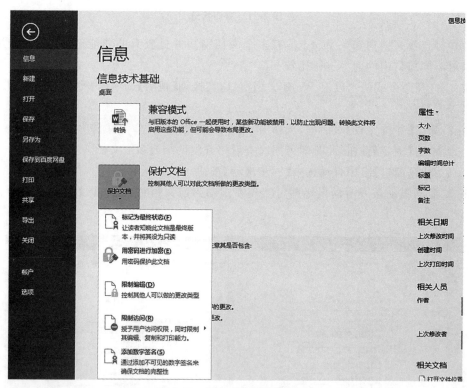

图 2-33 标记文档为最终状态

Step2:弹出对话框,提示用户【此文档将先被标记为最终,然后保存。】。

Step3:单击【确定】按钮,弹出对话框,提示用户【此文档已被标记为最终状态】,单击【确定】按钮即可。

Step4:再次启动文档,弹出提示对话框,并提示用户【作者已将此文档标记为最终版本以防止编辑。】,此时文档的标题栏上显示"只读",如果要编辑文档,单击【仍然编辑】按钮即可,如图 2-34 所示。

图 2-34 最终版本防止被编辑

(2)使用常规选项 具体步骤如下。

Step1:单击【文件】按钮,在左侧菜单栏中选择【另存为】菜单项。

Step2:选择存储路径后,在【另存为】对话框,单击【工具(L)】按钮,在弹出的下拉列表中选择【常规选项(G)...】选项。

Step3:弹出【常规选项】对话框,选中【建议以只读方式打开文档(E)】复选框。

step4:单击【确定】按钮,返回【另存为】对话框,然后单击【保存】按钮即可。再次启动该文档时会提示用户【作者希望您以只读方式打开该文件,除非您需要进行更改,是否以只读方式打开?】。

Step5:单击【是】按钮,启动 Word 文档,此时该文档处于"只读"状态。

2. 设置加密文档

在日常办公中,为了保证文档安全,用户经常会设置加密文档。设置加密文档包括设置文档的打开密码与修改密码。具体步骤如下。

Step1:打开本实例的原始文件,单击【文件】按钮,在左侧菜单栏中选择【信息】菜单项,然后单击【保护文档】按钮,在弹出的下拉列表中选择【用密码进行加密(E)】选项。如图 2-35 所示。

Step2:弹出【加密文档】对话框,在【密码(R):】文本框中输入"123456",然后单击【确定】按钮。如图 2-36 所示。

图 2-35 文档加密

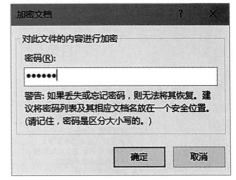

图 2-36 设置文档加密密码

Step3:弹出【确认密码】对话框,在【重新输入密码(R):】文本框中输入"123456",然后单击【确定】按钮。

Step4:再次启动该文档时弹出【密码】对话框,在【请键入打开文件所需的密码】文本框中输入密码"123456",然后单击【确定】按钮即可打开 Word 文档。

Step5：如果密码输入错误，会弹出对话框，提示用户【密码不正确，Word 无法打开文档。】。

2.1.5.3 启动强制保护

用户还可以通过设置文档的编辑权限，启动文档的强制保护功能等方法保护文档的内容不被修改。具体步骤如下。

Step1：单击【文件】按钮，在左侧菜单栏中选择【信息】菜单项，然后单击【保护文档】按钮，在弹出的下拉列表中选择【限制编辑（D）】即可。如图 2-37 所示。

Step2：在 Word 文档编辑区的右侧会出现一个【限制编辑】窗格，在【2.编辑限制】组合框中选中【仅允许在文档中进行此类型的编辑：】复选框，然后在其下方的下拉列表中选择【不允许任何更改（只读）】选项。如图 2-38 所示。

Step3：单击【是，启动强制保护】按钮，弹出【启动强制保护】对话框，在【新密码（可选）（E）：】和【确认新密码（P）：】文本框中分别输入"123456"。

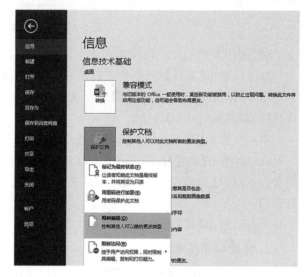

图 2-37　文档限制编辑

Step4：单击【确定】按钮，返回 Word 文档中，此时，文档处于保护状态。

Step5：如果用户要取消强制保护，单击【停止保护】按钮，弹出【取消保护文档】对话框，在【密码】文本框中输入"12356"，然后单击【确定】按钮即可。

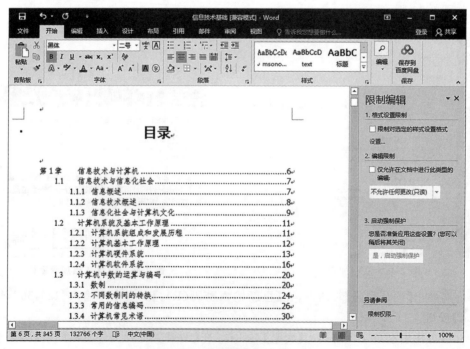

图 2-38　编辑限制对话框设置

2.1.6 文档发布与共享

1.文档发布

PDF 是 Portable Document Format 的简称,意为"可携带文档格式",是一种基于传统文件格式之上的一种新型文件格式。PDF 不仅会忠实地再现原稿的每一个字符、颜色以及图像(无论在哪种打印设备上都可保证精确的颜色和准确的打印效果),使文档更加具有质感,而且可以对文档起到一定的保护作用,防止别人随意编辑和修改。目前,PDF 文档格式已经渐渐成为商业和办公领域的通用文档格式。

Word2016 中提供了两种可以将 Word 文档转化为 PDF 文档的方法。如图 2-39 所示。

方法 1:单击【文件】选项卡,单击【导出为 PDF】选项,可直接将 Word 文档转化为 PDF 文档。

方法 2:单击【文件】选项卡,单击【导出】选项,在【导出】窗口中,选择【创建 PDF/XPS 文档】功能,随后按照提示进行操作即可。使用该方法,可以对输出的文档做一些个性化设置。

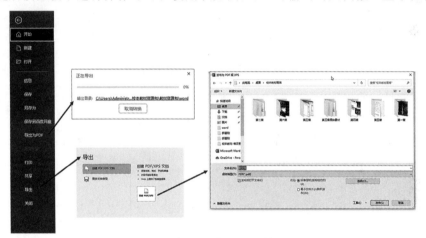

图 2-39 导出 PDF 文档

如果需要对输出的 PDF 文档做一些个性化的设置,在按照"方法 2"进行文档输出时,需要额外做一下"选项"设置。如图 2-40 所示。

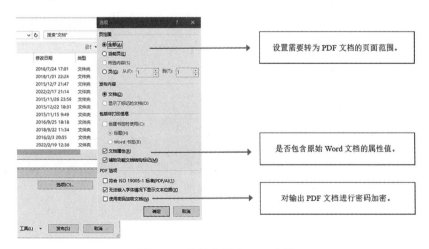

图 2-40 个性化导出 PDF 文档

2. 文档协作共享

Word2016 为用户提供了 4 种文档共享方案,分别是【与人共享】【电子邮件】【联机演示】和【发布至博客】。用户可以通过单击【文件】选项卡,选择【共享】功能进行具体操作。

(1)与人共享　使用【与人共享】方式实现共享,就是将文档保存到 OneDrive 位置,以实现云端文档共享。如图 2-41 所示。

图 2-41　文档共享-与人共享

(2)电子邮件　使用【电子邮件】方式实现共享时,系统会自动启动 Outlook2016,将文档以各种附件的形式发送给指定用户。如图 2-42 所示。

(3)联机演示　使用【联机演示】方式实现共享时,用户需要提前准备一个 Microsoft 账户才能进行联机演示。如图 2-43 所示。

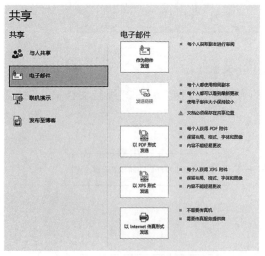

图 2-42　文档共享-电子邮件　　　　　　　　　图 2-43　文档共享-联机演示

(4)发布至博客　使用【发布至博客】方式实现共享时,需要提前准备一个博客账户。如果没有博客账户,系统将辅助用户注册博客账户。如图 2-44 所示。

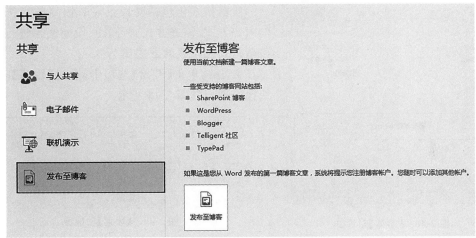

图 2-44 文档共享-发布至博客

2.2 初级排版

2.2.1 知识点

1.字符格式化

字符格式化包括对各种字符的大小、字体、字形、颜色、字符间距、字符之间的上下位置及文字效果等进行定义。字符格式化设置的主要方法有3种。

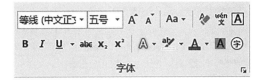

图 2-45 【字体】功能区

方法1：单击【开始】选项卡，通过【字体】功能区快速实现。如图 2-45 所示。

方法2：在编辑区点击鼠标右键，选择【字体(F)...】选项，打开【字体】对话框设置实现。如图 2-46 所示。

方法3：当使用鼠标拖动选中操作文字后，设置文字格式的浮动工具栏就会自动出现在选中文字的周边，单击该工具栏中相应的按钮也可以对文字格式进行设置。如图 2-47 所示。

友情提示

除了上述字体格式的基本设置方法外，还可以利用格式刷进行格式复制。

图 2-46 【字体】对话框

图 2-47 【字体】浮动工具栏

2.段落格式化

段落格式化包括对段落左右边界的定位、段落的对齐方式、缩进方式、行间距、段间距等进行设置。段落格式化设置的方法如下：

方法1：单击【开始】选项卡，通过【段落】功能区快速实现。如图 2-48 所示。

图 2-48 【段落】功能区

方法 2：在编辑区点击鼠标右键，选择【段落(P)...】选项，打开【段落】对话框设置实现。如图 2-49 所示。

（1）段落的对齐方式 段落的对齐方式有 5 种，分别为左对齐、右对齐、居中对齐、两端对齐和分散对齐，如图 2-50 所示。其中两端对齐为默认对齐方式。

图 2-49 【段落】对话框

左对齐

(1) 段落的对齐方式。段落的对齐方式有 5 种，分别为左对齐、右对齐、居中对齐、两端对齐和分散对齐，如图 2-50 所示。其中两端对齐为默认对齐方式。

居中对齐

(1) 段落的对齐方式。段落的对齐方式有 5 种，分别为左对齐、右对齐、居中对齐、两端对齐和分散对齐，如图 2-50 所示。其中两端对齐为默认对齐方式。

右对齐

(1) 段落的对齐方式。段落的对齐方式有 5 种，分别为左对齐、右对齐、居中对齐、两端对齐和分散对齐，如图 2-50 所示。其中两端对齐为默认对齐方式。

两端对齐

(1) 段落的对齐方式。段落的对齐方式有 5 种，分别为左对齐、右对齐、居中对齐、两端对齐和分散对齐，如图 2-50 所示。其中两端对齐为默认对齐方式。

分散对齐

(1) 段落的对齐方式。段落的对齐方式有 5 种，分别为左对齐、右对齐、居中对齐、两端对齐和分散对齐，如图 2-50 所示。其中两端对齐为默认对齐方式。

图 2-50 段落对齐效果

（2）段落的缩进方式。　缩进功能用来设置文本两端与文本编辑区边沿的距离。缩进的种类分为4种:左缩进、右缩进、首行缩进以及悬挂缩进。文本中排版使用频率较高的是首行缩进。缩进的设置可以通过【段落】对话框实现,亦可以通过标尺进行快速设置。如图2-51和图2-52所示。

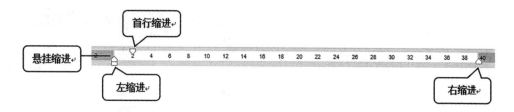

图2-51　标尺上的缩进控制块

> **首行缩进**
>
> 缩进功能用来设置文本两端与文本编辑区边沿的距离。缩进的种类分为4种: 左缩进、右缩进、首行缩进以及悬挂缩进。文本中排版使用频率较高的是首行缩进。缩进的设置可以通过【段落】对话框实现,亦可以通过标尺进行快速设置,如图2-51和图2-52所示。
>
> **悬挂缩进**
>
> 缩进功能用来设置文本两端与文本编辑区边沿的距离。缩进的种类分为4种: 左缩进、右缩进、首行缩进以及悬挂缩进。文本中排版使用频率较高的是首行缩进。缩进的设置可以通过【段落】对话框实现,亦可以通过标尺进行快速设置,如图2-51和图2-52所示。

图2-52　段落缩进效果

（3）行间距和段间距　行间距修饰文档中行与行之间的距离。段间距修饰文档中段与段之间的距离。常规操作是,选中目标行或目标段,右键选择【段落】选项打开【段落】对话框,在【间距】区域进行相关设置,如"段前""段后""行距"和"设置值"。还有一种快捷操作方法,单击【开始】选项卡,选择【段落】功能区中的行和段落间距按钮 ，快速对行间距进行设置。如图2-53所示。

图2-53　行和段落间距

3. 制表位

制表位是对齐文本的一个有力工具,其作用是让文字向右移动一个特定的距离。因为制表位移动的距离是固定的,所以能够非常精确地对齐文本。常用的快捷键是【Tab】。如果要想修改制表位每次移动的固定距离,可以在窗口编辑区点击鼠标右键,选择【段落(P)...】选项,在弹出的【段落】对话框中选择【缩进和间距(I)】选项卡,点击选项卡底部的【制表位(T)...】按钮,弹出【制表位】对话框,修改【默认制表位(F):】的值,点击【确定】,即可以设置制表位每次移动的固定距离。如图2-54所示。

4. 边框与底纹

边框是指在文字、段落或者页面的四周添加一个矩形边框。一般来说,这个边框会由多种线条样式或者各种特定的图形组合而成。底纹是指为文字或段落添加背景颜色。如图2-55所示。

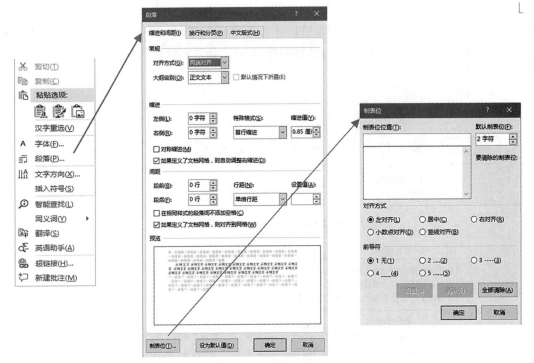

图 2-54　设置"制表位"

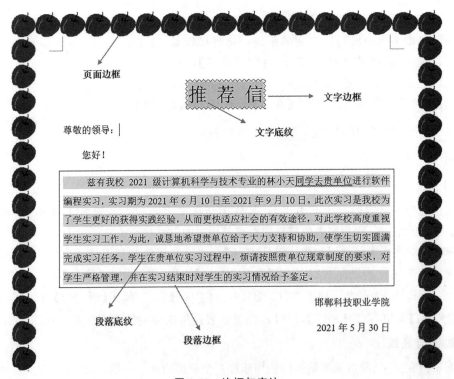

图 2-55　边框与底纹

可以看到"林小天同学去贵单位进行软件编程实习"下面有一条绿色波浪线。这是 Word 在开启检查功能后，自动在它认为有错误的字句下面加上的波浪线，带有红色波浪线标记的表示拼写错误，带有绿色波浪线标记的表示语法错误。

可以选择将 Word 中语法检查关闭，在【文件】选项卡中单击【选项】功能选项，打开【Word 选项】对话框，在【校对】功能区中进行对语法检查的修改。如图 2-56 所示。

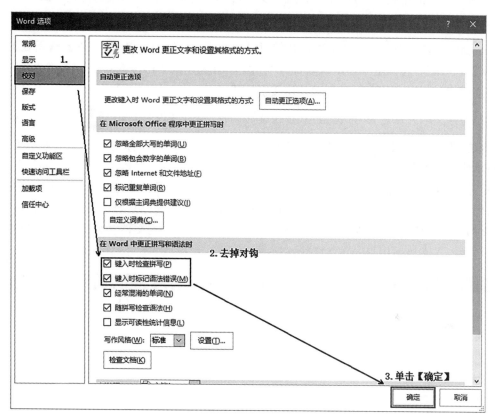

图 2-56 关闭拼写检查和语法检查

5. 打印预览及打印输出

打印输出是进行文档处理的目的之一。打印预览就是在文档正式打印之前，预先在屏幕上观察即将打印文档的打印效果，看是否符合设计要求，如果满意，就可以打印。

友情提示

文档在打印预览状态下可以调整页面的显示比例，预先查看打印输出的效果，但是不能对文档的具体内容进行编辑。

2.2.2 制作推荐信

1. 任务描述

学校就业指导中心每年都会为去实习的学生写一封推荐信，发送给相关实习单位。那么，学校的推荐信应该怎么制作呢？

2.技术分析

一份基本的推荐信一定是一份层次清晰、重点突出、页面布局合理的文档。通常来说，制作一份推荐信主要有 3 个步骤，文档的创建与保存、内容录入与格式设置、文档的打印输出。其中对录入内容的排版是重点，主要体现在文字、段落、边框等基本格式的设置方面。

3.任务实现

（1）新建文档　在 Word 文字处理软件窗口功能区中依次单击选择【文件】→【新建】→【空白文档】命令，随后将产生一篇默认名称为"文档 1"的新空白文档。在新空白文档的插入点处输入"推荐信"的具体内容，先不考虑具体文字格式。

（2）保存文档并命名为"推荐信"　在快速启动栏中点击【保存】按钮 ![保存图标]，或者单击【文件】选项卡选择【保存】功能，或者利用【Ctrl】＋【S】组合键的方式进行保存。因为是第一次保存，故会弹出【另存为】对话框，如图 2-57 所示。

在弹出的【另存为】对话框中完成文件名和文件类型的设置。首先可以先固定文档存放的位置，即可以单击对话框左侧文档位置按钮进行位置选取，如选择 C 盘下的 Data 文件夹，作为当前文档保存的位置，然后在对话框下侧【文件名】文本框中输入文件名为"推荐信"，保存类型可下拉选取，本文档采用 Word 文档默认选项（∗.docx）。

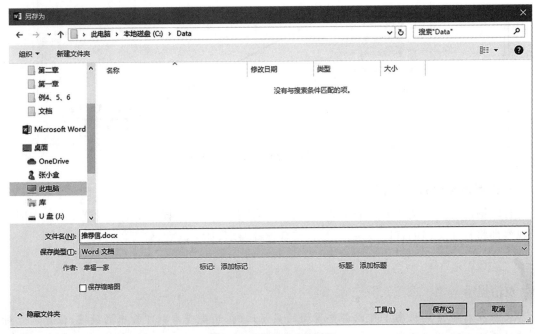

图 2-57　"另存为"对话框

可以通过多次单击保存按钮实现保存，也可以通过点击【文件】选项卡，单击【选项】选项，打开【Word 选项】对话框，在【保存】功能区中设置"保存自动恢复信息时间间隔"来实现自动保存功能。如图 2-58 所示。文档如不涉及位置、名称、类型等其他修改，只需要保存即可，否则需要使用【文件】→【另存为】进行修改保存。

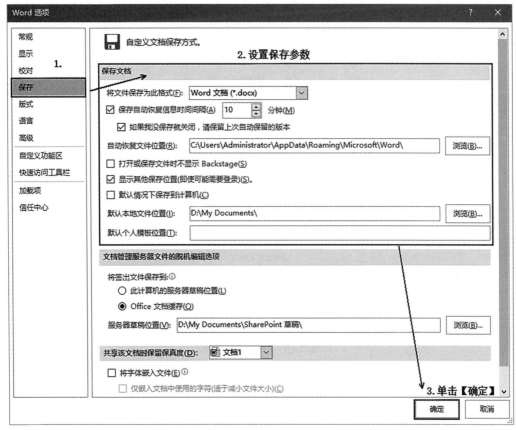

图 2-58 自动保存设置

（3）格式设置 分别对标题、正文以及边框和底纹进行处理。

标题处理

Step1：选中文档标题，单击【开始】选项卡，选择【字体】功能区，设置字体格式为"宋体""一号""加粗"。

Step2：启动【字体】对话框，选择【高级】选项卡【字符间距】功能区，设置【间距】为"加宽"，设置【磅值】为"3 磅"。

Step3：单击【开始】选项卡，选择【段落】功能区，设置段落对齐方式为"居中"对齐。如图 2-59 至图 2-61 所示。

图 2-59 【字体】功能区和【段落】功能

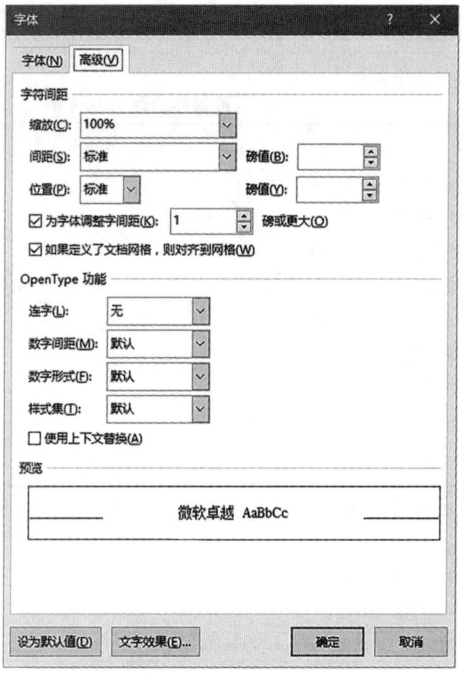

图 2-60 【字体】对话框

推 荐 信

图 2-61 文章标题处理效果

正文处理

Step1：选中除标题之外的其他文字。

Step2：单击【开始】选项卡，选择【字体】功能区，设置字体格式为"宋体""小四"。

Step3：启动【段落】对话框，设置【行距】为"1.5倍行距"，设置段落【间距】为段前 0.5 行、段后 0.5 行。

Step4：重新选取正文第二、三段，启动【段落】对话框，选择【缩进和间距】选项卡中的【缩进】功能区，设置【特殊】为"首行"，设置【缩进值】为"2字符"。如图 2-62 所示。

Step5：选取落款为学校名称和日期的两段内容，单击【开始】选项卡，在【段落】功能区中设置文本对齐方式为"右对齐"。

最终完成效果如图 2-63 所示。

边框和底纹处理

Step1：选中文档标题，单击【开始】选项卡，单击【段落】功能区中【边框】按钮，启动【边框与底纹】对话框，在【边框】选项卡中设置合适的边框样式、颜色、宽度，将【应用于】设置为"文字"。在【底纹】选项卡中设置合适的底纹颜色填充，将【应用于】设置为"文字"。

Step2：用同样的方法设置正文文本的第三段为合适的边框和底纹，需要注意的是将【应用于】设置为"段落"。

Step3：单击页面空白区，单击【开始】选项卡，单击【段落】功能区中【边框】按钮，启动【边框与底纹】对话框,选择【页面边框】选项卡,为页面设置合适的页面边框。由于页面边框应用于的默认范围是"整篇文档",故不需要选取任何内容。

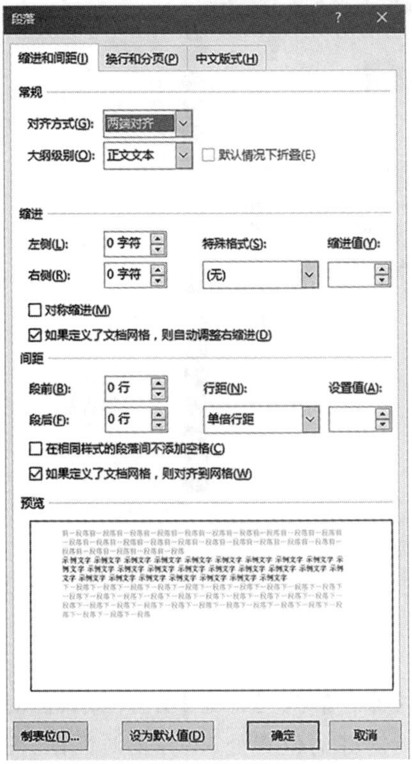

图 2-62 【段落】对话框

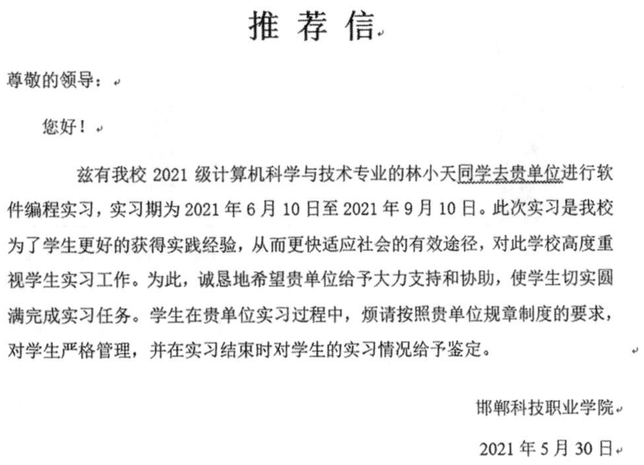

推 荐 信

尊敬的领导:

　　您好!

　　兹有我校 2021 级计算机科学与技术专业的林小天同学去贵单位进行软件编程实习,实习期为 2021 年 6 月 10 日至 2021 年 9 月 10 日。此次实习是我校为了学生更好的获得实践经验,从而更快适应社会的有效途径,对此学校高度重视学生实习工作。为此,诚恳地希望贵单位给予大力支持和协助,使学生切实圆满完成实习任务。学生在贵单位实习过程中,烦请按照贵单位规章制度的要求,对学生严格管理,并在实习结束时对学生的实习情况给予鉴定。

邯郸科技职业学院

2021 年 5 月 30 日

图 2-63 文章正文处理效果

　　(4)打印"推荐信" 输出文档的方式有很多,例如输出到打印机打印、输出到磁盘保存、输出到网络发邮件等。其中打印是最常见的输出方式。

　　预览打印效果。单击【文件】选项卡,点击【打印】选项,屏幕右侧出现文档的打印预览效果,即可对文档的整体布局进行预览。

友情提示

　　在打印预览状态下,只能对文档进行一页或者多页整体预览,不能编辑修改具体文档内容。

　　打印输出。文件预览完毕后,如不需要修改就可以进行打印输出。执行打印的操作如下:单击【文件】选项卡,点击【打印】选项,屏幕出现打印预览效果,在其左侧有一系列关于打印设置的选项,如打印机的选择、打印页码范围和打印份数等内容。设置完毕后单击【打印】按钮即可开始打印。如图 2-64 所示。

4.能力拓展

　　本案例主要介绍了文字处理软件的基本编辑功能,目的是为了让用户掌握文档创建、编辑以及基本格式设置的技巧。文档操作的方式方法还有很多,现补充简要介绍如下。

　　(1)文档的基本操作 文档的基本操作包括新建文档、保存文档、打开文档以及在输入文

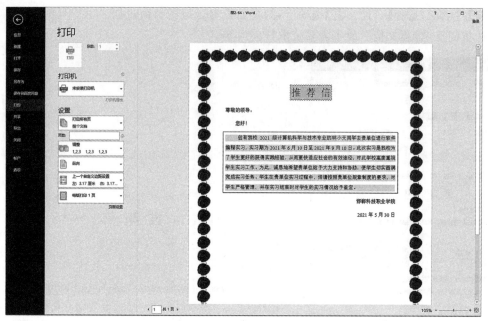

图 2-64 "打印"及"打印预览"窗口

本后对文档进行插入、删除、移动、复制、查找和替换等。

①关于保存　保存文件的三要素:保存位置、保存类型和文档名称。

【保存】与【另存为】的区别:新文档在做第一次保存时,【保存】与【另存为】没有区别,但对于已经保存过的文档做二次保存时,【保存】是保存到原先指定好的位置处,不弹出对话框,而【另存为】则会弹出对话框,目的是可以以其他的文件名、类型、位置进行备份,并且在【另存为】对话框中单击【保存】按钮后原有的文档将自动被关闭,出现的文档是刚刚另存后的文档。

②打印要领　打印是文档输出的主要途径,不同的目的决定了不同的打印方式,因此需要掌握一些打印的"诀窍"。

打印中首先要注意的是页面设置。文档的页面设置要尽量和打印用的纸张大小、方向一致。此外,还需要进行一些必要的打印设置,比如选取对应的打印机,设置打印范围、打印份数以及缩放比例等。最好在输出打印之前,先使用打印预览功能,查看一下打印效果,以调整不合适的地方。其次,要注意打印顺序以及打印页面的选择。如果是全部打印,通常不需要选择(默认为全部页面),如果要打印其中的部分页面,则需要设置输出页码范围。比如,要打印第1~10页,可以输入"1-10";如果要打印第1、3、5不连续的多页,则需要输入"1,3,5",即页码之间用逗号隔开。

(2)文档排版　文档排版主要包括字体格式、段落格式以及页面格式的设置等。字体格式设置中又包括字体、字号、字形、颜色、字符间距与行距等。完成编辑工作后,先打印预览对其页面进行校验,预览无误后可输出打印。

文档排版需要注意以下问题:

①选中需要操作的对象。

②通过【开始】选项卡的【字体】和【段落】功能区可以实现字体、段落的基本设置。如果有进一步的复杂设置,则可通过字体、段落对话框来实现。

③当需要使文档中某些字体或段落的格式相同时,可以使用格式刷来复制字体或段落的格式,这样既可以使排版风格一致,又可以提高排版效率。使用格式刷时,要了解单击、双击格式刷的不同作用。

④当文档中的文字需要快速、精准对齐时,在水平方向可使用制表位,在垂直方向可以利用段落间距实现对文本的准确定位。

友情提示

视图是文字处理软件提供的特殊编辑和浏览模式,常见的视图模式有:页面视图、Web版式视图、大纲视图、草稿视图和阅读视图。在屏幕窗口右下角的视图切换功能区可以进行视图模式的切换。每种显示模式都会使文档有一种不同的外观。

2.3 表格制作与应用

表格以行和列的形式组织信息,可以使文档结构更加严谨,文档内容更加条理化,页面效果更为直观。

2.3.1 知识要点

1.单元格

表格由水平行和垂直列组成。行和列交叉的矩形部分称为单元格。

2.合并单元格

将一行或一列中多个相邻的单元格合并成一个单元格叫作合并单元格。将水平方向的多个单元格合并成一个单元格,叫作行合并。将垂直方向的多个单元格合并成一个单元格,叫作列合并。如图2-65所示。

3.拆分单元格

将一个单元格拆分成多个单元格,叫作拆分单元格。如图2-66所示。

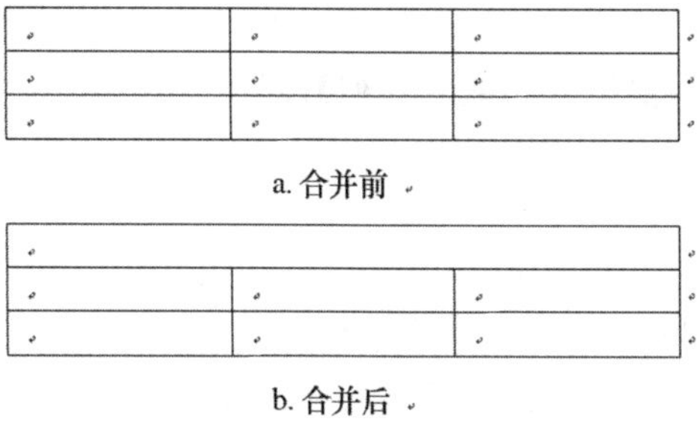

a.合并前

a.拆分前的表格

b.合并后

b.拆分单元格

图2-65　合并单元格

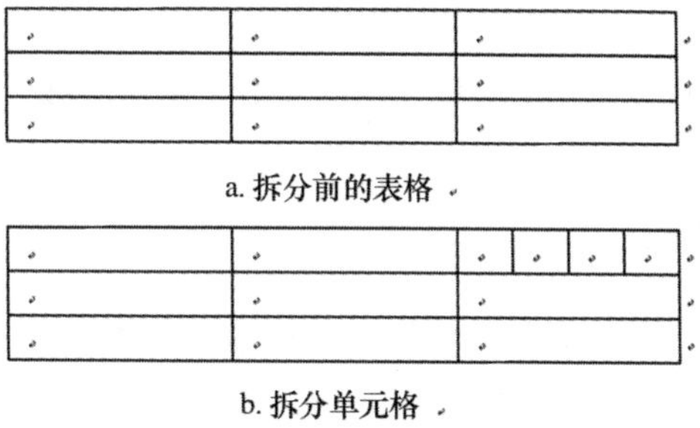

图2-66　拆分单元格

友情提示

拆分操作除了可以对单元格进行拆分外,还可以对表格进行拆分。

4.表格编辑

对于制作完成的表格,常常需要根据新需求对表格进行一些调整。比如添加一些行、列或删除一些行、列等。

(1)选定表格对象　与文本操作一样、表格操作也必须遵循"先选定后操作"的原则。选定表格的有关操作如图 2-67 所示。

a.选中一个单元格

b.选中一行

c.选中一列

d.选中整个格

图 2-67　表格中的各种选定

(2)插入行、列或单元格　在表格中插入行、列或单元格时,一定要把插入点定位在表格中指定位置,而后右击选择【插入】子菜单中的行、列或单元格相关操作即可。

(3)删除行、列、单元格或表格　若要删除表格中多余的行、列或单元格,应先选定要删除的区域,然后右击选择相关删除操作(如【删除单元格】【删除行】【删除列】)即可。

友情提示

选定表格后,【Backspace】键删除表格及内容,【Delete】键仅清除内容。

(4)改变表格的行高、列宽　调整表格的行高和列宽有两种方法,一种是粗略方法,将鼠标移动到要调整行高或列宽的表格线上,拖动行、列边距调整表格行或列。另一种是精确方法,选定表格,右键选择【表格属性】选项,打开【表格属性】对话框,选择【行】或【列】选项卡进行精确设置即可。如图 2-68 所示。

5.表格样式

表格样式其实就是指表格外观,包括表格边框、底纹、字体和颜色等。Word2016 中预先

图 2-68 【表格属性】对话框

定义了一些内置的表格样式以方便用户使用。用户在选中表格后,单击【表设计】选项卡,在【表格样式】功能区中选择一个满意的样式即可。也可以通过使用【表格样式】功能组区中【底纹】【边框】按钮为指定的单元格单独设置边框和底纹。

友情提示

在 Word2016 的表格中,表格里的数据可以利用函数或者公式进行简单计算,但是表格不具有 Excel 表格的自动填充功能。

2.3.2 制作课程表

1.任务描述

新学期伊始,为方便同学们了解本学期都开设了哪些课程,班主任让班长小白同学设计制作班级课程表。

2.技术分析

根据课程表的特点,小白决定利用 Word 中的表格功能来设计制作课程表。在 Word 中,可以利用【插入】选项卡【表格】功能区中的【表格】功能插入表格。默认情况下表格以“嵌入”的方式插入到文档中,也可以通过设置表格版式,改变表格的插入状态。设置表格样式,可以美化表格外观,比如字体段落的基本设置、表格边框与底纹等。设计效果如图 2-69 所示。

3.任务实现

(1)创建表格并录入基本信息 创建表格的方法有多种,通常都会通过【插入】选项卡【表格】功能区【表格】按钮进行创建。如图 2-70、图 2-71 所示的两种方式是最常用的插入表格的方法,此外还有表格绘制法,具体制作时选其一即可。

通常来说,对于不规则的表格一般采用绘制的方法,对于规则的表格采用自动插入的方法。

课 程 表

星期 课程 节次	星期一	星期二	星期三	星期四	星期五
1-2	计算机基础	平面设计	计算机基础	平面设计	计算机基础
3-4	高数	英语口语	英语听力	英语写作	高数
午休					
5-6	思政	程序设计 基础	大扫除	体育	主题班会
7-8			自习	自习	
晚自习					

图 2-69　课程表

图 2-70　"框选法"创建表格

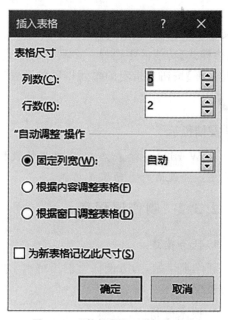

图 2-71　"数据录入法"创建表格

　　利用上述方法之一,在插入点生成一张 8 行 6 列表格后即可在表格内输入文本。效果如图 2-72 所示。

友情提示

　　定位单元格有以下 3 种方法,利用鼠标选取定位;利用键盘上的 4 个方向键移动定位;利用【Tab】键进行移动定位。

　　(2)对表格的编辑操作

　　①调整表格的行高和列宽　根据"课程表"样张,利用【表格属性】对话框对表格进行个性

课程表					
星期 课程 节次	星期一	星期二	星期三	星期四	星期五
1-2	计算机基础	平面设计	计算机基础	平面设计	计算机基础
3-4	高数	英语口语	英语听力	英语写作	高数
午休					
5-6	思政	程序设计基础	大扫除	体育	主题班会
7-8			自习	自习	
晚自习					

图 2-72　课程表文本录入图

化设置。具体操作如下。

Step1：选中整张表格，单击【布局】选项卡，点击【表】功能组区中【属性】按钮，弹出【表格属性】对话框。如图 2-73、图 2-74 所示。

Step2：单击【表格】选项卡，设置【尺寸】功能区中【指定宽度】为 100%，【度量单位】为百分比，设置【对齐方式】功能区中对齐方式为"居中"。

Step3：选中第 3～8 行，单击【行】选项卡，如图 2-75 所示。设置行【尺寸】中【指定高度】为 1 厘米，【行高值是】固定值。

Step4：参照 step3，设置第 1 行高度为 2.4 厘米，设置第 2 行高度为 1.8 厘米。

图 2-73　"表格属性"按钮位置

图 2-74　设置表格宽度和对齐方式　　　　**图 2-75　设置行高**

②对单元格进行合并操作。根据"课程表"样张,选中需要合并的单元格,利用右键快捷菜单中的"合并单元格"功能,对单元格进行合并操作。

(3)表格的格式化

①表格中文字的字体设置以及对齐方式 表格中的文字设置与文本中文字的设置大体相同,先选中表格需要修改的文字,再在【开始】选项卡的【字体】功能区中进行设置即可。将第1行文字设置为"宋体""一号""加粗",字符间距加宽5磅。将第2行文字和第一列设置成"宋体""五号""加粗"。其余设置为宋体,五号。

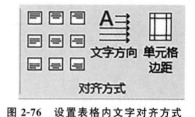

图 2-76 设置表格内文字对齐方式

表格中文字的对齐方式与段落的对齐方式略有不同,Word 2016 提供了 9 种对齐方式。课程表中采用的是水平居中对齐,具体操作如下:选中整个表格,单击【布局】选项卡,单击【对齐方式】功能区中【水平居中】按钮。如图 2-76 所示。

②绘制斜线表头 Word2016 中取消了自动绘制斜线表头的功能,因此在 Word2016 中如果要加入一个斜线表头就需要进行绘制。

如果只需要一根斜线,可以将插入点置于第一个单元格中,点击【表设计】选项卡在【边框】功能区中单击【边框】按钮，选择【斜下框线】功能，就可以绘制一根斜线的表头。

如果需要多根斜线,可以依次点击【插入】选项卡、【插图】功能区、【形状】功能、选择【线条】组中的【直线】功能,根据需要画出对应的斜线,随后将所有的"斜线"组合起来。最后在单元格对应的位置输入文字内容即可。如图 2-77 所示。

星期 课程 节次	星期一	星期二	星期三	星期四	星期五
1-2	计算机基础	平面设计	计算机基础	平面设计	计算机基础
3-4	高数	英语口语	英语听力	英语写作	高数
午休					
5-6	思政	程序设计 基础	大扫除	体育	主题班会
7-8			自习	自习	
晚自习					

课 程 表

图 2-77 斜线表头设置

③表格外观设置 为了使整个表格看起来更加生动明朗,色彩丰富,可以对表格设置预先定义好的表格样式,也可以根据不同要求做出特色鲜明的边框和底纹。为课程表添加边框和

底纹的具体操作如下。

Step1:选定表格,点击【表设计】选项卡,单击【边框】功能区中的 按钮,弹出【边框和底纹】对话框,对表格的边框和底纹进行相关的设置。

Step2:设置边框。在【边框】选项卡中,可以设置边框的线型、粗细、颜色,还可以单独设置某一侧边框的的线型、粗细、颜色等,在【应用于】列表框中有"文字""段落""单元格"和"表格"选项,设置时应注意选择,在预览窗口可以预览设置的效果。如图 2-78 所示。

Step3:设置底纹。在【底纹】选项卡中,可以设置底纹的颜色、样式等。如图 2-79 所示。

图 2-78 设置表格边框

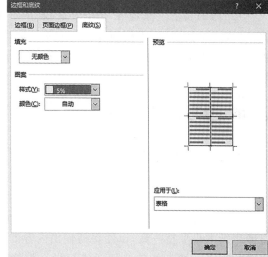

图 2-79 设置底纹

Step4:完成制作,最终效果如图 2-80 所示。

课 程 表

星期 课程 节次	星期一	星期二	星期三	星期四	星期五
1-2	计算机基础	平面设计	计算机基础	平面设计	计算机基础
3-4	高数	英语口语	英语听力	英语写作	高数
午休					
5-6	思政	程序设计基础	大扫除	体育	主题班会
7-8			自习	自习	
晚自习					

图 2-80 最终效果

4.案例小结

通过本案例的学习,用户可清楚地了解用表格制作一份课程表的具体步骤。初步掌握使用 Word 创建表格、修改表格、合并单元格、文字排版、设置单元格对齐方式、设置表格边框底纹等基本操作技巧。

(1)编辑表格 编辑表格时,要注意选择对象,选择的对象不同,可执行的操作也不同。以表格为对象的编辑,包括表格的移动、缩放、合并和拆分;以单元格为对象的编辑,包括单元格的插入、删除、移动和复制、单元格的合并和拆分、单元格的高度和宽度设置、单元格的对齐方式等。

(2)修饰表格 除表格"边框和底纹"的基本用法外,还要掌握好表格中"改变文字方向"的方法,表格中数据的"排序与计算",表格内数据自动求和,给单元格设置编号,让表格自动适应内容,设置表格中文字和边框的间距,在多个页面显示同一表格的标题的"重复标题行"等常用技巧。

2.4　图文处理综合应用

2.4.1　知识要点

1.页面设置

页面设置是指设置版面的纸张大小、页边距、纸张方向等参数。纸张大小设置一般与实际打印用纸大小保持一致,以便保持输出内容的一致。页边距一般是指可视区文本区域与纸张边缘的距离。纸张方向设置一般是指文档内容打印输出时,输出内容在页面上输出的阵列方式。

2.文本框

文字处理软件提供的文本框功能可以通过【插入】选项卡来完成,其本身是一种特殊绘制对象。使用文本框可以将文字、表格或图形精确定位到文档中的任意位置。

3.分栏

分栏可以将文档中完整的一行或多行文字设置成若干列的显示修饰效果。这种修饰效果广泛应用于各种报纸和杂志中。用户可以通过【布局】选项卡【页面设置】功能区中【分栏】按钮来实现分栏。分栏的应用范围可分为选定文字和整篇文档。

4.首字下沉

首字下沉格式一般位于每段的第一行第一个字,是一种特殊的修饰效果,常见于报纸和杂志。其操作方法是:将插入点置于要设置首字下沉的段落中,点击【插入】选项卡,选择【文本】功能区,单击【首字下沉】工具按钮,实现首字下沉功能,如图 2-81(a)所示。根据设计要求选择"下沉"或者"悬挂"。两者的区别就在于修饰后的首个字符与段落内其余文字的环绕关系和对齐方式。如果对于"下沉"或者"悬挂"的首字的字体和下沉行数有要求,可以点击【首字下沉选项】按钮,对首字下沉做进一步的个性设置,如图 2-81(b)所示。下沉效果如图 2-82 所示。

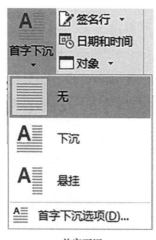
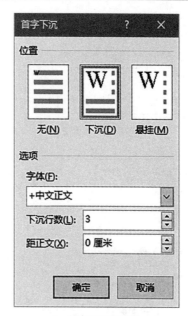

a. 首字下沉　　　　　　　　　b. 首字下沉对话框

图 2-81　【首字下沉】对话框

首字下沉格式一般位于每段的第一行第一个字，是一种特殊的修饰效果，常见于报纸和杂志。其操作方法：将插入点置于要设置首字下沉的段落中，"插入"选项卡，"首字下沉"工具按钮，如图 2-81(a)所示。根据设计要求选择"下沉"或者"悬挂"。两者的差别在文字和修饰后的首字之间的环绕关系。如果对于"下沉"或者"悬挂"的首字的字体和下沉行数有要求，可以单击"首字下沉"工具栏底部的"首字下沉选项"按钮，对首字下沉做进一步的设置，如图 2-81(b)所示。最终效果如图2-82所示。

图 2-82　首字下沉效果图

5. 插入公式

文本内容涉及数学、物理和化学等学科的,公式是其中不可缺少的部分,而且有些公式符号繁多,让编辑人员特别头疼。为了克服公式排版的困难,Word2016 中提供了强大的公式编辑器,可以做到像输入文字一样简单地完成繁琐的公式编辑。具体操作如下:单击【插入】选项

卡,选择【符号】功能区,点击【公式】按钮 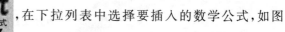,在下拉列表中选择要插入的数学公式,如图

2-83 所示。若插入的是一个需要自己编辑的算式,则单击底部的【插入新公式】选项,然后在【设计】选项卡中完成操作,如图2-84所示。为了避免以后再次编辑这个新公式,当新公式编辑完毕,单击新公式右下角的【公式选项】按钮把这个新公式存入系统公式列表中。以后再使用这个公式时就可以直接从系统常用公式找到并使用。

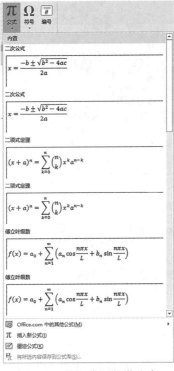

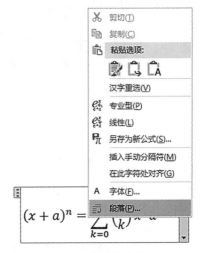

图 2-83　插入常用数学公式　　　　　图 2-84　公式样式效果图

2.4.2　制作 2022 年冬奥会宣传海报

1. 任务描述

第 24 届冬季奥林匹克运动会开幕式于 2022 年在中国北京国家体育场举办。为庆祝这一盛举，号召全体国民积极投身到冰雪运动中，加强体育锻炼，增强人民身体素质。陈子轩同学制作了一份有关 2022 年冬奥会的宣传海报。效果如图 2-85 所示。

图 2-85　北京张家口联合申办 2022 年冬奥会宣传海报

2.技术分析

(1)海报设计技巧之一　在海报制作之初,首先要进行整体的版面设计。版面设计的要点是"规划"。不要以为只有城市建设、建筑设计才需要规划,制作文档同样也需要进行规划,包括设计页面尺寸、分割版面、图文混排等。

版面设计的首要问题是弄清楚页面尺寸。文字处理软件通常默认的页面是 A4 纸,很多喷墨、激光打印机最常见的纸张设置也是 A4 纸。

版面设计的另一个重要操作是分割版面,通常采用分栏设置即可满足需要,如果要制作像海报那样由不同"板块"构成的文档,采用文本框来分割版面是一个很好的选择。

(2)海报设计技巧之二　制作海报其关键的问题在于要有"层"的观念,即是否能够将文字、图片、艺术字、文本框等元素融合在一起,实现真正的图文混排,并使整个主题突出醒目。

3.任务实现

(1)页面设置　单击【布局】选项卡,选择【页面设置】功能区,单击【纸张大小】按钮,选择【其他纸张大小】选项,弹出【页面设置】对话框。设置【纸张大小】为"自定义大小",【宽度】为"14.8 厘米",【高度】为"21 厘米",设置【纸张方向】为"横向",设置【页边距】为"窄"。如图2-86 所示。

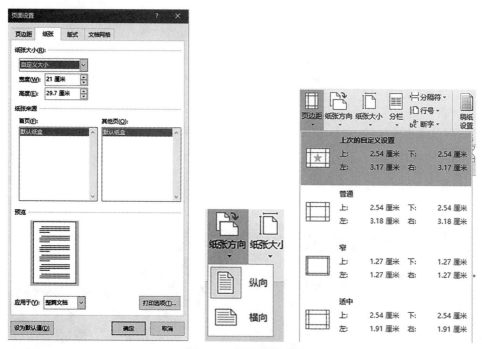

图 2-86　页面设置过程

(2)图片设置　①设置背景图片　因为要制作冬奥会主题的宣传海报,所以在选取背景素材的时候,需要搜索与冰雪主题相关的素材。一般来说,搜索的素材大小一般不合适,需要经过适当裁剪,直到满足设计意图为止。将调整后的图片填充到目标区域后,右键打开【布局选项】快捷窗口,设置【文字环绕方式】为"浮于文字上方"。如图 2-87 所示。

信息技术基础教程

图 2-87　设置背景图

②图片处理　本案例中用到很多图片需要单独处理。用户可以使用专业图形图像处理软件进行处理（如 Adobe Photoshop），也可以使用 Word2016 中自带的修图工具。具体操作如下。

Step1：选中目标图片，单击【图片格式】选项卡，选择【调整】功能区。

Step2：点击【删除背景】按钮，打开【背景消除】功能，进行背景处理。

Step3：通过 标记要保留的区域，通过 标记要删除的区域，如果在操作过程中设置了错误标记，可以使用 删除错误标记。Word2016 不是专业图形图像处理软件，在进行背景处理操作时，需要十分耐心。当处理完成后，点击 就完成处理制作，如果对处理的结果不满意，可以点击 ，恢复图片到原始状态。如图 2-88 所示。

图 2-88　背景抠图

③素材组合　根据上述删除背景的方法，对其他素材进行同类操作，并将处理后的素材插入到页面中。为个性化布局需要，每个处理后的图片都需要将布局方式设置为"浮于文字上方"。随后拖动图片到页面的合适位置。完成后的效果如图 2-89 所示。

图 2-89　素材混合效果

（3）形状设置　最后利用矩形框为页面添加一些文字说明。

Step1：单击【插入】选项卡，选择【插入】功能区，单击【形状】按钮下拉框，选择【矩形】，在页面中绘制一个矩形框。

Step2：选中矩形框，单击【形状格式】选项卡，选择【形状样式】功能区，设置【形状轮廓】为"无轮廓"，设置【形状填充】为"无填充"。

Step3：选中矩形框，右键选择【添加文字】，录入相关文本内容，注意换行操作。

Step4：选中"北京 2022 年冬奥会和冬残奥会组织委员会"文本，右键选择【字体】选项，打开【字体】对话框，选择【高级】选项卡，设置【字符间距】功能区中【间距】为"加宽"，【磅值】为"3.5 磅"。如图 2-90 所示。

Step5：按照上述操作图片的方法，将矩形框的环绕方式设置为"浮于文字上方"。并将矩形框调整到合适位置。

北 京 2 0 2 2 年 冬 奥 会 和 冬 残 奥 会 组 织 委 员 会

Beijing Organizing Committee for the 2022 Olympic and Paralympic Winter Games

图 2-90　文字设置效果

（4）选中所有元素，右键选择【组合】功能，将素材组合成一个元素。最终效果如图 2-91 所示。

图 2-91　最终效果图

4. 能力拓展

海报排版的关键是要先做好版面的整体设计,即所谓的宏观设计,然后再对每个版面进行具体的排版,要领如下。

(1)进行版面的宏观设计　主要包括:设置版面大小(设置纸张大小与页边距);按内容给规划版面(根据内容的主题,结合内容的多少,分成几个版面)。

(2)每个版面的具体布局设计　根据每个版面的条块特点,选择一种合适的版面布局方法,对本版内容进行详细设计。

(3)海报的整体设计效果　版面内容均衡协调、图文并茂、颜色搭配合理。版面设计可以不拘一格,充分发挥想象力,体现个性化的独特创意。

2.5　邮件合并

2.5.1　知识要点

1. 邮件合并

"邮件合并"通常用于某上级单位向下级单位发送会议通知、公司向客户发送邀请信、学校给学生发放录取通知书等场合。这种信函往往要求有不同的抬头,但是具有相同的正文。

"邮件合并"包含两部分内容,一部分为可变动内容,如信函中的抬头部分;另一部分为对所有信件都相同的内容,如信函中的正文。因此,"邮件合并"要建立两个文档,一个是主文档,用来存放对所有文件都相同的内容;另一个是数据源文档,用来存放信函中的变动文本内容。最后将两个文档合并生成信函。

2. 数据源

顾名思义,数据源就是数据的来源,而在邮件合并中数据源就是可以发生变动的那部分数据,通常存放在以表格形式呈现的规范文件(如 Excel、Access)中。

3. 文字处理域

所谓域,就是一种代码,用来控制文字处理软件中的插入信息,实现自动化功能。域贯穿于文字处理软件的许多功能之中,例如插入日期和时间、插入索引和目录、表格计算、邮件合并、对象链接和嵌入等。这些本质上都使用到了域,只不过平时都以选项卡、对话框的形式来实现这些功能,呈现的也只是由域代码运算产生的域结果。

域的最大优点是可以根据文档的改动或其他有关因素的变化而自动更新。例如,生成目录后,目录中的页码会随着页面的增减而产生变化,此时可以通过更新域来自动修改页码。因此,使用域不仅可以方便地完成许多工作,更重要的是能够保证得到正确的结果。

2.5.2　制作录取通知书

1. 任务描述

刚刚被分到招生办工作的小张老师接到了制作并发放录取通知书的工作。小张老师平时掌握了很多关于文字编辑排版的方法,但是邮件合并这块儿还是有些生疏,还需要好好研究一下。下面我们就一起来学习如何进行"邮件合并",并最终完成如图 2-92 所示效果。

2.技术分析

像录取通知书这样的信函,仅更换学生的姓名和专业即可。因此,先制作好录取通知书底稿,随后整理好录取学生基本信息,最后运用"邮件合并"将数据与通知书底稿合并,生成每个人单独一张的录取通知书。

操作步骤如下:

Step1:创建主文档,制作通知书底稿。

Step2:创建数据源,建立包括姓名和专业的数据表格。

Step3:建立主文档与数据源的关联,在主文档中插入合并域。

Step4:合并主文档与数据源,生成录取通知书。

3.任务实现

(1)创建主文档——制作通知书模板　利用邮件合并功能创建学生的录取通知书,必须先创建主文档。内容如图2-93所示。

图2-92　录取通知书样本

图2-93　邮件合并——主文档内容

设计模板的过程中,需要使用以下技术:

Step1:利用【设计】选项卡【页面背景】功能区中的【页面边框】功能,设置页面边框。设置页面边框【艺术型】为" ",【宽度】为"10磅",【颜色】为"RGB(42,93,140)"。

Step2:利用【插入】选项卡【文本】功能区中的【文本框】功能,在页面中插入横排文本框,录入正文内容,并设置字体为"黑体""小二"。利用【插入】选项卡【文本】功能区中的【日期和时间】功能在页面中插入日期。注意选择"日期和时间"的格式为大写格式。

Step3:利用【插入】选项卡【插图】功能区中的【图片】功能,在页面中插入学校Logo,并调整到合适位置。

Step4:利用【插入】选项卡【文本】功能区中的【文本框】功能,在页面中插入3组文本框,内容分别输入"邯郸科技职业学院""新生录取通知书"和"XINSHENG LUQU TONGZH-ISHU",字号分别设置为"小初""48"和"小一",设置字体为"等线"。

Step5:制作公章。利用【插入】选项卡【文本】功能区中的【文本框】功能,在页面中插入一个文本框,内容设置为"邯郸科技职业学院",选中文字,单击【形状格式】选项卡【艺术字样式】功能区中的【文本效果】按钮,在下拉列表中选择【转换】选项【跟随路径】功能区中的【拱形】功能,随后设置字体颜色为"红色",即可完成公章的制作。

Step6:利用【插入】选项卡【文本】功能区中的【文本框】功能,插入文本框,录入"博学之,审问之,慎思之,明辨之,笃行之　　《礼记·中庸》",并调整到页面底部。

(2)创建数据源——建立包括姓名和专业的数据表格　通常利用 Excel 建立邮件合并的数据源。具体操作如下:首先新建一个空白 Excel 工作表,按照图 2-94 所示的格式,输入基本数据,随后保存并关闭,并将文件重命名为"录取信息.xlsx"。

姓名	性别	专业
张军武	男	计算机科学与技术
陈子轩	女	软件工程
王晓鹏	男	物联网
车小静	女	计算机应用
甄彤彤	女	软件工程
段云鹏	男	物联网
程天仓	男	软件工程
刘梦斌	男	物联网
姜尚武	男	软件工程
董天书	男	财经
马云彭	男	畜牧兽医

图 2-94　邮件合并—数据源

友情提示

将该表格的数据源建立好之后,以"录取信息"为名保存起来,以便后续使用,并且保存后一定要关闭,否则在邮件合并时没有办法使用。

(3)建立主文档与数据源的关联——在主文档中插入合并域　准备好模板和数据源后,就可以开始进行邮件合并操作了。此处采用"邮件合并分步向导"来完成邮件合并操作。具体操作为:单击【邮件】选项卡,单击【开始邮件合并】功能区中【开始邮件合并】按钮,在下拉列表中选择【邮件合并分步向导...】功能来实现邮件合并。

此向导共分 6 步,接下来按照提示操作即可。如图 2-95 所示。

Step1:选择"信函"类型,点击【下一步】。

Step2:选择"使用当前文档",点击【下一步】。

Step3:选择"使用现有列表",随后点击【浏览...】按钮,选择已经建立的"录取信息.xlsx"文件,点击【确定】,进入下一步操作。如图 2-96 所示。

Step4:撰写信函。单击【邮件】选项卡,单击【编写和插入域】功能区中【插入合并域】按钮,在页面的合适位置,插入"学生姓名域"和"专业域",点击【下一步】。如图 2-97 所示。

Step5:预览信函。可以通过点击【预览结果】功能区中的【预览结果】按钮,逐个预览合并后的效果,方便查错。也可以通过点击【排除此收件人】按钮,将某条记录从结果中去除。检查无误后,点击【下一步】。如图 2-98 所示。

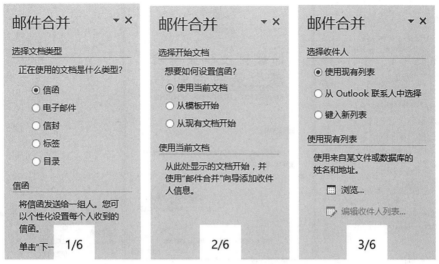

图 2-95 邮件合并分步向导

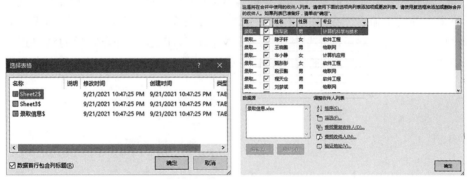

图 2-96 定位数据源

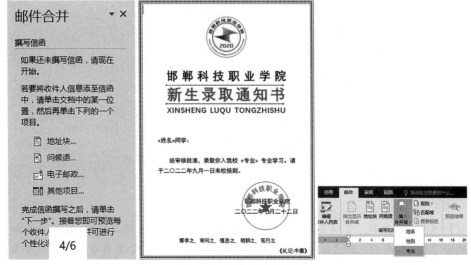

图 2-97 插入"合并域"

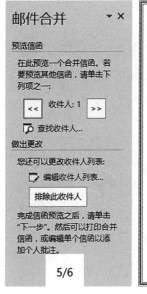

图 2-98 合并邮件，效果预览

Step6：完成合并。通过前面 5 个步骤的操作，邮件合并功能已经基本实现。本步骤的目标是如何将合并结果输出。在【完成】功能区中单击【完成并合并】按钮，下拉列表中有 3 个选项，编辑单个文档（将合并后的结果整合成一个文档），打印文档（将合并后的结果逐页打印），发送电子邮件（将合并后的结果通过电子邮件发送）。如图 2-99 所示。

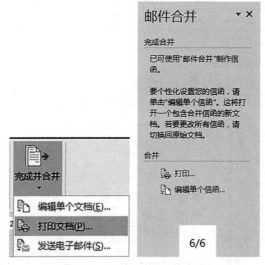

图 2-99 邮件合并，文档合并

友情提示

【Alt】+【F9】快捷键，可以查看域代码。此外，还可以对数据源进行规则的附加。单击【邮件】选项卡【编写和插入域】功能区中【规则】下拉列表，根据需要创建规则，如男显示为先生，女显示为女士，可以用"如果…那么…否则"来定义规则。

4. 能力拓展

运用"邮件合并"功能,可以在短时间内批量制作如录取通知书、成绩单、准考证、会议信函、邀请函、贺卡等常见的办公文件。本节通过制作"录取通知书",详细介绍了"邮件合并"的操作方法和具体操作步骤。邮件合并的操作方法归纳起来,主要有以下 4 个步骤。

Step1:建立主文档,即制作文档中不变的部分(相当于模板)。

Step2:建立数据源,即制作文档中变化的部分。

Step3:插入合并域,将数据源中的相应内容以域的方式插入到主文档中。

Step4:合并主文档与数据源,生成目标文档。

本案例中,运用"邮件合并"将录取通知书数据源中的数据合并到录取通知书模板中,就生成了每人单独一张的录取通知书。要特别注意的是,在数据合并到新文档之前,"录取通知书"是带有合并域的文档,其中包括数据源信息。在下次打开时,一定要保证数据源文件仍然存在,否则就不能改变合并域的内容。而在数据合并之后生成的新文档,已不包含域的内容,属于合并后的最终结果,内容不再随数据源数据的变化而改变。

2.6 文字处理高级应用

2.6.1 知识要点

1. 文档属性

文档属性包含了一个文件的基本信息,例如描述性的标题、主题、作者、类别、关键词、文件长度、创建日期、最后修改日期、统计信息等。

2. 项目符号和编号

在段落前面添加项目符号和编号,不仅可以使内容更加醒目,而且还可以使文章更具有条理性。在文档中,用户选定文本后,单击【开始】选项卡【段落】功能区中的【编号】按钮 ▼ 或者【项目符号】按钮 ▼ 进行设置。

项目符号列表用于强调某些特别重要的观点或条目。编号列表用于逐步展开一个文档的内容,常用在书的目录或文档索引上。

3. 样式

所谓样式,就是系统或用户定义并保存的一系列排版格式的集合,包括字体、段落的对齐方式和缩进等。使用样式,不仅可以轻松快捷地编排具有统一格式的段落,而且可以使文档段落格式保持一致。在编写一篇文档时,可以先将文档中要用到的各种样式分别加以定义,然后使之应用于各个段落。一般文字处理软件中都预先定义了标准样式,如果用户有特殊要求,也可以根据自己的需要修改标准或重新定制样式。

4. 目录

目录是一篇长文档必不可少的部分。目录可以显示文档内容的分布和结构,也便于用户阅读。利用【引用】选项卡【目录】功能区中的【目录】功能可以自动地将文档中的各级标题抽取出来组建成一份目录。

5. 节

所谓"节"就是用来划分文档的一种方式。之所以引入"节"的概念,是为了实现在同一文档中设置不同的页面格式,例如不同的页眉和页脚、不同的页码、不同的页边距、不同的页面边框、不同的分栏等。建立新文档时,文字处理软件将整篇文档视为一节,此时整篇文档只能采用统一的页面格式。因此,为了在同一文档中设置不同的页面格式,就必须将文档划分为若干节。节可大可小,可以是一页,也可以是整篇文档。

6. 页眉和页脚

页眉和页脚是页面的两个特殊区域,位于文档中每个页面的顶部和底部区域。通常,诸如文档标题、页码、公司徽标、作者名等信息需打印在文档的页眉或页脚上。

7. 页码

页码用来表示每页在文档中的顺序。Word 可以快速地给文档添加页码,并且页码会随文档内容的增删而自动更新。

8. 视图

视图是文档在计算机屏幕上的显示方式,Word2016 给用户提供了 5 种不同的视图模式,它们分别是页面视图、阅读版式视图、Web 版式视图、大纲视图和草稿视图。不同的视图模式有其特定的功能和特点。下面简要介绍一下这几种视图的主要特点及用途。

(1)页面视图 Word2016 中默认的视图方式都为页面视图,在这种视图方式下可直接按照用户设置的页面大小进行显示,此时的显示效果与打印效果完全一致,也就是一种"所见即所得"的方式。用户也可以从中看到各种对象在页面中的实际打印位置,还可以方便地进行如插入图片、文本框、图表和媒体剪辑等操作。正是由于页面视图能够很好地显示排版的格式,因此常被用来对文本、格式、版面及文档的外观进行修饰等操作。

(2)Web 版式视图 Web 版式视图方式是几种视图方式中唯一的一种按照窗口大小进行显示的视图方式。该视图将显示文档在 IE 浏览器中的外观,包括背景、修饰的文字和图形,便于阅读。因此,它适用于 Web 页的创建和浏览,特别是对那些不需要打印而只是联机阅读的文档,使用这种视图方式是最佳选择。

(3)大纲视图 在大纲视图中,能查看文档的结构,还可以通过拖动标题来移动、复制和重新组织文本,因此它特别适合编辑那种含有大量章节的长文档,能让用户的文档层次结构清晰明了,并可根据需要进行调整。在查看时可以通过折叠文档来隐藏正文内容而只看主要标题,或者展开文档以查看所有的正文。另外大纲视图中不显示页边距、页眉和页脚、图片和背景。

(4)草稿视图 在 Word 2016 之前的版本中草稿视图被称作"普通视图",在本视图下可以编辑和设置文本格式。在草稿视图中,不显示页边距、页眉和页脚、背景、图形对象等,但是在文本编辑区内以最大限度显示文本内容。草稿视图中还可以看到一些特殊标记,例如页与页之间的分页符、节与节之间的分节符、文本结束符等。这些特殊标记在其他视图中是不可见的。

(5)阅读版式视图与全屏显示视图 Word 2016 中的阅读版式视图,通过模拟书本阅读的方式,让人感觉是在翻阅书籍。最大特点是便于用户阅读文档,它优化了要在屏幕上阅读的文档,这种视图不更改文档本身,可以通过缩放字体、缩短行的长度来更改页面版式,使页面恰好适应屏幕大小。

文字处理软件的视图选项卡除提供了常用的视图显示方式以外,还有一些特殊的显示功能,例如文档结构图(在 Word 2016 中被称作"导航窗格")。当单击【视图】选项卡【显示】功能区中的【导航窗格】按钮后,在窗口左侧将显示文档结构图,方便用户根据目录有选择地阅读文档。

2.6.2 毕业论文排版

本案例以毕业论文的排版为例,详细介绍长文档的排版方法与技巧,其中包括应用样式、添加目录、添加页眉和页脚、插入域、制作论文模板等内容。

1.任务描述

撰写毕业论文是高等学校教学过程中的重要环节之一,是对学生学习成果的综合性总结和检阅,也是检验学生掌握知识程度、分析问题和解决问题等基本能力的一份综合答卷。一般来说,每个学校对毕业生"毕业论文格式"都有具体的要求。相比普通文档,毕业论文不仅文档长,而且格式多,处理起来比普通文档要复杂得多。例如,为章节和正文快速设置相应的格式、自动生成目录、为奇数页和偶数页添加不同的页眉等。王彩霞同学即将毕业,面临着提交毕业论文的问题,不得已她只好去请教老师。经过老师的指点,她顺利完成了对毕业论文的排版工作。

2.技术分析

王彩霞按照老师的指点,利用样式快速设置相应的格式,利用具有大纲级别的标题自动生成目录,利用域灵活地插入页眉和页脚等方法,对毕业论文进行了有效的编辑排版。具体操作步骤如下:

Step1:基本格式的设置。

Step2:页眉与页脚、页码的设置。

Step3:样式的应用。

Step4:目录与摘要的应用。

设计效果如图 2-100 所示。

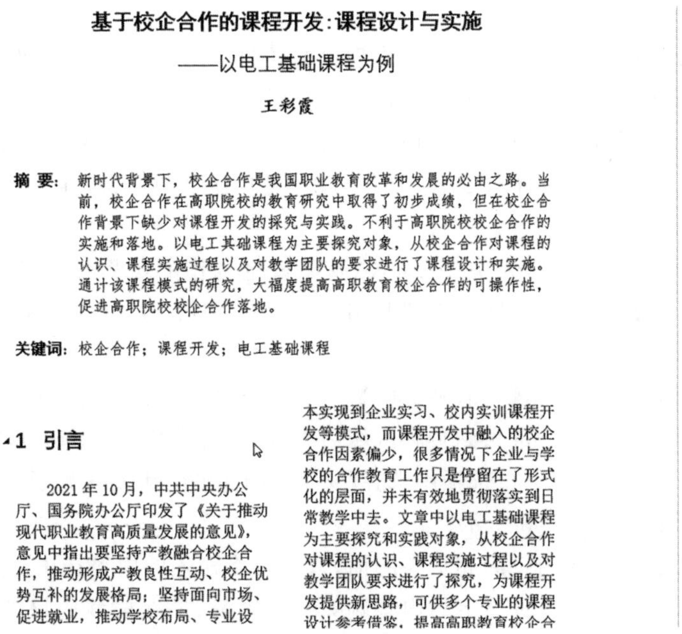

基于校企合作的课程开发:课程设计与实施

——以电工基础课程为例

王彩霞

摘 要: 新时代背景下,校企合作是我国职业教育改革和发展的必由之路。当前,校企合作在高职院校的教育研究中取得了初步成果,但在校企合作背景下缺少对课程开发的探究与实践。不利于高职院校校企合作的实施和落地。以电工其础课程为主要研究对象,从校企合作对课程的认识、课程实施过程以及对教学团队的要求进行了课程设计和实施。通讨该课程模式的研究,大福度提高高职教育校企合作的可操作性,促进高职院校校企合作落地。

关键词: 校企合作;课程开发;电工基础课程

1 引言

2021 年 10 月,中共中央办公厅、国务院办公厅印发了《关于推动现代职业教育高质量发展的意见》,意见中指出要坚持产教融合校企合作,推动形成产教良性互动、校企优势互补的发展格局;坚持面向市场、促进就业,推动学校布局、专业设

本实现到企业实习、校内实训课程开发等模式,而课程开发中融入的校企合作因素偏少,很多情况下企业与学校的合作教育工作只是停留在了形式化的层面,并未有效地贯彻落实到日常教学中去。文章中以电工基础课程为主要探究和实践对象,从校企合作对课程的认识、课程实施过程以及对教学团队要求进行了探究,为课程开发提供新思路,可供多个专业的课程设计参考借鉴,提高高职教育校企合

图 2-100 "论文"最终效果

3. 任务实现

(1)基本格式的设置 录入完论文内容之后,应按以下方式设置它的基本格式。

①单击【布局】选项卡,单击【页面设置】功能区中的【页边距】按钮,设置论文纸张的上下边距为"2.54 厘米",左右边距为"3.17 厘米"。

②设置论文题目为黑体、三号、加粗、居中,设置作者姓名为楷体、四号、加粗、居中。

③设置摘要和关键词部分为黑体、小四、标题加粗,悬挂缩进 2 个字符;摘要与题头部分隔一行;关键词部分与摘要部分隔一行;设置论文内容与"关键词"部分隔两行为宋体、四号;论文正文标题部分为黑体、小四号、加粗;设置参考文献为宋体、小四号、标题加粗,与正文部分隔一行。

注意:论文输入完成,如果想看是否达到字数要求,可以点击【审阅】选项卡【校对】功能组中的【字数统计】功能进行查看;如果要使用繁体文字,也可以使用【审阅】选项卡下的【中文简繁转换】按钮来实现;如果输入英文摘要时,也可以使用【审阅】选项卡下的【翻译】按钮进行操作;当然如果在修改论文时,要做修订标记亦可以使用【审阅】选项卡【修订】功能区中的【修订】功能。【审阅】选项卡如图 2-101 所示。

图 2-101 【审阅】选项卡

(2)页眉与页脚、页码的设置 页眉和页脚分别是在文档页面顶部和底部的区域,用于添加一些注释性文字或图片。页眉中一般添加文档的名称、章节等信息,页脚中一般添加页码、作者、刊物等信息。为文档添加页眉和页脚可以使用【插入】选项卡【页眉和页脚】功能区中相应按钮来完成操作。

Word2016 的页眉、页脚功能内置了很多页眉、页脚的样式供用户选择,但基本的操作方法是相同的。

假设要使文档的每一页的顶端都出现论文题目"基于校企合作的课程开发:课程设计与实施"字样,底端出现当前页的页码,则可以给论文设置"页眉和页脚",具体创建方法如下。

①单击【插入】选项卡,单击【页眉和页脚】功能区中的【页眉】按钮,在下拉窗口中选择【内置】第一种"空白"样式,如图 2-102(a)所示,进入【页眉和页脚】编辑界面,并且显示出【页眉和页脚】选项卡。

②在页眉区域选中"键入文字"输入"基于校企合作的课程开发:课程设计与实施",并在【开始】选项卡中【字体】功能区中设置其格式为黑体、小五号、居中对齐。插入效果如图 2-102(b)所示。

③要创建页脚时,单击【页眉和页脚】选项卡,选择【导航】功能区中的【转至页脚】按钮进行页眉和页脚区域的切换。进入到页脚区域后再次单击【页眉和页脚工具】选项卡【页眉页脚】功能区中的【页码】按钮,在下拉选项中选择【页面底端】并在其关联的子选项中选择案例要求的样式。设置过程如图 2-103 所示。

如果需要删除插入的页眉和页脚的话,首先要将输入的内容选中删除,其次需要将页眉中出现的黑色横线删除掉。页眉上的内容删除相对容易,那么横线应该如何删除呢? 横线是应用了段落的下边框,可以单击【开始】选项卡【段落】功能区中【边框】下拉列表下的【段落和底纹】按钮,将【应用于】改为"段落",再单击段落下边框使之消失即可。如图 2-104 所示。

a. 插入页眉

基于校企合作的课程开发:课程设计与实施

相对薄弱,对理论知识兴趣偏低。这两方面矛盾很大程度上制约了本门课程的授课效果。通常在教学方法方面,该学生被动接受知识的教学方式,课程氛围沉闷,学生积极性不高。在电工基础课程的实训课程方面,大多实训教案是按照实训设备指导书上的步骤与要求进行验证性实验操作,这样的实验也难以提起学生的学习兴趣。有鉴于此,校企合作背景下的课程开发尤为重要。

二、校企合作课程开发——课程的实施

校企合作课程开发的重中之重是课程在课堂上的实施。电工基础课程较多地采用传统的讲授法。虽然近些年来在教学过程中使用了多媒体技术,但仍然是以教师为主、

学生在接近课堂末尾的时候,听状态直线下降,对知识的理解能力也逐渐消失。教师应充分思考这段时间的教学内容和方法,引入校企合作课程开发思路,结合生产生活实际,在课堂上巧妙的设计新颖的环节,使学生充分利用课堂末尾时间,为其补充行业前沿发展讯息,抓住学生兴趣所在,提高课堂末尾的利用率。在电工基础课程设计与实施中,在每节课的末尾,利用 5 到 10 分钟的时间,设置"电子角"环节,为学生补充电子信息行业

b. 页眉插入效果

图 2-102 插入页眉的过程与效果

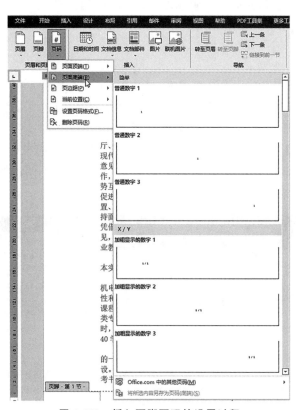

图 2-103 插入页脚页码的设置过程

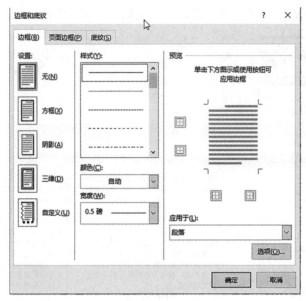

图 2-104　去除页眉下的横线

插入页码，一定要利用系统提供的插入"页码"功能来实现,这样如果对文件做了增删修改,系统就会自动进行页码调整。

另外,如果需要删除插入的页眉和页脚的话,只要选中要删除的内容,按【Backspace】或者【Delete】键即可;要退出页眉页脚的编辑状态,可单击【页眉页脚】选项卡上的【关闭按钮】。

 友情提示

页眉和页脚的内容不是随文档一起输入,只能在启动"页眉和页脚"界面时编辑。

假设要将论文的奇数页页眉设置为"基于校企合作的课程开发:课程设计与实施",偶数页页眉设置为"邯郸科技职业学院",操作方法如下。

单击【页眉和页脚】选项卡,点击【选项】功能组中【奇偶页不同】按钮,则页眉和页脚区就会出现"奇数页页眉"和"偶数页页眉"。只需要在不同区域中输入不同内容即可,设置过程如图2-105所示。

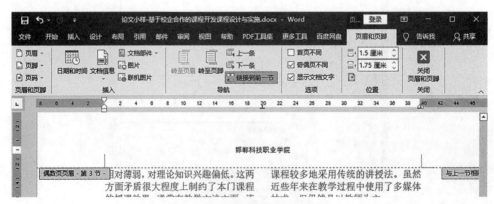

图 2-105　偶数页页眉设置过程

(3)样式的应用　　在前面几节介绍的内容中,都是一次操作只能对一部分内容进行格式设置。如果文章中多个部分的内容需要设置相同的格式,就需要大量重复的操作,且容易产生错误。此时,使用【样式】功能可以大大提高工作效率。

　　①使用现有样式　　Word 2016 中提供了一些设置好的内部样式供用户选用,如"标题 1""标题 2""标题 3"等,如图 2-106 所示。每一种内部样式都有它的默认格式。如果要给文章中的标题"引言"设置标题 3 的格式,操作方法如下:

　　选中标题,单击【开始】选项卡,单击【样式】功能区中"标题 3"即可。

　　②新建样式与修改样式　　如果需要新建一种样式,需要先设计好新样式,然后单击【开始】选项卡【样式】功能组中【创建样式(S)...】按钮,弹出【根据格式化创建新样式】对话框,如图 2-107 所示。在【名称】栏中输入新样式名称,如"样式 1",单击【确定】按钮,即可创建新样式。如果需要对样式进行修改,在样式列表中右键新样式"样式 1",选择【修改】选项,弹出【修改样式】对话框进行具体样式修改,如图 2-108 所示。

图 2-106　Word 2016 中的内置样式

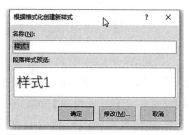

图 2-107　【创建新样式】对话框

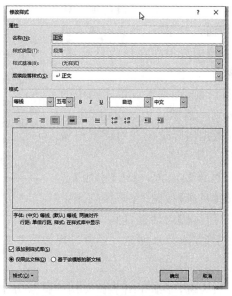

图 2-108　【修改样式】对话框

　　③项目多级编号与样式联合使用　　在论文开始录入之初就应先设计好编号级别,操作中选取带有标题级别的编号,就可以将编号与 Word 2016 的内部样式联合起来,具体操作如下:

　　单击【开始】选项卡,单击【段落】功能组中【多级列表】按钮,在下拉的多级列表中选取带标题的样式。随后录入相关内容,就会自动生成相应多级列表,利用【Tab】键可以在各个级别之间来回切换,设置效果如图 2-109 所示。

1 引言
2 校企合作课程开发——对课程的认识
3 校企合作课程开发——课程的实施
4 校企合作课程开发——对教师的要求
5 思考与展望
6 参考文献

图 2-109　多级列表设置过程及效果

如果 Word 2016 自带的多级列表不符合我们的需求,还可以自定义多级列表,单击【开始】选项卡,单击【段落】功能组中【多级列表】按钮,在下拉的多级列表中单击【定义新的多级列表…】选项,弹出【定义新多级列表】对话框,进行自定义设置。如图 2-110 所示。

(4)目录的使用　在 Word 2016 中【引用】选项卡除了可以给论文、书籍等长文档插入目录外,还具有插入引文、插入题注、插入脚注、插入索引并给引文插入目录,给题注插入表目录等强大功能。

在 Word 2016 中引用目录前,首先要设置文档中的标题样式,在插入目录时,级别一般默认为 3 级(标题 1、标题 2 和标题 3),但也可以根据实际情况在对话框中做适当的调整。操作方法如下:

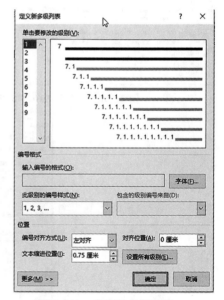

图 2-110　自定义多级列表

将光标定位在需要插入目录的位置,单击【引用】选项卡,单击【目录】功能组中的【目录】按钮,在下拉列表中选择【自定义目录】选项,弹出【目录】对话框,随后进行具体的目录格式设置,单击【确定】完成目录创建。设置过程如图 2-111 所示。

4.能力拓展

本案例以毕业论文的排版为例,详细介绍了长文档的排版方法与操作技巧。本案例的重点为样式、节、页眉和页脚、目录的应用。

使用样式能批量完成段落或字符格式的设置,使用样式的优点大致可以归纳分为以下几点。

(1)节省设置时间。

(2)确保格式的一致性。

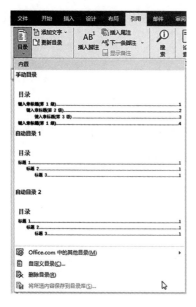

图 2-111　插入目录

（3）内容与外观相分离，改动文本更加容易。

（4）操作简便。

（5）易于复用。可以将一个文档或模板的样式复制到另一个文档或模板中。

在创建标题样式时，要明确各级别之间的相互关系并正确设置标题编号格式，否则将会导致排版时出现标题级别混乱的状况。

利用文字处理软件可以为文档自动添加目录，从而使目录的制作变得非常简便，但前提是要为标题设置标题样式。当目录标题或页码发生变化时，应及时更新目录。

使用分节符可以将文档分为若干个"节"，而不同的节可以设置不同的页面格式，例如不同的页眉和页脚、不同的页码、不同的页边距、不同的页面边框、不同的分栏等，从而可以编排出复杂的版面。

设置不同页眉和页脚的基本程序分为以下3步。

Step1：根据具体情况将整篇文档分为若干节。

Step2：断开节与节之间的页面链接。

Step3：在不同的节中分别插入相应的页眉和页脚。

利用文字处理软件对长文档进行排版的基本过程如下。

（1）按长文档的排版要求进行页面设置与属性设置。

（2）按长文档的排版要求对各级标题、正文等所用到的样式进行定义。

（3）将定义好的各种样式分别应用于长文档中相应的各级标题、正文。

（4）利用具有大纲级别的标题为毕业论文添加目录。

（5）设置页眉和页脚。

（6）浏览修改。

通过本章的学习,用户还可以对企业年度总结、调查报告、使用手册、讲义等长文档进行有效的排版。

课后习题

一、选择题

1. 在 Word 中,进行文字选择时,按下(　　)键并同时拖动鼠标可以选择一个矩形区域。

    A. Alt　　　　　　B. Ctrl　　　　　　C. Esc　　　　　　D. Shift

2. 在 Word 文档中,不可以直接操作的是(　　)。

    A. 录制屏幕操作视频　　　　　　B. 插入 Excel 图表

    C. 屏幕截图　　　　　　D. 插入 SmartArt

3. 在 Word 功能区中,拥有的选项卡分别是(　　)。

    A. 开始、插入、编辑、页面布局、选项、邮件等

    B. 开始、插入、编辑、页面布局、选项、帮助等

    C. 开始、插入、页面布局、引用、邮件、审阅等

    D. 开始、插入、编辑、页面布局、引用、邮件等

4. 在 Word 中设置页边距时,下面说法不正确的是(　　)。

    A. 页边距设置将影响整个文档

    B. 页边距的设置只影响当前页面

    C. 标尺上的白条显示当前页边距设置

    D. 页边距可以设置页面上、下、左、右四个方向的边距

5. 小白的毕业论文分别请两位老师进行审阅。每位老师分别通过 Word 的修订功能对该论文进行了修改。现在,小白需要将两份经过修订的文档合并为一份,哪种方法最合适?(　　)

    A. 将修订较少的那部分舍弃,只保留修订较多的那份论文作为终稿

    B. 利用 Word 比较功能,将两位老师的修订合并到一个文档中

    C. 在修订较多的文档中,将另一份修订较少的文档修改内容手动对照补充进去

    D. 请一位老师在另一位老师修订后的文档中再进行一次修订

6. 以下不属于 Word 文档视图的是(　　)。

    A. 大纲视图　　　　　　B. 阅读版式视图

    C. Web 版式视图　　　　　　D. 放映视图

7. 在 Word 中,不能作为文本转换为表格的分隔符是(　　)。

    A. 制表符　　　　B. @　　　　　　C. ##　　　　　　D. 段落标记

8. 在 Word 中,邮件合并功能支持的数据源不包括(　　)。

    A. PowerPoint 演示文稿　　　　　　B. HTML 文件

    C. Word 数据源　　　　　　D. Excel 工作表

9. 小白利用 Word 编辑一份书稿,出版社要求目录和正文的页码分别采用不同的格式,且均从第一页开始,以下哪种做法比较合理?(　　)

A. 在 Word 中不设置页码,将其转换为 PDF 格式时再增加页码

B. 在目录与正文之间插入分页符,在分页符前后设置不同的页码

C. 在目录与正文之间插入分节符,在不同的节中设置不同的页码

D. 将目录和正文分别存在两个文档中,分别设置页码

10. 小陈需要将 Word 文档内容以稿纸格式输出,以下哪种做法比较合理?(　　)

A. 适当调整文档内容的字号,然后将其直接打印到稿纸上。

B. 利用 Word 中的"稿纸设置"功能即可。

C. 利用 Word 中的"表格"功能绘制稿纸,然后将文字内容复制到表格中。

D. 利用 Word 中的"文档网格"功能即可。

11. 小曹利用 Word 撰写专业学术论文时,需要在论文结尾处罗列出所有参考文献或书目,以下哪种操作方法较为合理?(　　)

A. 直接在论文结尾处输入所参考文献的相关信息。

B. 把所有参考文献信息保存在一个单独表格中,然后复制到论文结尾处。

C. 利用 Word 中的"管理源"和"插入书目"功能,在论文结尾处插入参考文献或书目列表。

D. 利用 Word 中的"插入尾注"功能,在论文结尾处插入参考文献或书目列表。

12. 在编辑 Word 文档时,在某段内(　　)鼠标左键,则选定该段文本。

A. 单击　　　　　B. 双击　　　　　C. 三击　　　　　D. 拖拽

13. 在 Word 字处理软件中,不小心删除错了,或者复制、粘贴错了,用(　　)命令可以挽回。

A. 撤销　　　　　B. 重复　　　　　C. 剪切　　　　　D. 复制

14. 在 Word 文档编辑中绘制矩形时,若按住 Shift 键,则绘制出(　　)。

A. 圆　　　　　　　　　　　　B. 正方形

C. 以出发点为中心的正方形　　D. 椭圆

15. 下面关于分栏叙述正确的是(　　)。

A. 最多可分三栏　　　　　　　B. 栏间距是固定不变的

C. 各栏的宽度必须相同　　　　D. 各栏的宽度可以不同

二、简答题

简述在 Word 文档中添加表格的方法。

三、操作题

利用 Word2016 文字处理软件,完成如下操作:

1. 启动 Word2016,创建一篇新文档,输入下图所示的文字内容。

2. 将标题设置为"黑体""三号""加粗""居中对齐"。

3. 将所有正文段落设置为首行缩进"2 字符",行距为"单倍行距",段前"0.5 行",段后"0.5 行"。

4. 设置正文字体为"宋体""小四号"。

5. 选择合适位置将文档保存到电脑上,并重命名为"学院概况"。

学院概况

邯郸科技职业学院是经河北省政府批准、教育部备案的公办全日制普通高等院校，地处冀晋鲁豫交界区域中心——河北省邯郸市冀南新区，西依太行山，濒临滏阳河源头。

学院规划占地面积850亩，总建筑面积51万平方米，设计在校生规模10000人，在校生人数6000余人。学院园林式建筑风格，36个单体建筑，一条小河从校园穿过，为学生提供了优美的学习环境。学校拥有现代化的教学楼、实训楼、学生宿舍楼、共享实训基地、体育场馆以及国际交流中心等。

邯郸科技职业学院紧紧围绕现代战略性新兴产业、"新基建"及我省重点产业、传统产业转型升级的需要，总体规划建设都市农业、装备制造、能源和新材料、健康服务和管理、财经金融等专业群，涵盖理、工、经、农、医等多个学科门类。2020年首批招生专业包括园林技术、畜牧兽医、酿酒技术、材料工程技术、物联网应用技术、计算机应用技术、护理、会计信息管理等8个专科专业，年度招生计划1200人，其中单招1000人，对口、普通招生200人。

四、根据所学知识，完成下图个人简历制作

个人简历

姓名		性别		出生年月		
民族		政治面貌		身高		
学制		学历		户籍		
专业		毕业学校				
技能特长或爱好						
外语等级			计算机			
自我评价			爱好			
个人简历						
时间		单位		学历		
联系方式						
通讯地址				联系电话		
E-mail				邮箱		
备注						

第3章 电子表格处理

电子表格是信息化办公的重要组成部分,在数据分析和处理中发挥着重要的作用,广泛应用于财务、管理、统计、金融等领域。本章包含工作簿和工作表的操作、公式和函数的使用、借助图表分析和展示数据、数据处理等内容。学习完本章,学习者将掌握以下基本操作方法。

(1)了解电子表格的应用场景,熟悉相关工具的功能和操作界面。

(2)掌握新建、保存、打开和关闭工作簿,切换、插入、删除、重命名、移动、复制、冻结、显示及隐藏工作表等基本操作。

(3)掌握单元格、行和列的相关操作,掌握使用控制句柄、设置数据有效性和单元格格式的方法。

(4)掌握数据录入的技巧,如快速输入特殊数据、使用自定义序列填充单元格、快速填充和导入数据,掌握格式刷、边框、对齐等常用格式设置。

(5)熟悉工作簿的保护、撤销保护和共享,工作表的保护、撤销保护,工作表的背景、样式、主题设定。

(6)理解单元格绝对地址、相对地址的概念和区别,掌握相对引用、绝对引用、混合引用及工作表外单元格的引用方法。

(7)熟悉公式和函数的使用,掌握平均值、最大值、最小值、求和、计数等常见函数的使用。

(8)了解常见的图表类型及电子表格处理工具提供的图表类型,掌握利用表格数据制作常用图表的方法。

(9)掌握自动筛选、自定义筛选、高级筛选、排序和分类汇总等操作。

(10)理解数据透视表的概念,掌握数据透视表的创建、更新数据、添加和删除字段、查看明细数据等操作,能利用数据透视表创建数据透视图。

(11)掌握页面布局、打印预览和打印操作的相关设置。

3.1 电子表格处理基本概念

电子表格又称电子数据表,是一类模拟纸上计算表格的计算机程序。由一系列行与列构成的网格(单元格)组成,网格内可以存放数值、计算式或文本。利用电子表格可以输入、输出、显示、计算各类复杂数据,并可以生成漂亮的图表进行展现。电子表格的常用文件格式为.xls 和.xlsx。

3.1.1 基本操作环境

1. 开始窗体

无论是从 Windows 开始菜单还是其他位置的快捷方式打开 Excel,用户首先看到的就是如图 3-1 所示的开始窗体，界面与 Word 基本相同。

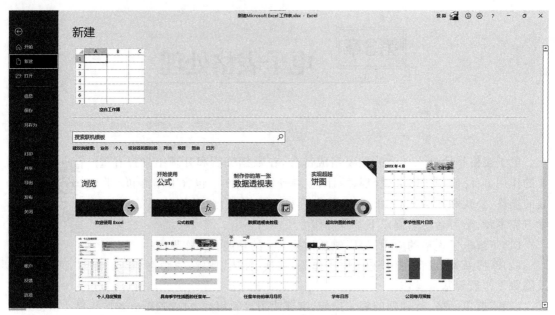

图 3-1 Excel 开始窗体

通常，我们可以把它看作是一个"打开和新建工作簿"的窗口，其主要的功能有：

（1）新建 即新建空白工作簿，此处列出了"季节性照片日历""公式教程""数据透视表教程""超出饼图的教程"等模板供用户快捷使用。点击【更多模板】，用户可以看见更多形式各样的模板。如果 Excel 所提供的模板还不能满足用户的使用需求，还可以在联网的情况下，搜索微软或第三方提供的文档模板。

（2）最近 按照文件修改日期的次序列出最近使用的工作簿，点击任何最近使用的工作簿，即会进入这一工作簿的编辑页。用户还可以点击【更多工作簿】，根据存储路径去找寻已储存的工作簿。

（3）已固定 固定所需工作簿，方便以后查找。当用户将鼠标悬停在某个工作簿上方时，单击显示的图钉图标即可。

（4）登录 单击【登录】，即会进入 Microsoft 账号的登录界面，用户输入自己的账号后，可以使用一些联网的功能，比如云共享。

2. 编辑界面

打开已建立的工作簿，或者新建空白工作簿后，即可进入"编辑界面"。这是 Excel 最重要的工作界面，日常的主要工作均在这一界面进行。界面提供了工作簿浏览、编辑与各种操作控件选择与切换的功能，如图 3-2 所示。

（1）表格显示区 这是工作的主空间，即窗口中间的表格区域，这个区域文字或数据等其他对象的显示比例会受到缩放比例的影响。

（2）迷你工具栏 在表格显示区选定文字或其他对象时，Excel 会自动弹出一个跟随式工具栏，这个工具栏由与选定对象相关的常用选项的操作控件构成。

（3）右键菜单 点击鼠标右键，系统即会弹出与选中的对象或光标停留处相匹配的操作菜

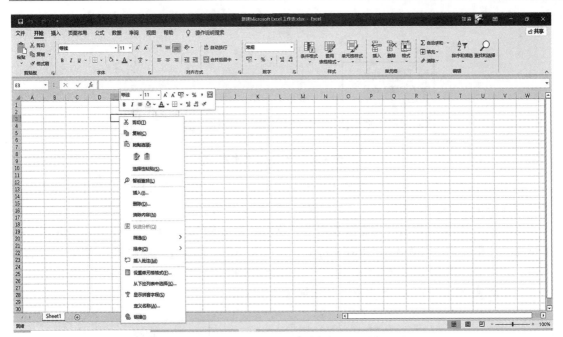

图 3-2 编辑界面

单,其中包含了更为丰富的常用选项功能。

(4)【文件】选项卡 【文件】选项卡是一个 Excel 文档操作的集成平台,不仅提供正在操作的 Excel 文档的基本信息展示,还给出了【新建】、【保存】、【另存为】、【打印】、【保护工作簿】、【检查工作簿】、【管理工作簿】、【信息】组件及【选项】等操作的入口。

(5)快速访问工具栏 包括【保存】【撤销】等按钮,可自定义。当用户点击快速访问工具栏的下拉按钮时即可新增【新建】【打开】【打印预览】等功能。

(6)"功能区"选项卡 提供各种快捷操作功能按钮、选择框等,以便用户进行更为复杂的操作和设置。各式各样的控件被分组后放在不同的选项卡中,我们点击不同的功能区选项卡,即可打开拥有不同功能控件的选项卡和命令。由于功能区占用了 4 行多的显示空间,一般采用"自动隐藏"模式。

(7)对话框启动器 点击 后弹出一个详细的相关选项设置窗口,显示功能区相关模块更多的选项。选项卡的大多数"组"都具有自己的对话框启动器。

(8)状态栏 显示工作簿或其他被选定的对象的状态。

(9)视图切换 切换文字(数据)显示区的视图模式。

(10)显示比例 可以根据需求调整文字(数据)显示区的显示比例,便于阅读与编辑。

3. 工作簿、工作表和单元格

每一个电子表格文件都是一个工作簿。当打开一个电子表格文件时,就等于打开了一个工作簿,当打开工作簿后在窗口底部看到的"Sheet1"标签表示的是工作表,有几个标签就表示有几个工作表。如图 3-3 所示。

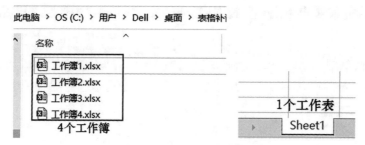

图 3-3　工作簿与工作表

在 Excel 2016 中,工作表是构成工作簿的基本单元。而单元格又是构成工作表的基本单元。单元格是表格中行(由数字 1、2、3…表示)与列(由字母 A、B、C…表示)交叉的部分,是组成表格的最小单位,对数据的所有操作都是在单元格中完成的。如图 3-4 所示,总共选择了 24 个单元格。单元格的名称为"列编号＋行编号",比如 A2 单元格表示处在第 A 列第 2 行的单元格。

工作簿、工作表、行、列、单元格的关系如图 3-5 所示。

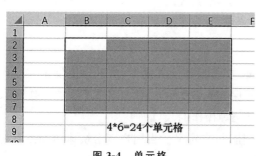

图 3-4　单元格

图 3-5　工作簿、工作表、行、列、单元格

工作簿并非只包含工作表,还可以包含图表和宏等,如图 3-6 所示。

图 3-6　宏和图表

3.1.2　工作簿的基本操作

工作簿是 Excel 工作区中一个或多个工作表的集合。通常来说,一个 Excel 工作簿最多可以包含 255 个工作表。Excel 对工作簿的基本操作包括新建、保存、打开、关闭、保护以及共享等。

1.新建工作簿

用户既可以新建一个空白工作簿,也可以创建一个基于模板的工作簿。

(1)新建空白工作簿　具体步骤如下。

方法 1:通常情况下,每次启动 Excel 后,系统会默认进入【开始窗体】,点击【空白工作簿】即会新建一个名为"工作簿 1"的空白工作簿,其默认扩展名为".xlsx"。如图 3-7 所示。

方法2:单击【文件】选项卡,在【文件】选项卡左侧菜单中选择【新建】菜单项,在【可用模板】列表框中选择【空白工作簿】选项,也可以新建一个空白工作簿。

图3-7 工作簿1.xlsx

(2)创建基于模板的工作簿 具体步骤如下。

单击【文件】选项卡,在文件窗体左侧菜单中选择【新建】菜单项,会看到Excel自带的供用户使用的一些模板,用户可以根据需要选择已经安装好的模板,例如选择"公司月度预算"模板。

友情提示

如果用户想要使用更多的模板,可以在【搜索联机模板】中输入想要搜索模板的关键字,然后点击【搜索】按钮即可搜索出相关的模板,随后点击【创建】即可。比如,我们搜索"工时单",即可得到如图3-8所示的模板。点击【工时单(每周)】弹出【工时单(每周)】对话框,点击【创建】,即可以创建"工时单(每周)"工作簿。如图3-9和图3-10所示。

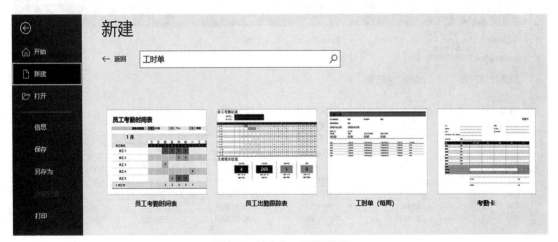

图3-8 搜索"工时单"模板

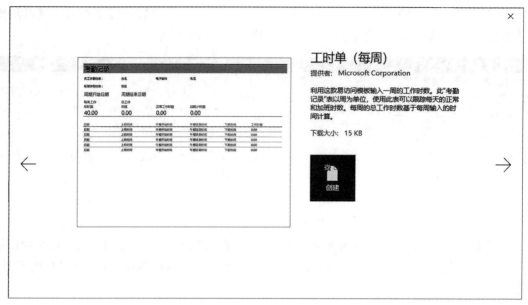

图 3-9　创建"工时单(每周)"工作簿

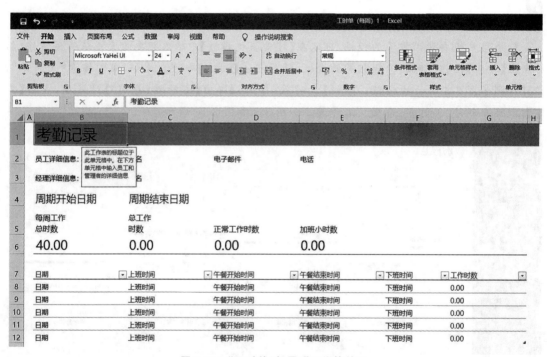

图 3-10　"工时单(每周)"工作簿效果

2. 保存工作簿

在日常工作中,Excel 工作簿的文件往往都很大,数据复杂、格式设置多、函数繁复,做出来非常不易,因此有效且及时地保存工作簿就显得尤为重要。保存工作簿可以分为保存新建的工作簿、保存已有的工作簿和自动保存工作簿 3 种情况。

(1)保存新建的工作簿　具体步骤如下。

Step1：新建一个空白工作簿，单击【文件】选项卡，在窗口左侧菜单中选择【保存】菜单项。如图 3-11 所示。

Step2：弹出【另存为】对话框，在左侧的【保存位置】列表框中选择保存位置，在【文件名】文本框中输入文件名"员工信息表"。

Step3：设置完毕，单击【保存】按钮即可。

（2）保存已有的工作簿　对于已存在的工作簿，用户既可以将其保存在原来的位置，也可以将其保存在其他位置。

Step1：如果用户想将工作簿保存在原来的位置且文件名不变，直接单击快速访问工具栏中的【保存】按钮即可。

图 3-11　保存工作簿

Step2：如果用户想将工作簿保存到其他位置或者更改文件名，可以单击【文件】选项卡，在文件窗体左侧菜单中选择【另存为】菜单项。如图 3-12 所示。

Step3：弹出【另存为】对话框，从中设置工作簿的保存位置和保存名称。例如，将工作簿的名称更改为"职工信息表"。设置完毕，单击【保存】按钮即可。

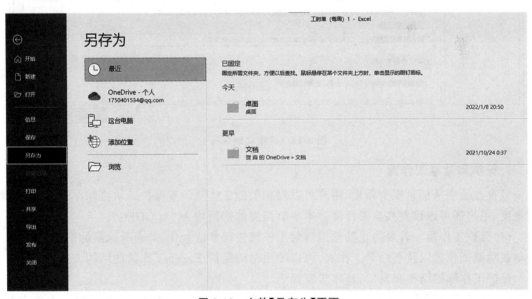

图 3-12　文件【另存为】页面

（3）自动保存　自动保存就是工作簿的"保护伞"，可以在突发情况下将工作簿保存下来，比如，使用 Excel 提供的自动保存功能，可以在断电或死机的情况下最大限度地减小损失。具体步骤如下。

Step1：单击【文件】选项卡，在文件窗体的左侧菜单中选择【选项】菜单项。

Step2：弹出【Excel 选项】对话框，切换到【保存】选项卡，在【保存工作簿】组合框中的【将文件保存为此格式】下拉列表中选择【Excel 工作簿】选项,然后选中【保存自动恢复信息时间间隔(A)】复选框,并在其右侧的微调框中设置文档自动保存的时间间隔,这里将时间间隔值设置为"10 分钟"。设置完毕,单击【确定】按钮即可,以后系统就会每隔 10 分钟自动将该工作簿保存一次。如图 3-13 所示。

图 3-13　设置自动保存

3. 保护和共享工作簿

　　日常办公中从信息安全角度,用户可以对相关的工作簿设置保护。从协同办公、数据共享的角度,用户还可以设置共享工作簿。本小节设置的密码均为"ABCDFG"。

　　(1)保护工作簿　若要防止其他用户对工作簿进行非法操作,如查看隐藏的工作表,添加、移动或隐藏工作表以及重命名工作表,可以使用密码保护 Excel 工作簿的结构。

　　保护工作簿的结构和窗口:具体步骤如下。

　　Step1:打开本实例的原始文件,切换到【审阅】选项卡,单击【更改】组中的【保护工作簿】按钮。如图 3-14 所示。

　　Step2:弹出【保护结构和窗口】对话框,选中【结构】复选框,然后在【密码】文本框中输入"ABCDFG",如图 3-15 所示。

　　Step3:单击【确定】按钮,弹出【确认密码】对话框,在【重

图 3-14　保护工作簿

新输入密码】文本框中输入"ABCDFG",然后单击【确定】按钮即可,如图 3-15 所示。

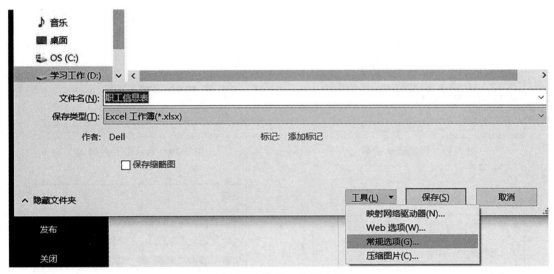

图 3-15　保护工作簿-设置密码

(2)设置工作簿的打开和修改密码　具体步骤如下。

Step1:单击【文件】选项卡,在文件窗体左侧菜单中选择【另存为】菜单项,选定文件保存位置。

Step2:弹出【另存为】对话框,再单击【工具】按钮,在弹出的下拉列表中选择【常规选项(G)...】,如图 3-16 所示。

图 3-16　设置工作簿密码

Step3:弹出【常规选项】对话框,在【打开权限密码(Q)】和【修改权限密码(M)】文本框中均输入"ABCDFG"然后选中【建议只读(R)】复选框。如图 3-17 所示。

Step4:单击【确定】按钮,弹出【确认密码】对话框,在【重新输入密码(R)】文本框中输入"ABCDFG"。如图 3-18 所示。

Step5:单击【确定】按钮,弹出【确认密码】对话框,在【重新输入修改权限密码(R)】文本框中输入"ABCDFG"。如图 3-19 所示。

Step6:单击【确定】按钮,返回【另存为】对话框,然后单击【保存】按钮,弹出【确认另存为】对话框,然后单击【是】按钮即可。如图 3-20 所示。

Step7:当用户再次打开该工作簿时,系统便会自动弹出【密码】对话框,要求用户输入打开文件所需的密码,这里在【密码】文本框中输入"ABCDFG"。如图 3-21 所示。

Step8:单击【确定】按钮,弹出【密码】对话框,要求用户输入修改密码,这里在【密码】文本框中输入"ABCDFG"。如图 3-22 所示。

Step9:单击【确定】按钮,弹出【Microsoft Excel】对话框,并提示用户"作者希望您以只读方式打开"职工信息表"。除非您需要进行更改。是否以只读方式打开?"此时单击【否】按钮即可打开并编辑该工作簿。如图 3-23 所示。

图 3-17 设置文件共享密码

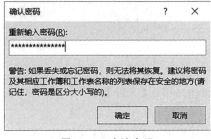

图 3-18 确认密码

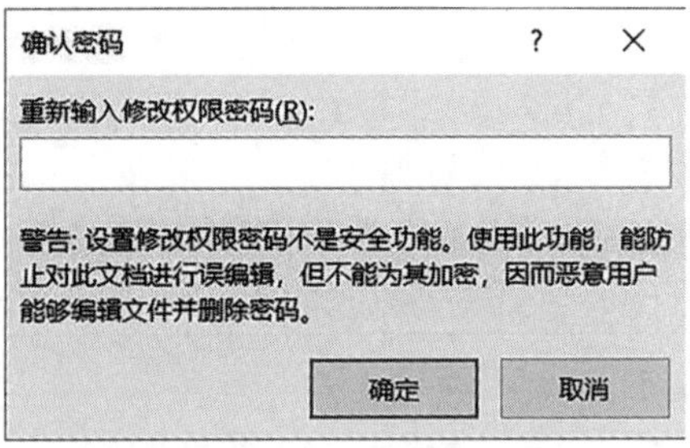

图 3-19 再次确认密码

图 3-20 确认是否另存为

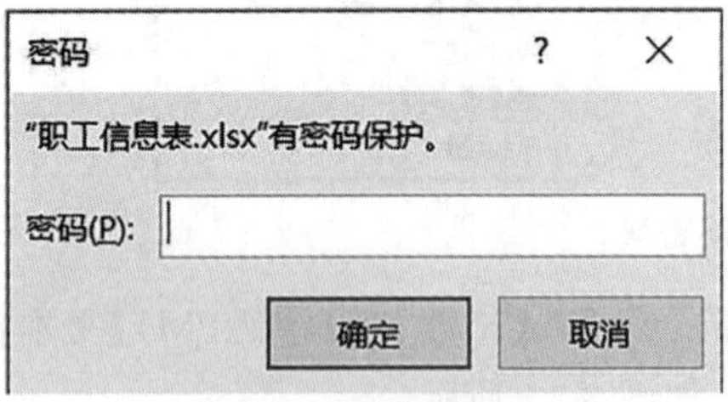

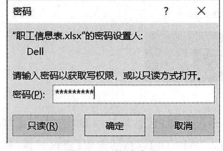

图 3-21 密码对话框

图 3-22 修改密码

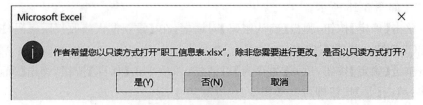

图 3-23 以只读方式打开文件

（3）撤销保护工作簿 如果用户不需要对工作簿进行保护,可以予以撤销。

①撤销对结构和窗口的保护。具体步骤如下。

Step1:切换到【审阅】选项卡,单击【保护】组中的【保护工作簿】按钮。如图 3-24 所示。

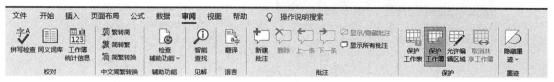

图 3-24 保护工作簿

Step2:弹出【撤销工作簿保护】对话框,在【密码（P）】文本框中输入"ABCDFG"然后单击【确定】按钮即可。如图 3-25 所示。

图 3-25 撤销工作簿保护密码

②撤销对整个工作簿的保护。具体步骤如下。

Step1:单击【文件】选项卡,选择【另存为】菜单项,弹出【另存为】对话框,选择合适的保存位置,然后单击【工具】按钮,在弹出的下拉列表中选择【常规选项（G）…】选项。

Step2:弹出【常规选项】对话框,将【打开权限密码（O）】和【修改权限密码（M）】文本框中的密码删除,然后撤选【建议只读（R）】复选框。如图 3-26 所示。

Step3:单击【确定】按钮,返回【另存为】对话框,然后单击【保存】按钮,弹出【确认另存为】对话框,单击【是】按钮即可。如图 3-27 所示。

图 3-26 撤销工作簿保护

图 3-27 【确认另存为】对话框

（4）设置共享工作簿 当工作簿的信息量较大时,可以通过共享工作簿实现多个用户对信息的同步录入或编辑。"共享工作簿"是一个较旧的功能,可让您与多人协作处理工作簿。此功能具有许多限制,已被"共同创作"取代。

你和你的同事可打开并处理同一个 Excel 工作簿,这称为共同创作。如果共同进行创作,可以在数秒钟内快速查看彼此的更改。对于某些版本的 Excel,你将看到其他人在不同颜色中的选择。如果你使用支持共同创作的 Excel 版本,请在右上角选择"共享",键入"电子邮件地址",然后点击【保存到云】选择一个云位置即可。如图 3-28 所示。

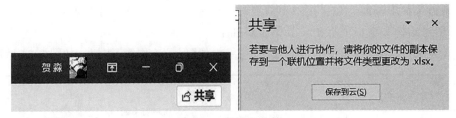

图 3-28　共享工作簿

3.1.3　工作表的基本操作

工作表是 Excel 工作簿中的基本单位,用户可以对其进行插入、删除、隐藏、显示、移动、复制、重命名、设置工作表标签颜色以及保护工作表等基本操作。

1. 插入和删除工作表

工作表是工作簿的组成部分,用户可以根据工作需要插入或删除工作表。

(1)插入工作表　具体步骤如下。

Step1:新建一个工作簿,在工作表标签"Sheet1"上单击鼠标右键,然后从弹出的快捷菜单中选择【插入(I)...】菜单项。

Step2:弹出【插入】对话框,切换到【常用】选项卡,然后选择【工作表】选项。

Step3:单击【确定】按钮即可在工作表"Sheet1"的左侧插入一个新的工作表"Sheet2"。如图 3-29 所示。

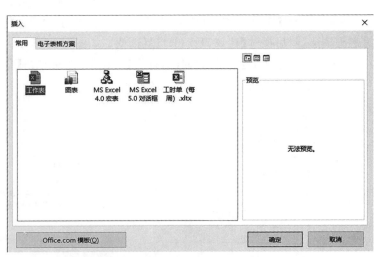

图 3-29　插入工作表

Step4:除此之外,用户还可以在工作表列表区的右侧单击 ⊕ 按钮,即可在工作表列表区的右侧插入新的工作表。

(2)删除工作表　删除工作表的操作非常简单,选中要删除的工作表标签,然后点击鼠标右键,在弹出的快捷菜单中选择【删除】菜单项即可。

2. 隐藏和显示工作表

为了防止他人查看工作表中的数据,用户可以将工作表隐藏起来,当需要时再将其显示出来。

（1）隐藏工作表　具体步骤如下。

Step1：选中要隐藏的工作表标签"Sheet1"，然后单击鼠标右键，在弹出的快捷菜单中选择【隐藏（H）】菜单项。

Step2：此时工作表"Sheet1"就被隐藏了起来，如图 3-30 所示。

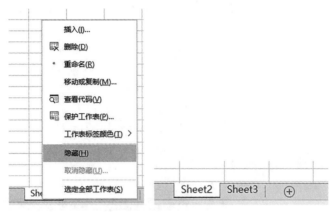

图 3-30　隐藏工作表

（2）显示工作表　当用户想查看某个隐藏的工作表时，首先需要将它显示出来。具体步骤如下。

Step1：在任意一个工作表标签上点击鼠标右键，在弹出的快捷菜单中选择【取消隐藏（H）…】菜单项。

Step2：弹出【取消隐藏】对话框，在【取消隐藏工作表（U）…】列表框中选择要显示的隐藏工作表"Sheet1"。

Step3：单击【确定】按钮，即可将隐藏的工作表"Sheet1"显示出来。如图 3-31 所示。

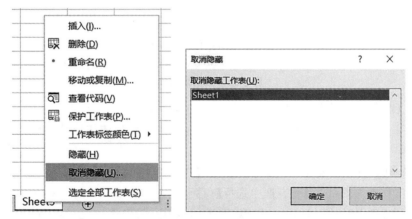

图 3-31　显示工作表

3. 移动或复制工作表

在日常工作中，经常需要输入相同的数据（文字）或将一部分内容从一个位置移动到另一个位置，所以移动或复制工作表是日常办公中常用的操作。用户既可以在同一工作簿中移动或复制工作表，也可以在不同工作簿中移动或复制工作表。

(1)同一工作簿　具体步骤如下。

Step1：在工作表标签"Sheet1"，上单击鼠标右键，在弹出的快捷菜单中选择【移动或复制(M)…】菜单项。

Step2：弹出【移动或复制工作表】对话框，在【工作簿(T)：】下拉列表中默认选择当前工作簿，在【下列选定工作表之前(B)：】列表框中选择【(移至最后)】选项，然后选中【建立副本(C)】复选框。如图 3-32 所示。

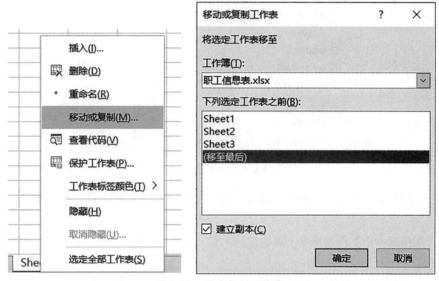

图 3-32　移动复制工作表

Step3：单击【确定】按钮，此时工作表"Sheet1"就被复制到了最后，并建立了副本"Sheet1(2)"。如图 3-33 所示。

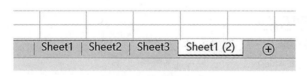

图 3-33　移动后结果

(2)不同工作簿　具体步骤如下。

Step1：在工作表标签"Sheet1(2)"上单击鼠标右键，在弹出的快捷菜单中选择【移动或复制(M)…】菜单项。

Step2：弹出【移动或复制工作表】对话框，在【工作簿(T)：】下拉列表中选择目标工作簿，在【下列选定工作表之前(B)：】列表框中选择【(移至最后)】选项。如图 3-34 所示。

Step3：单击【确定】按钮，此时，工作簿"职工信息"中 的工作表"Sheet1(2)"就被移动到了当前工作簿的工作表"Sheet1"之后。

4.重命名工作表

默认情况下，工作簿中的工作表名称为 Sheet1、Sheet2 等。在日常办公中，往往会有许多的工作表同时显示，为了能够更加清晰地识别工作表，用户可以根据实际需要为工作表重新命名。具体步骤如下。

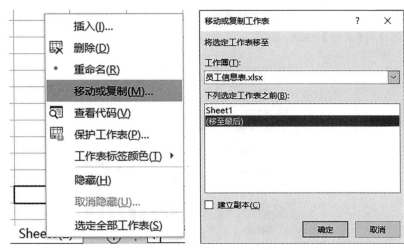

图 3-34 不同工作簿之间的复制移动

Step1：在工作表标签"Sheet1"上单击鼠标右键，在弹出的快捷菜单中选择【重命名（R）】菜单项。

Step2：此时工作表标签" Sheet1"呈高亮显示，工作表名称处于可编辑状态，输入工作表名称"职工工龄统计表"，然后按下【Enter】键，效果如图 3-35 所示。

图 3-35 重命名工作表

友情提示

用户还可以在工作表标签上双击鼠标，快速地为工作表重命名。

5. 设置工作表标签颜色

当一个工作簿中有多个工作表时，为了提高观感效果，同时也为了方便对工作表的快速浏览，用户可以将工作表标签设置成不同的颜色。具体步骤如下。

Step1：在工作表标签"职工工龄统计表"上单击鼠标右键，在弹出的快捷菜单中选择【工作表标签颜色(T)〉】菜单项。在弹出的级联菜单中列出了各种标准颜色,从中选择自己喜欢的颜色即可,例如选择【蓝色】选项。如图 3-36 所示。

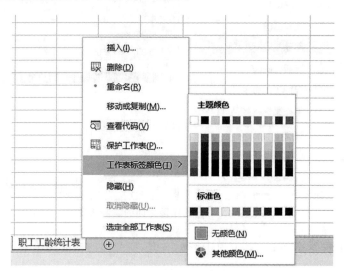

图 3-36　设置 sheet 标签颜色

Step2:设置效果如图 3-37 所示。

图 3-37　标签背景色效果

6. 保护工作表

随着信息的发展,数据安全变得越来越重要。不少人因为不懂得数据保护而损失惨重,在日常工作中就算是简单的数据篡改也会让我们所有的努力都付之东流。为了防止他人随意更改工作表,用户可以为工作表设置保护。

(1)保护工作表　具体步骤如下。

Step1:在工作表"职工工龄统计表"中,切换到【审阅】选项卡,单击【保护】组中的【保护工作表】按钮。如图 3-38 所示。

图 3-38　保护工作表

Step2:弹出【保护工作表】对话框,选中【保护工作表及锁定的单元格内容(C)】复选框,在【取消工作表保护时使用的密码(P):】文本框中输入"ABCDFG",然后在【允许此工作表的所有用户进行:】列表框中选择【选定锁定单元格(U)】和【选定解除锁定的单元格(U)】选项。如图 3-39 所示。

Step3:单击【确定】按钮,弹出【确认密码】对话框,在【重新输入密码(R)】文本框中输入"ABCDEFG"。设置完毕,单击【确定】即可。如图 3-40 所示。

图 3-39 "保护工作表"对话框

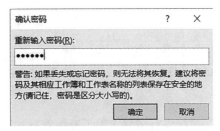

图 3-40 设置保护密码

(2)撤销工作表的保护 具体步骤如下。

Step1:在工作表"职工工龄统计表"中,单击【审阅】选项卡,单击【保护】组中的【撤销工作表保护】按钮。如图 3-41 所示。

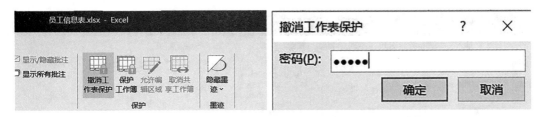

图 3-41 撤销保护工作表

Step2:弹出【撤销工作表保护】对话框,在【密码(P):】文本框中输入"ABCDEFG"。

Step3:单击【确定】按钮即可撤销对工作表的保护,此时【保护】组中的【撤销工作表保护】按钮则会变成【保护工作表】按钮。

(3)冻结窗格 通过 Excel 冻结窗格来固定表头,可以避免因为数据过多而无法看到表头标题部分的困扰。

①冻结首行首列 具体步骤如下。

单击【视图】选项卡,点击【窗口】功能组,然后点击【冻结窗格(F)】按钮,在下拉菜单中点击【冻结首行(C)】,就可以直接固定首行的表头。如图 3-42 所示。

友情提示

选择【冻结首列】能够固定住最左列。

点击【取消冻结窗格】可以取消之前的冻结。

图 3-42　冻结首行

②冻结多行多列　除了冻结首行和首列外,还能够冻结多行多列。下面以同时冻结 2 行或 2 列为例进行讲解。具体步骤如下。

首先,将光标定位到第一列的第三行单元格,也就是"A3"单元格,然后切换到【视图】选项卡,点击【窗口】功能组,然后点击【冻结窗格】按钮,在下拉菜单中点击【冻结窗格】选项。此时,我们就已经冻结了第一行和第二行。如图 3-43 所示。

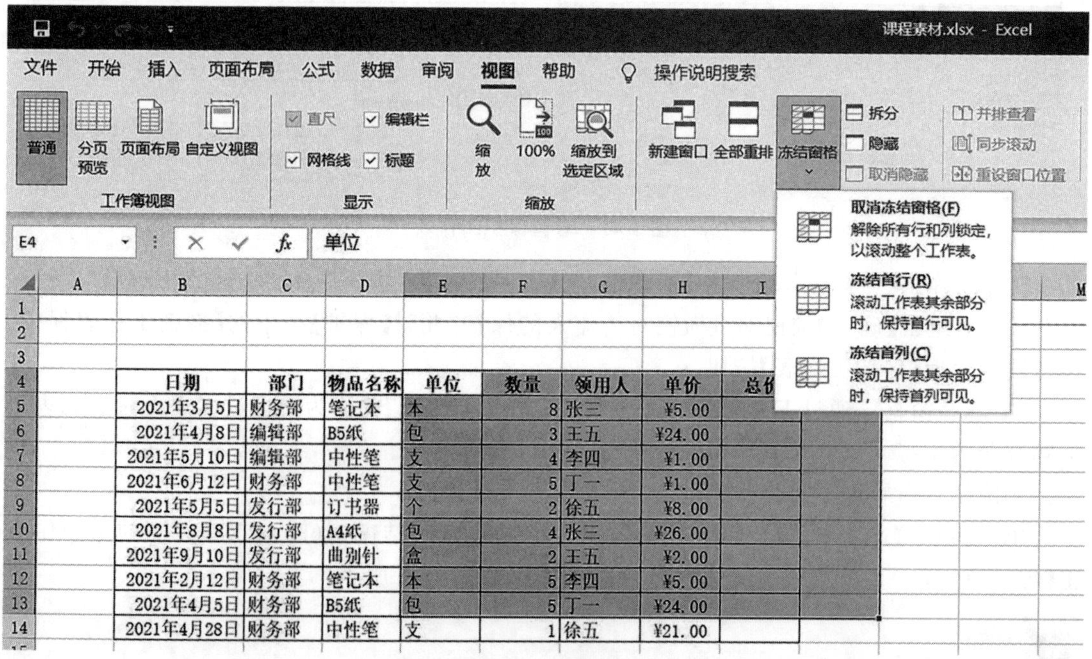

图 3-43　冻结多行多列

同样,也可以冻结多列。将光标定位到第一行的第三列单元格,也就是"C1"单元格,然后再选择【冻结窗格】即可冻结住最左侧的两列。

3.1.4 单元格的基本操作

1.输入文本型数据

文本型数据是指字符或者数值和字符的组合。具体步骤如下。

Step1:打开实例文件,选中要输入文本的单元格 A1,然后输入"日期",再按【Enter】键即可。

Step2:使用同样的方法输入"部门""物品名称""单位""数量""领用人"等其他的文本型数据。如图 3-44 所示。

	A	B	C	D	E	F
1	日期	部门	物品名称	单位	数量	领用人
2			笔记本	本		
3			B5纸	包		
4			中性笔	支		
5			中性笔	支		
6			订书器	个		
7						

图 3-44 输入文本数据

2.输入常规数字

Excel 默认状态下的单元格格式为"常规",此时输入的数字没有特定格式。具体步骤如下。

在"数量"栏中输入相应的数字,在"领用人"栏中输入相应的人名,效果如图 3-45 所示。

	A	B	C	D	E	F
1	日期	部门	物品名称	单位	数量	领用人
2			笔记本	本	8	张三
3			B5纸	包	3	王五
4			中性笔	支	4	李四
5			中性笔	支	5	丁一
6			订书器	个	2	徐五

图 3-45 输入数字型数据

3.输入货币型数据

货币型数据用于表示一般货币格式。如要输入货币型数据首先要输入常规数字,然后设置单元格格式即可。具体步骤如下。

Step1:在"单价"栏中输入相应的常规数字。

Step2:选中单元格区域 G2:G16,切换到【开始】选项卡,单击【数字】组中的【对话框启动器】。

Step3:弹出【设置单元格格式】对话框,切换到【数字】选项卡,在【分类(C):】列表框中选择【货币】选项。

Step4:设置完毕,单击【确定】按钮即可。如图 3-46 所示。

	A	B	C	D	E	F	G
1	日期	部门	物品名称	单位	数量	领用人	单价
2			笔记本	本	8	张三	¥5.00
3			B5纸	包	3	王五	¥24.00
4			中性笔	支	4	李四	¥1.00
5			中性笔	支	5	丁一	¥11.00
6			订书器	个	2	徐五	¥8.00

图 3-46 设置货币型数据格式

4.输入日期型数据

日期型数据是工作表中经常使用的一种数据类型。具体步骤如下。

Sep1：打开本实例的原始文件，选中单元格 A2，输入"2020-4-2"，中间用"-"隔开。按下【Enter】键，日期变成"2020/4/2"。

Step2：使用同样的方法，输入其他日期即可。如图 3-47 所示。

	A	B	C	D	E	F	G
1	日期	部门	物品名称	单位	数量	领用人	单价
2	2020/4/2		笔记本	本	8	张三	¥5.00
3	2020/4/7		B5纸	包	3	王五	¥24.00
4	2020/4/8		中性笔	支	4	李四	¥1.00
5	2020/4/19		中性笔	支	5	丁一	¥1.00
6	2020/4/20		订书器	个	2	徐五	¥8.00

图 3-47 输入日期型数据

Step3：如果用户对日期格式不满意，可以进行自定义。选中单元格区域 A2：A16，切换到【开始】选项卡，单击【数字】组中的【对话框启动器】按钮，弹出【设置单元格格式】对话框，切换到【数字】选项卡，在【分类】列表框中选择【日期】选项，然后在右侧的【类型(T):】列表框中选择【＊2012 年 3 月 14 日】选项。如图 3-48 所示。

图 3-48 设置日期格式

Step4：设置完毕，单击【确定】按钮，效果如图 3-49 所示。

	A	B	C	D	E	F	G
1	日期	部门	物品名称	单位	数量	领用人	单价
2	2020年4月2日		笔记本	本	8	张三	¥5.00
3	2020年4月7日		B5纸	包	3	王五	¥24.00
4	2020年4月8日		中性笔	支	4	李四	¥1.00
5	2020年4月19日		中性笔	支	5	丁一	¥11.00
6	2020年4月20日		订书器	个	2	徐五	¥8.00

图 3-49　日期格式效果

5. 填充数据

在 Excel 表格中填写数据时，经常会遇到一些在内容上相同，或者在结构上有规律的数据，对这些数据用户可以采用填充功能，进行快速编辑。

（1）在连续单元格中填充数据　如果用户要在连续的单元格中输入相同的数据，可以直接使用"填充柄"进行快速编辑。具体步骤如下。

Step1：打开本实例的原始文件，在单元格 B3 中输入"编辑部"，然后选中该单元格，将鼠标指针移至单元格的右下角，此时出现一个填充柄。

Step2：按住鼠标左键不放，将填充柄向下拖拽到单元格 B4。

Step3：释放鼠标左键，此时，选中的单元格 B4，就填充了与单元格 B3 相同的数据。

Step4：使用同样的方法，在其他的连续单元格中填充相同数据即可。如图 3-50 所示。

	A	B	C	D	E	F	G
1	日期	部门	物品名称	单位	数量	领用人	单价
2	2020年4月2日		笔记本	本	8	张三	¥5.00
3	2020年4月7日	编辑部	B5纸	包	3	王五	¥24.00
4	2020年4月8日	编辑部	中性笔	支	4	李四	¥1.00
5	2020年4月19日		性笔	支	5	丁一	¥11.00
6	2020年4月20日		订书器	个	2	徐五	¥8.00

图 3-50　自动填充效果

（2）在不连续单元格中填充数据　在编辑工作表的过程中，经常会在多个不连续的单元格中输入相同的文本，此时使用【Ctrl】＋【Enter】组合键可以快速完成这项工作。具体步骤如下。

Step1：按下【Ctrl】键的同时选中多个不连续的单元格，然后在编辑框中输入"财务科"。

Step2：按下【Ctrl】＋【Enter】组合键，效果如图 3-51 所示。

Step3：使用同样的方法，在其他的不连续单元格中填充相同数据即可。

	A	B	C	D	E	F
1	日期	部门	物品名称	单位	数量	领用人
2	2020年4月2日	财务部	笔记本	本	8	张三
3	2020年4月7日	编辑部	B5纸	包	3	王五
4	2020年4月8日	编辑部	中性笔	支	4	李四
5	2020年4月19日	财务部	中性笔	支	5	丁一
6	2020年4月20日	发行科	订书器	个	2	徐五
7	2020年4月21日	发行科	A4纸	包	4	张三
8	2020年4月22日	发行科	曲别针	盒	2	王五
9	2020年4月23日		笔记本	本	5	李四
10	2020年4月24日		B5纸	包	5	丁一
11	2020年4月25日	财务部	中性笔	支	1	徐五

图 3-51　不连续填充

6.数据计算

数据计算是 Excel 的核心功能之一,学会使用 Excel 进行数据计算,将会使工作变得更便捷、更高效。在编辑表格的过程中经常遇到一些数据计算,如求和、求乘积、求平均值等。具体步骤如下。

Step1:在单元格 H2 中输入公式"＝E2 * G2"。如图 3-52 所示。

SUM		× ✓ fx	=E2*G2				
	A	B	C	D	E	F	G	H
1	日期	部门	物品名称	单位	数量	领用人	单价	总价
2	2020年4月2日	财务部	笔记本	本	8	张三	¥5.00	=E2*G2
3	2020年4月7日	编辑部	B5纸	包		王五	¥24.00	
4	2020年4月8日	编辑部	中性笔	支	4	李四	¥1.00	
5	2020年4月19日	财务部	中性笔	支	5	丁一	¥11.00	
6	2020年4月20日	发行科	订书器	个	2	徐五	¥8.00	
7	2020年4月21日	发行科	A4纸	包	4	张三	¥26.00	
8	2020年4月22日	发行科	曲别针	盒	2	王五	¥2.00	
9	2020年4月23日		笔记本	本	5	李四	¥5.00	
10	2020年4月24日		B5纸	包	5	丁一	¥24.00	
11	2020年4月25日	财务部	中性笔	支	1	徐五	¥21.00	

图 3-52　公式录入

Step2:按下【Enter】键,此时即可将"总价"计算出来。

Step3:选中单元格 H2,将鼠标指针移至单元格的右下角,此时出现一个填充柄。

Step4:双击填充柄,此时即可将本列中的所有数据的"金额"自动计算出来。效果如图 3-53 所示。

	A	B	C	D	E	F	G	H
1	日期	部门	物品名称	单位	数量	领用人	单价	总价
2	2020年4月2日	财务部	笔记本	本	8	张三	¥5.00	¥40.00
3	2020年4月7日	编辑部	B5纸	包	3	王五	¥24.00	¥72.00
4	2020年4月8日	编辑部	中性笔	支	4	李四	¥1.00	¥4.00
5	2020年4月19日	财务部	中性笔	支	5	丁一	¥11.00	¥55.00
6	2020年4月20日	发行科	订书器	个	2	徐五	¥8.00	¥16.00
7	2020年4月21日	发行科	A4纸	包	4	张三	¥26.00	¥104.00
8	2020年4月22日	发行科	曲别针	盒	2	王五	¥2.00	¥4.00
9	2020年4月23日		笔记本	本	5	李四	¥5.00	¥25.00
10	2020年4月24日		B5纸	包	5	丁一	¥24.00	¥120.00
11	2020年4月25日	财务部	中性笔	支	1	徐五	¥21.00	¥21.00

图 3-53　公式填充

3.1.5　美化工作表

数据编辑完毕,接下来用户可以通过设置字体格式、设置对齐方式、调整行高和列宽、添加边框和底纹等方式设置单元格格式,从而美化工作表。

1.设置字体格式

在编辑工作表的过程中,用户可以通过设置字体格式的方式突出显示某些单元格。具体步骤如下。

Step1：打开本实例的原始文件,选中单元格区域 A1：H1,切换到【开始】选项卡,在【字体】组中的【字体】下拉列表中选择【微软雅黑】选项。如图 3-54 所示。

　　Step2：在【字体】组中的【字号】下拉列表中选择【12】选项。如图 3-55 所示。

　　Step3：选中单元格区域 A2：H16，单击【开始】选项卡，单击【字体】功能组中的【对话框启动器】按钮。如图 3-56 所示。

图 3-54　设置字体

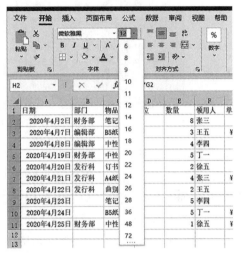

图 3-55　设置字号

图 3-56　字体功能组

　　Step4：弹出【设置单元格格式】对话框，切换到【字体】选项卡，在【字体】列表框中选择【微软雅黑】选项，在【字形】列表框中选择【常规】选项，在【字号】列表框中选择【10】选项。如图 3-57 所示。

图 3-57　设置单元格格式-字体

Step5：单击【确定】按钮返回工作表中，字体设置完毕，效果如图 3-58 所示。

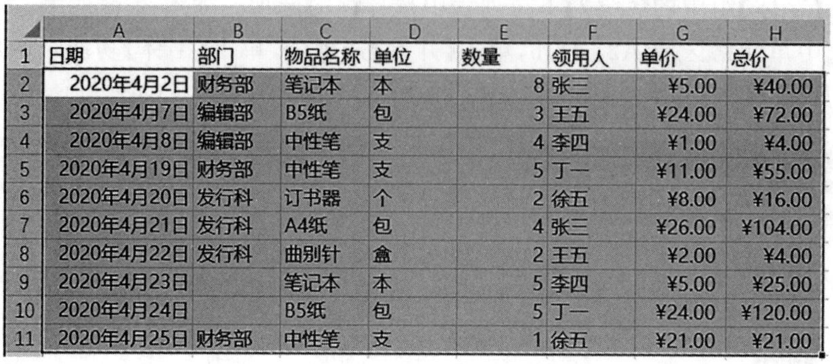

	A	B	C	D	E	F	G	H
1	日期	部门	物品名称	单位	数量	领用人	单价	总价
2	2020年4月2日	财务部	笔记本	本	8	张三	¥5.00	¥40.00
3	2020年4月7日	编辑部	B5纸	包	3	王五	¥24.00	¥72.00
4	2020年4月8日	编辑部	中性笔	支	4	李四	¥1.00	¥4.00
5	2020年4月19日	财务部	中性笔	支	5	丁一	¥11.00	¥55.00
6	2020年4月20日	发行科	订书器	个	2	徐五	¥8.00	¥16.00
7	2020年4月21日	发行科	A4纸	包	4	张三	¥26.00	¥104.00
8	2020年4月22日	发行科	曲别针	盒	2	王五	¥2.00	¥4.00
9	2020年4月23日		笔记本	本	5	李四	¥5.00	¥25.00
10	2020年4月24日		B5纸	包	5	丁一	¥24.00	¥120.00
11	2020年4月25日	财务部	中性笔	支	1	徐五	¥21.00	¥21.00

图 3-58　完成效果

2. 设置对齐方式

在 Excel 中，单元格的对齐方式包括文本左对齐、居中、文本右对齐、顶端对齐、垂直居中、底端对齐等多种方式，用户可以通过【开始】选项卡或【设置单元格格式】对话框进行设置。

（1）使用【开始】选项卡　具体步骤如下。

打开本实例的原始文件，选中单元格区域 A1：H16，切换到【开始】选项卡，在【对齐方式（H）：】组中单击【垂直居中】按钮和【居中】按钮。如图 3-59 所示。

图 3-59　对齐方式功能组

（2）使用【设置单元格格式】对话框　具体步骤如下。

Step1：选中单元格区域 A2：G16，切换到【开始】选项卡，单击【字体】组中的【对话框启动器】按钮。

Step2：弹出【设置单元格格式】对话框，切换到【对齐】选项卡，然后在【水平对齐（H）】下拉列表中选择【靠左（缩进）】选项。如图 3-60 所示。

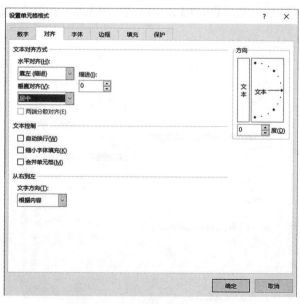

图 3-60　设置单元格格式-对齐

Step3:单击【确定】,效果如图 3-61 所示。可以看到,每行每列内容无论是文字还是数字,均与所在单元格最左侧对齐。

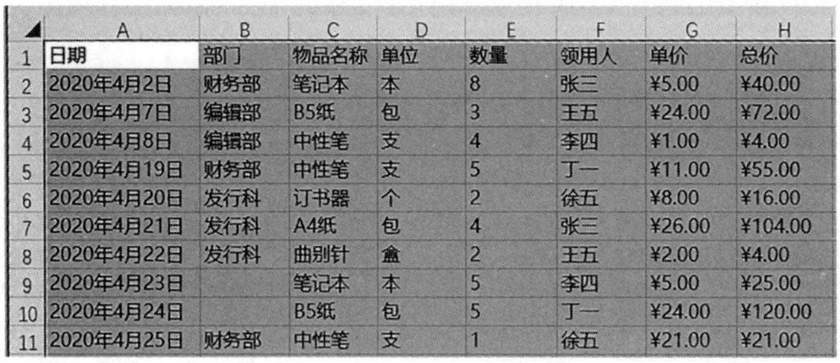

	A	B	C	D	E	F	G	H
1	日期	部门	物品名称	单位	数量	领用人	单价	总价
2	2020年4月2日	财务部	笔记本	本	8	张三	¥5.00	¥40.00
3	2020年4月7日	编辑部	B5纸	包	3	王五	¥24.00	¥72.00
4	2020年4月8日	编辑部	中性笔	支	4	李四	¥1.00	¥4.00
5	2020年4月19日	财务部	中性笔	支	5	丁一	¥11.00	¥55.00
6	2020年4月20日	发行科	订书器	个	2	徐五	¥8.00	¥16.00
7	2020年4月21日	发行科	A4纸	包	4	张三	¥26.00	¥104.00
8	2020年4月22日	发行科	曲别针	盒	2	王五	¥2.00	¥4.00
9	2020年4月23日		笔记本	本	5	李四	¥5.00	¥25.00
10	2020年4月24日		B5纸	包	5	丁一	¥24.00	¥120.00
11	2020年4月25日	财务部	中性笔	支	1	徐五	¥21.00	¥21.00

图 3-61 对齐效果

3. 调整行高和列宽

在实际工作中,用户可以通过【开始】选项卡或使用鼠标左键来调整行高和列宽。

(1)使用【开始】选项卡 具体步骤如下。

Step1:打开本实例的原始文件,单击行标签按钮 1,选中工作表中的第 1 行,切换到【开始】选项卡,在【单元格】组中单击【格式】按钮。如图 3-62 所示。

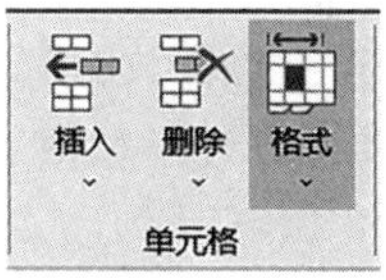

Step2:在弹出的下拉列表中选择【行高(H)...】选项。

图 3-62 "单元格"功能组

Step3:弹出【行高】对话框,在【行高】文本框中输入【22】。如图 3-63 所示。

图 3-63 设置行高

Step4:单击【确定】,行高的设置效果如图 3-64 所示。

	A	B	C	D	E	F	G	H
1	日期	部门	物品名称	单位	数量	领用人	单价	总价
2	2020年4月2日	财务部	笔记本	本	8	张三	¥5.00	¥40.00
3	2020年4月7日	编辑部	B5纸	包	3	王五	¥24.00	¥72.00
4	2020年4月8日	编辑部	中性笔	支	4	李四	¥1.00	¥4.00
5	2020年4月19日	财务部	中性笔	支	5	丁一	¥11.00	¥55.00
6	2020年4月20日	发行科	订书器	个	2	徐五	¥8.00	¥16.00
7	2020年4月21日	发行科	A4纸	包	4	张三	¥26.00	¥104.00
8	2020年4月22日	发行科	曲别针	盒	2	王五	¥2.00	¥4.00
9	2020年4月23日		笔记本	本	5	李四	¥5.00	¥25.00
10	2020年4月24日		B5纸	包	5	丁一	¥24.00	¥120.00
11	2020年4月25日	财务部	中性笔	支	1	徐五	¥21.00	¥21.00

图 3-64 设置行高效果

（2）使用鼠标左键　具体步骤如下。

Step1：将鼠标指针放在要调整列宽的列标记右侧的分隔线上。

Step2：按住鼠标左键，此时可以拖动调整列宽，并在上方显示宽度值。如图 3-65 所示。

	A	B	C	D	E	F	G	H
1	日期	部门	物品名称	单位	数量	领用人	单价	总价
2	2020年4月2日	财务部	笔记本	本	8	张三	¥5.00	¥40.00
3	2020年4月7日	编辑部	B5纸	包	3	王五	¥24.00	¥72.00
4	2020年4月8日	编辑部	中性笔	支	4	李四	¥1.00	¥4.00
5	2020年4月19日	财务部	中性笔	支	5	丁一	¥11.00	¥55.00
6	2020年4月20日	发行科	订书器	个	2	徐五	¥8.00	¥16.00
7	2020年4月21日	发行科	A4纸	包	4	张三	¥26.00	¥104.00
8	2020年4月22日	发行科	曲别针	盒	2	王五	¥2.00	¥4.00
9	2020年4月23日		笔记本	本	5	李四	¥5.00	¥25.00
10	2020年4月24日		B5纸	包	5	丁一	¥24.00	¥120.00
11	2020年4月25日	财务部	中性笔	支	1	徐五	¥21.00	¥21.00

图 3-65　调整列宽

Step3：释放鼠标左键，列宽调整完毕。使用同样的方法调整其他列的列宽和行高即可。调整完毕，效果如图 3-66 所示。

	A	B	C	D	E	F	G	H
1	日期	部门	物品名称	单位	数量	领用人	单价	总价
2	2020年4月2日	财务部	笔记本	本	8	张三	¥5.00	¥40.00
3	2020年4月7日	编辑部	B5纸	包	3	王五	¥24.00	¥72.00
4	2020年4月8日	编辑部	中性笔	支	4	李四	¥1.00	¥4.00
5	2020年4月19日	财务部	中性笔	支	5	丁一	¥1.00	¥5.00
6	2020年4月20日	发行科	订书器	个	2	徐五	¥8.00	¥16.00
7	2020年4月21日	发行科	A4纸	包	4	张三	¥26.00	¥104.00
8	2020年4月22日	发行科	曲别针	盒	2	王五	¥2.00	¥4.00
9	2020年4月23日	财务部	笔记本	本	5	李四	¥5.00	¥25.00
10	2020年4月24日	财务部	B5纸	包	5	丁一	¥24.00	¥120.00
11	2020年4月25日	财务部	中性笔	支	1	徐五	¥21.00	¥21.00

图 3-66　调整列宽效果

4. 添加边框、背景色和斜线表头

在工作中为了使工作表看起来更加直观，可以为单元格或单元格区域添加边框和背景色。

（1）添加边框　具体步骤如下。

Step1：选中单元格区域 A1：H11，然后单击鼠标右键，在弹出的快捷菜单中选择【设置单元格格式(F)...】菜单项。如图 3-67 所示。

Step2：弹出【设置单元格格式】对话框，切换到【边框】选项卡，在【样式S：】组合框中选择【细直线】选项，在【预置】组合框中单击【外边框(O)】按钮和【内部(I)】按钮。如图 3-68 所示。

Step3：设置完毕，单击【确定】按钮返回工作表中，添加边框后的效果如图 3-69 所示。

（2）添加背景色　具体步骤如下。

Step1：选中单元格区域 A1：H1，切换到【开始】选项卡，在【字体】组中单击【填充颜色】按钮，在弹出的下拉列表中选择【蓝色，个性色 5，深色 25%】选项。如图 3-70 所示。

Step2：为了突出显示文字，在【字体】组中单击【字体颜色】按钮，在弹出的下拉列表中选择【浅灰色，背景 2】选项。如图 3-71 所示。

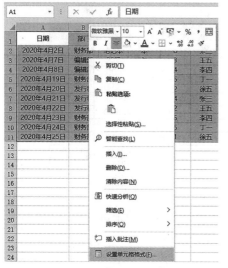

图 3-67　设置单元格格式

图 3-68　设置单元格格式-边框

	A	B	C	D	E	F	G	H
1	日期	部门	物品名称	单位	数量	领用人	单价	总价
2	2020年4月2日	财务部	笔记本	本	8	张三	¥5.00	¥40.00
3	2020年4月7日	编辑部	B5纸	包	3	王五	¥24.00	¥72.00
4	2020年4月8日	编辑部	中性笔	支	4	李四	¥1.00	¥4.00
5	2020年4月19日	财务部	中性笔	支	5	丁一	¥1.00	¥5.00
6	2020年4月20日	发行科	订书器	个	2	徐五	¥8.00	¥16.00
7	2020年4月21日	发行科	A4纸	包	4	张三	¥26.00	¥104.00
8	2020年4月22日	发行科	曲别针	盒	2	王五	¥2.00	¥4.00
9	2020年4月23日	财务部	笔记本	本	5	李四	¥5.00	¥25.00
10	2020年4月24日	财务部	B5纸	包	5	丁一	¥24.00	¥120.00
11	2020年4月25日	财务部	中性笔	支	1	徐五	¥21.00	¥21.00

图 3-69　设置边框效果

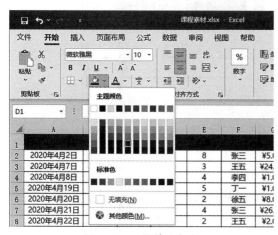

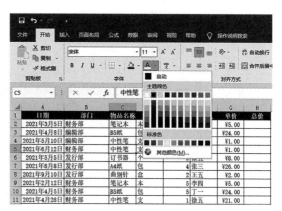

图 3-70　设置填充颜色

图 3-71　设置字体颜色

Step3：设置完毕，"办公用品清单"的最终效果如图 3-72 所示。

	A	B	C	D	E	F	G	H
1	日期	部门	物品名称	单位	数量	领用人	单价	总价
2	2020年4月2日	财务部	笔记本	本	8	张三	¥5.00	¥40.00
3	2020年4月7日	编辑部	B5纸	包	3	王五	¥24.00	¥72.00
4	2020年4月8日	编辑部	中性笔	支	4	李四	¥1.00	¥4.00
5	2020年4月19日	财务部	中性笔	支	5	丁一	¥11.00	¥55.00
6	2020年4月20日	发行科	订书器	个	2	徐五	¥8.00	¥16.00
7	2020年4月21日	发行科	A4纸	包	4	张三	¥26.00	¥104.00
8	2020年4月22日	发行科	曲别针	盒	2	王五	¥2.00	¥4.00
9	2020年4月23日	财务科	笔记本	本	5	李四	¥5.00	¥25.00
10	2020年4月24日	财务科	B5纸	包	5	丁一	¥24.00	¥120.00
11	2020年4月25日	财务部	中性笔	支	1	徐五	¥21.00	¥21.00

图 3-72　最终设置效果

（3）斜线表头制作　在日常工作中，经常会遇到需要斜线表头的情况，它可以很好地对数据进行分类，让我们能直观地了解到数据的类型。具体步骤如下。

Step1：以学生成绩表为例，选中头部的单元格，输入"姓名"和"课程"，中间用空格隔开。

Step2：选中"姓名"，点击鼠标右键，在弹出的菜单中选择【设置单元格格式（F）…】，弹出【设置单元格格式】对话框，在【字体】中的【特殊效果】组中勾选【下标（B）】复选框，点击【确定】即可。同样的办法，将"课程"设为上标。如图 3-73 所示。

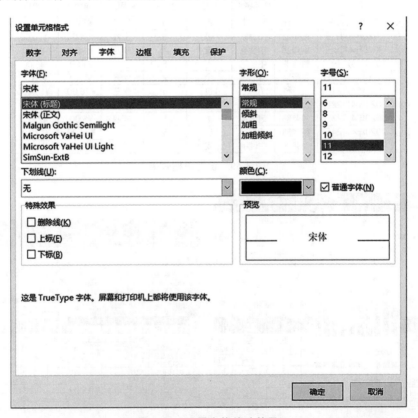

图 3-73　设置字体特殊效果

Step3：选择该单元格后，再次进入【设置单元格格式】对话框，切换到【边框】选项卡，单击【边框】组右下角的斜线按钮，点击【确定】即可添加完成。效果如图 3-74、图 3-75 所示。

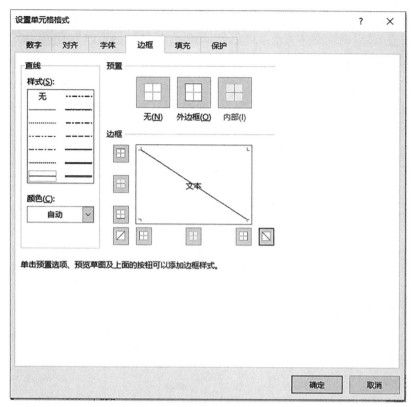

图 3-74　设置单元格格式-边框

课程 姓名	语文	数学	英语	政治	地理	历史
松江	29	87	89	30	22	64
卢俊义	82	41	77	16	45	44
无用	41	51	65	26	61	18
公孙胜	76	78	76	26	5	94
关胜	47	12	8	83	78	21
林冲	46	74	17	29	11	80

图 3-75　斜线表头效果

（4）多线表头制作　在实际工作中，很多时候需要使用到多线表头，仍然以学生成绩表为例进行展示。具体步骤如下。

Step1：切换到【插入】选项卡，点击【插图】功能区的【形状】按钮，在下拉菜单中点击【线条】中的【直线】按钮，然后绘制一条斜线表头，再复制一份直线，自行调整一下位置。如图 3-76 所示。

	语文	数学	英语	政治	地理	历史
松江	29	87	89	30	22	64
卢俊义	82	41	77	16	45	44
无用	41	51	65	26	61	18
公孙胜	76	78	76	26	5	94
关胜	47	12	8	83	78	21
林冲	46	74	17	29	11	80

图 3-76　绘制多线表头

Step2：切换到【插入】选项卡，点击【文本】功能区的【文本框】，在下拉菜单中点击【横排文本框】，输入内容，然后调整字体大小及颜色等，最后再复制两份修改内容，并将文本框移动到表头的合适位置，即可完成。

3.1.6 工作表的打印输出

1.页面设置

页面设置包括页边距、页眉、页脚、纸张大小及方向等的设置。操作方法如下。

Step1：单击【页面布局】选项卡，选择【页面设置】功能区。如图 3-77 所示。

图 3-77 页面设置

Step2：单击【页面设置】功能区右侧的对话框启动器 🖾，弹出【页面设置】对话框。在【页面】选项卡中设置纸张大小和方向。如图 3-78 所示。在【页边距】选项卡中设置纸张的页边距。如图 3-79 所示。

图 3-78 设置纸张大小和方向

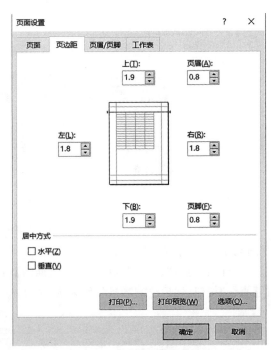

图 3-79 设置纸张页边距

Step3：在【页面设置】对话框的【页眉/页脚】选项卡中设置页眉/页脚。如图 3-80 所示。单击【自定义页眉(C)...】按钮，打开【页眉】对话框，输入需要的页眉。如图 3-81 所示。

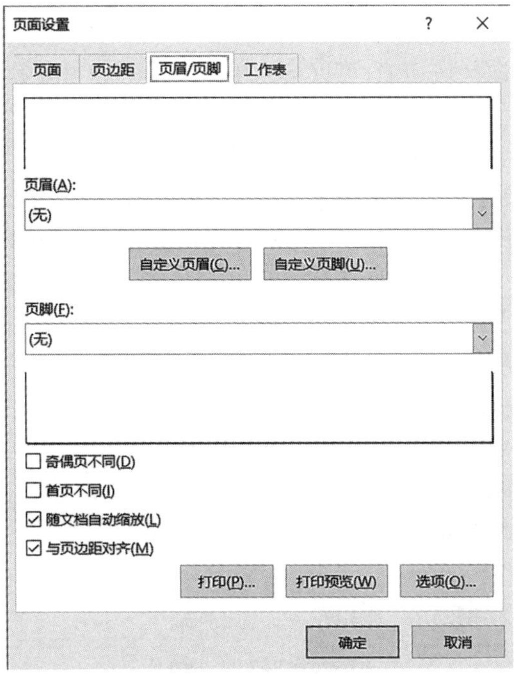

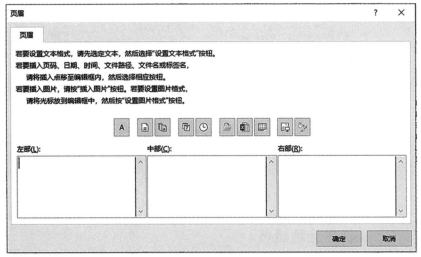

图 3-80 设置页眉

图 3-81 输入页眉

2.设置打印标题

当工作表纵向超过一页长或者横向超过一页宽时,如需要在每页上都重复打印标题行或列,可进行如下操作:

Step1:打开 Excel 工作簿文件。

Step2:单击【页面布局】选项卡,选择【页面设置】功能区,点击对话框启动器 ,弹出【页面设置】对话框。在【工作表】选项卡中设置打印标题。

3. 设置打印区域

Excel 提供的设置打印区域功能,可以帮助用户手动选择需要打印的具体内容,操作方法如下:

Step1:打开工作表,用鼠标拖动选择需要打印的数据区域。

Step2:单击【页面布局】选项卡,选择【页面设置】功能区,单击【打印区域(A)】按钮,在其下拉列表中选择【设置打印区域】即可,也可以在【页面设置】对话框中设置。如图 3-82 所示。

图 3-82 设置打印标题

3.1.7 Excel 基本处理流程

数据处理(Data Processing)是对数据的采集、存储、检索、加工、变换和传输。具体到使用电子表格处理软件来进行的日常轻量级数据处理工作分为 6 个步骤,如图 3-83 所示。

图 3-83 数据处理步骤

用电子表格进行数据处理操作一般应该按照这 6 个步骤的先后顺序来进行,可以获得较好的处理效果和处理效率。每个步骤对应的处理操作见表 3-1 所示。

表 3-1　电子表格处理步骤

步骤	操作
获取	数据的准备 数据的录入或导入
规范	表格的格式化
计算	使用公式进行计算 使用计算函数进行计算
分析	使用分析函数进行数据分析 使用排序、筛选、分类汇总、数据透视包等分析工具进行数据分析
转化	将数据转化为图表
输出	打印 导出

3.2　电子表格处理基本操作

电子表格处理的基本操作包括数据的录入、导入和对行、列、单元格的格式化基本操作。

3.2.1　知识要点

1.数据的录入

（1）数据录入的一般过程　选定要录入的数据单元格，从键盘上输入数据，按【Enter】键。

（2）录入以文本形式存储的数值　方法如下。

方法1：先输入一个英文单引号，再输入数字。

方法2：先将单元格格式设置为"文本"，再输入数字。

（3）序列的输入　拖动单元格的填充柄，向上、向下、向左、向右均能自动产生序列。如图3-84所示，

图 3-84　填充柄

2.数据导入

在电子表格软件中，可以将外部数据直接导入到电子表格处理软件中，以避免重复的手工输入。常见的外部数据来源为 Access 等数据库表，也可以导入文本文件、网页数据等（图3-85）。通常只需要根据数据导入向导进行操作即可。

图 3-85　获取外部数据

3.单元格重命名

单元格是电子表格中的最小处理对象。在大规模数据操作中，往往需要对某一个固定单元格或某一个固定单元格区域进行操作，此时就可以使用到单元格重命名，以提高数据处理的效率。单元格重命名的具体操作过程如下。

Step1：选定单元格或单元格区域。

Step2：右键，选择【定义名称（A）…】选项，弹出【新建名称】对话框。

Step3：在【名称（N）：】框中为选定的单元格或单元格区域创建名称。如图3-86所示。

被重命名的单元格使用方法：

在名称框 中输入之前定义过的名称，按【Enter】键，即可选中指定的单元格或

单元格区域。

4.选择单元格

（1）拖拽鼠标选择　选择目标起始单元格，按着鼠标左键不要松手，根据需要上下或左右拉动，选择完成后松开鼠标左键即可。拖拽操作的起始单元格和结束单元格即为所选区域的对角顶点。

（2）键盘法　选择目标起始单元格，按下【Shift】键，鼠标单击结束的单元格，就完成了区域单元格的选取，起始单元格和结束单元格即为所选区域的对角顶点。

图 3-86　单元格重命名

（3）名称定位　在名称框中输入矩形区域单元格的起始位置、冒号和结束位置，然后按【Enter】键即可（如 B2：G5）。

（4）不连续选择　选择单个单元格或单元格区域，按住【Ctrl】键，选择下一个不连续的单元格或者单元格区域即可。

（5）选择整行或者整列单元格　方法如下。

选择一整行或一整列单元格，单击相应的行编号或列编号即可；

选择连续的若干行或若干列单元格，用鼠标在行编号和列编号上拖动选择即可；

选择不连续的若干行或若干列单元格，按住【Ctrl】键，用鼠标在行编号或列编号上拖动选择即可。

5.插入与删除行和列

电子表格在制作的过程中，难免会出现缺少一行或几行，一列或几列的情况。此时可以在工作表中原有的行列中插入行或者列。随着行和列的插入，原有的行列位置相应向下或向右移动。

如图 3-87 所示，随着行的插入，原有的 4、5、6、7 行移动到了第 5、6、7、8 行；同理，随着列的插入，原有的 D、E、F 列移动到了 E、F、G 列。

图 3-87　插入行和列

同理,也可以删除原有工作表中的行和列。与插入类似,随着行或列的删除,原有的行列位置相应向上或向左移动。

6.设置单元格格式

单元格格式设置,主要包括数字格式、字体形式、字体大小、颜色、文字的对齐方式、单元格的边框、底纹图案以及行高、列宽等。

(1)数字格式 选择需要设定数据格式的单元格或单元格区域,使用【设置单元格格式】对话框中的【数字】选项卡设置数字格式。也可以通过【开始】选项卡【数字】功能区,设置数字的显示方式、千位分隔符、小数位数、货币符号等,如图 3-88 所示。

(2)对齐方式 使用【设置单元格格式】对话框中的【对齐】选项卡设置单元格中文字的对齐方式,包括【文本对齐方式】【方向】和【文本控制】等。如图 3-89 所示。

图 3-88 设置单元格格式-数字格式

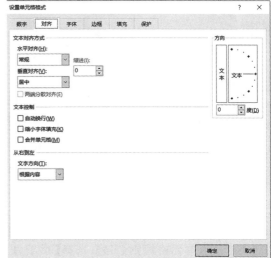

图 3-89 设置单元格格式-对齐方式

①文本对齐方式 对齐方式与文字处理软件功能相似,有一个独特功能"跨列居中",可以在不合并旁边单元格的情况下达到合并居中的视觉效果。

②文字方向 使用【对齐】选项卡上的【方向】功能调整单元格中文字的角度。

③文本控制 包括自动换行、缩小字体填充和合并单元格 3 项。

自动换行与缩小字体填充:一般是出于打印的需要,对列的宽度进行了限制,导致在一行中可能无法完全显示单元格中的内容,此时,可以使用"自动换行"(在单元格内按【Alt】+【Enter】键)或者"缩小字体填充"及合并单元格功能让单元格中的内容完全显示。

合并单元格:为了表格数据展现得美观、直观,电子表格处理中经常用到合并单元格操作。合并单元格是将若干个连续单元格合并为 1 个单元格。

(3)边框和底纹 使用【设置单元格格式】对话框中的【边框】和【填充】功能可以为电子表格添加边框和底纹。如图 3-90、图 3-91 所示。

(4)行高和列宽 选中行或列,右键选择【行高(R)…】或【列宽(W)…】即可设置;也可以用鼠标拖动行列编号间的分割线以快速调整行高和列宽。

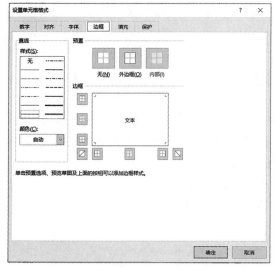

图 3-90　设置单元格格式-边框

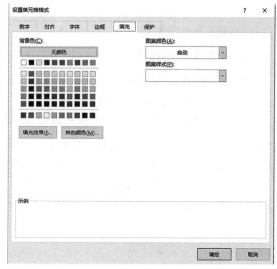

图 3-91　设置单元格格式-填充

7. 条件格式

处理大量数据时,使用"条件格式"可以将符合某些特征条件的数据以特定的格式显示出来,在某种程度上实现数据的可视化。

以图 3-92 所示的学生成绩表为例,讲解条件格式的使用。

(1)突出显示指定条件的单元格　要求:将不及格的成绩自动填充为红色。

Step1:选中成绩所在的 B2:B20 区域。

Step2:单击【开始】选项卡【样式】功能组中的【条件格式】按钮选择【突出显示单元格规则(H)】,选择【小于(L)...】,弹出【小于】对话框。

Step3:在【小于】对话框中分别设置【60】【浅红填充色深红色文本】,单击【确定】,即可将不及格的分数自动标红。如图 3-93 所示。

	A	B	C
1	姓名	数学	语文
2	杨永攀	88	19
3	李生裕	64	85
4	杨明洪	28	84
5	朱建敏	45	51
6	田祥春	99	16
7	罗海雯	20	41
8	李自强	35	59
9	梅雪婷	10	50
10	郭阳	17	4
11	焦雅文	99	43
12	王浩	62	55
13	孙悦	34	50
14	肖磊磊	95	51
15	黄玉娟	51	29
16	高晨杰	92	19
17	吴巧巧	26	87
18	兰小华	53	16
19	李鸽	62	23
20	康涵	4	46

图 3-92　学生成绩表

图 3-93　设置条件格式

	A	B	C
1	姓名	数学	语文
2	杨永攀	88	19
3	李生裕	64	85
4	杨明洪	28	84
5	朱建敏	45	51
6	田祥春	99	16
7	罗海雯	20	41
8	李自强	35	59
9	梅雪婷	10	50
10	郭阳	17	4
11	焦雅文	99	43
12	王浩	62	55
13	孙悦	34	50
14	肖磊磊	95	51
15	黄玉娟	51	29
16	高晨杰	92	19
17	吴巧巧	26	87
18	兰小华	53	16
19	李鸽	62	23
20	康涵	4	46

图 3-94　突出显示指定条件的单元格

完成效果如图 3-94 所示。

(2)突出显示指定条件范围的单元格　要求：将语文成绩前 3 的成绩单元格突出显示。

Step1：选中语文成绩所在的 C2:C20 区域。

Step2：单击【开始】选项卡【样式】功能组中的【条件格式】按钮，选择【项目选取规则】，选择【值最大的 10 项】，弹出【前 10 项】对话框，如图 3-95 所示。

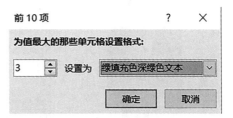

图 3-95　"10 个最大项"对话框

Step3：在【前 10 项】对话框中，分别设置【3】【绿填充色深绿色文本】，单击【确定】即可将前 3 的语文成绩绿色突出显示。完成效果如图 3-96 所示。

(3)数据条、色阶及图标的使用　在电子表格中，可以利用条件格式为数值添加数据条、色阶或者图标，将数据以更为直观的形式显示。以为成绩添加数据条为例，具体操作如下。

Step1：选中成绩所在的 B2:C20 区域。

Step2：单击【开始】选项卡【样式】功能区中的【条件格式】按钮，选择【数据条】选项中【其他规则】，弹出【新建格式规则】对话框，如图 3-97 所示。

	A	B	C
1	姓名	数学	语文
2	杨永攀	88	19
3	李生裕	64	85
4	杨明洪	28	84
5	朱建敏	45	51
6	田祥春	99	16
7	罗海雯	20	41
8	李自强	35	59
9	梅雪婷	10	50
10	郭阳	17	4
11	焦雅文	99	43
12	王浩	62	55
13	孙悦	34	50
14	肖磊磊	95	51
15	黄玉娟	51	29
16	高晨杰	92	19
17	吴巧巧	26	87
18	兰小华	53	16
19	李鸽	62	23
20	康涵	4	46

图 3-96　突出显示指定条件范围的单元格

图 3-97　【新建格式规则】对话框

	A	B	C
1	姓名	数学	语文
2	杨永攀	88	19
3	李生裕	64	85
4	杨明洪	28	84
5	朱建敏	45	51
6	田祥春	99	16
7	罗海雯	20	41
8	李自强	35	59
9	梅雪婷	10	50
10	郭阳	17	4
11	焦雅文	99	43
12	王浩	62	55
13	孙悦	34	50
14	肖磊磊	95	51
15	黄玉娟	51	29
16	高晨杰	92	19
17	吴巧巧	26	87
18	兰小华	53	16
19	李鸽	62	23
20	康涵	4	46

图 3-98　成绩添加数据条效果

	A	B	C
1	姓名	数学	语文
2	杨永攀	! 88	✘ 19
3	李生裕	! 64	! 85
4	杨明洪	✘ 28	! 84
5	朱建敏	✘ 45	✘ 51
6	田祥春	✔ 99	✘ 16
7	罗海雯	✘ 20	✘ 41
8	李自强	✘ 35	✘ 59
9	梅雪婷	✘ 10	✘ 50
10	郭阳	✘ 17	✘ 4
11	焦雅文	✔ 99	✘ 43
12	王浩	! 62	✘ 55
13	孙悦	✘ 34	✘ 50
14	肖磊磊	✔ 95	✘ 51
15	黄玉娟	✘ 51	✘ 29
16	高晨杰	✔ 92	✘ 19
17	吴巧巧	✘ 26	! 87
18	兰小华	✘ 53	✘ 16
19	李鸽	! 62	✘ 23
20	康涵	✘ 4	✘ 46

图 3-100　成绩添加图标完成效果

Step3：在【新建格式规则】对话框中分别设置类型、值、条形图外观，随后单击【确定】，即可为成绩添加数据条。完成效果，如图 3-98 所示。

为数据添加色阶的方法与添加数据条的方法类似，不再赘述。还是以成绩表为例，成绩添加图标的步骤如下。

Step1：选中成绩所在的 B2：C20 区域。

Step2：单击【开始】选项卡【样式】功能区中的【条件格式】按钮，选择【图标集】，选择【其他规则】，弹出【新建格式规则】对话框，如图 3-99 所示。

图 3-99　选择图标

Step3：在【新建格式规则】对话框中分别设置【图标样式(C)：】和各种图标对应的规则，然后单击【确定】按钮，即可为成绩添加图标集。完成效果如图 3-100 所示。

8. 数据有效性

在电子表格处理中，有时需要对单元格中输入的数据进行约束，以保证录入数据的规范性和合法性，此时可以利用数据有效性来进行约束。下面列举几个常用的检测数据有效性用法。

（1）用下拉列表约束数据的录入　如果希望输入的数据为特定的有限数据中的某一种，可以使用下拉列表，如图 3-101 所示。操作方法：

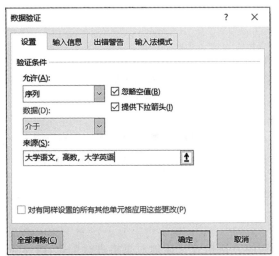

图 3-101 下拉列表

Step1:选中需要约束的单元格。

Step2:单击【数据】选项卡,在【数据工具】功能区中的选择【数据验证】按钮,打开【数据验证】对话框。

Step3:选择【设置】选项卡,在【验证条件】功能区中设置【允许(A):】值为【序列】。

Step4:在【来源[S]:】中录入允许输入的数据列表,【大学语文,高数,大学英语】,注意数据间以"逗号"分隔。如图 3-102 所示。

(2)限定数值的大小　操作方法:

Step1:选中需要添加约束的单元格。

Step2:单击【数据】选项卡,在【数据工具】功能区中的选择【数据验证】按钮,打开【数据验证】对话框。

Step3:选择【设置】选项卡,在【验证条件】功能区中设置【允许(A):】值为"小数"或"整数"。

Step4:设置允许输入的数值限定范围,如图 3-103 所示。

图 3-102 允许序列　　　　　　　　　　图 3-103 限定数值的大小

(3)输入提示　如果希望对用户的输入进行提示,可以通过【数据验证】对话框中【输入信息】选项卡进行操作。如图 3-104 所示。

(4)出错警告　当用户录入不符合要求的数据时,如果希望弹出警告信息,并禁止错误信息的继续录入,可以通过【数据验证】对话框中【出错警告】选项卡进行操作。效果如图 3-105 所示。

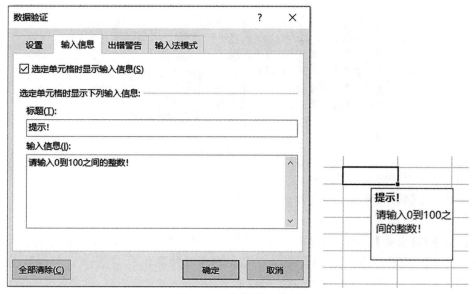

图 3-104　输入提示信息

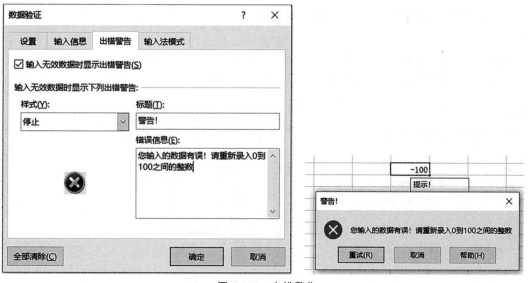

图 3-105　出错警告

9. 表格样式

一般情况下,可以利用电子表格处理软件预置的表格格式快速地对表格进行美化,操作方法如下:

Step1:选中需要套用格式(样式)的单元格区域。

Step2:单击【开始】选项卡【样式】功能区中的【套用表格格式】按钮。

Step3:在下拉列表中选择一种样式即可完成表格的格式化。如图 3-106 所示。

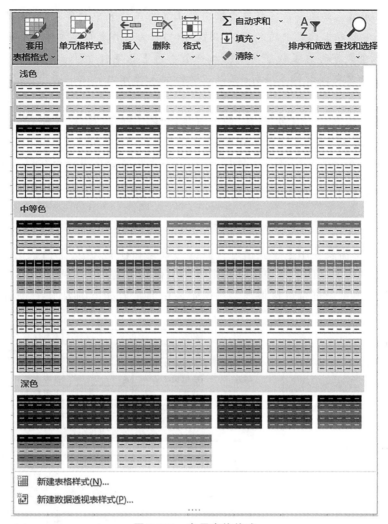

图 3-106　套用表格格式

10. 工作表操作

根据实际需要,电子表格软件中的工作表可以进行添加、删除、复制、移动和重命名等操作。在工作表标签上右击,在弹出的菜单中选择相应的功能项即可。如图 3-107 所示。

友情提示

① "Sheet1！ ＄A＄1：＄E＄1, Sheet1！ ＄B＄3：＄D＄3, Sheet1！ ＄C＄5" 共选定了 9 个单元格。

运算符共有 4 类,分别是:算术类、比较类、文本运算类和引用运算类。在引用运算类中的冒号(:)是表示多个连续的单元格,逗号运算符(,)表示多个不连续的单元格,这是常见的两种引用运算符。这种引用只能在同一个表格中进行单元格的引用,而不可以引用其

图 3-107　工作表右键菜单

他工作表中的单元格。如果要在当前单元格中引用其他工作表中的单元格,就必须在引用单元格地址前面加上它所在工作表中的名称,并用叹号(!)作为工作表与单元格之间的分隔符。

②输入文本型数字时应在数字前先输入一个半角下的单引号('),注意不是全角下的。

③在表格中如果要同时插入多行,可以在进行插入操作之前选中若干行(无论是否输入了文字),然后进行插入操作。

④工作簿可以设置"打开"与"修改"两种密码,如果不知道"修改"密码,那么文件被修改后只能另存,不能按原文件名、原文件路径存盘。

⑤当用户在某个单元格中插入批注后,单元格右上角将会出现一个红色三角形。

3.2.2 制作员工档案信息主表

1.任务描述

在工作中,经常需要使用电子表格进行数据的收集和存储。"员工档案信息主表"是每个企事业单位中都经常使用的一张表格。这张表格中存储着员工的主要个人信息,通常由员工个人进行填写,人事部门进行审核整理。对这张表格通常有如下的要求:①清晰,美观。②信息收集规范,正确。

2.技术分析

(1)为满足信息收集的需要,对信息进行了分类,分为基本信息、入职信息、岗位信息等8类,每类之间用水绿色横条进行了间隔,以保证信息清晰、美观。

(2)为满足不同长度的数据录入,对单元格的宽度进行了调整。

(3)为保证数据收集的规范和正确,对涉及数字数据录入单元格进行了数字格式设置,同时对部分单元格利用数据有效性制作了下拉列表,以防止不规范数据的出现。

最终完成效果如图3-108所示。

3.任务实现

(1)创建一个新的工作簿 将Sheet1重命名为"员工档案信息主表",从A1单

	姓名		身份证号	
照片	性别(请选择)	男	生育状况(请选择)	是
	政治面貌		户口所在地	
	婚姻状况(请选择)	是	是否有驾照(请选择)	
	籍贯		驾照种类(请选择)	B本
	身高(cm)		社保卡号码	
	体重(kg)		公积金号码	
2.入职信息				
部门			用工形式(请选择)	正式
进入本公司时间			参加工作时间	
开始签订合同时间			合同期限	
3.岗位信息				
聘任岗位			任职时间	
4.教育信息				
毕业院校			院校类别	
所学专业			第二专业	
毕业时间			学习形式(请选择)	全日制
现学历(请选择)		本科	现学位(请选择)	学士
外语语种			外语水平	
电脑软件操作类别			电脑软件操作水平	
5.职称及职业资格信息				
职称			职称取得时间	
所属职业资格证				
取得证书时间			证书有效期限	
6.常用联系方式				
家庭住址				
移动电话			固定电话	
Email				
7.紧急联系方式(血缘亲属或配偶)				
紧急联系人			紧急联系电话	
紧急联系地址				
8.其他信息				
兴趣爱好			个人特长	

图3-108 员工档案信息主表

元格开始将所有的数据按 5 列输入到工作表中。注意:此时无需进行格式设置,如图 3-109 所示。

(2)设置边框　具体操作:选中 A1:E37 单元格区域,单击【开始】选项卡【字体】功能组中的【边框】下拉按钮,选择【所有框线(A)】选项,为 A1:E37 单元格添加边框。如图 3-110 所示。

员工档案信息主表	
人事档案编码	
1.基本信息	
照片	姓名	身份证号
	性别(请选择)	生育状况(请选择)
	政治面貌	户口所在地
	婚姻状况(请选择)	是否有驾照(请选择)
	籍贯	驾照种类(请选择)
	身高(cm)	社保卡号码
	体重(kg)	公积金号码
2.入职信息	
部门	用工形式(请选择)
进入本公司时间	参加工作时间
开始签订合同时间	合同期限
3.岗位信息	
聘任岗位	任职时间
4.教育信息	
毕业院校	院校类别
所学专业	第二专业
毕业时间	学习形式(请选择)
现学历(请选择)	现学位(请选择)
外语语种	外语水平
电脑软件操作类别	电脑软件操作水平
5.职称及职业资格信息	
职称	职称取得时间
所属职业资格证	
取得证书时间	证书有效期限
6.常用联系方式	
家庭住址	
移动电话	固定电话
Email	
7.紧急联系方式(血缘亲属或配偶)	
紧急联系人	紧急联系电话
紧急联系地址	
8.其他信息	

图 3-109　输入数据

图 3-110　添加边框

(3)设置字体　具体操作:

选中文字所在的单元格,单击【开始】选项卡【字体】功能区中相关按钮进行字体格式设置,如图 3-111 所示。完成效果如图 3-112 所示。

标题:楷体,14 磅,黑色,加粗。

表格中文字:楷体,10 磅,黑色,加粗。

"(请选择)":楷体,7 磅,蓝色。

图 3-111　字体设置

1.基本信息			
照片	姓名	身份证号	
	性别(请选择)	生育状况(请选择)	
	政治面貌	户口所在地	
	婚姻状况(请选择)	是否有驾照(请选择)	
	籍贯	驾照种类(请选择)	
	身高(cm)	社保卡号码	
	体重(kg)	公积金号码	
2.入职信息			
部门		用工形式(请选择)	
进入本公司时间		参加工作时间	
开始签订合同时间		合同期限	
3.岗位信息			
聘任岗位		任职时间	
4.教育信息			
毕业院校		院校类别	
所学专业		第二专业	
毕业时间		学习形式(请选择)	
现学历(请选择)		现学位(请选择)	
外语语种		外语水平	
电脑软件操作类别		电脑软件操作水平	
5.职称及职业资格信息			
职称		职称取得时间	
所属职业资格证			
取得证书时间		证书有效期限	
6.常用联系方式			
家庭住址			
移动电话		固定电话	
Email			
7.紧急联系方式(血缘亲属或配偶)			
紧急联系人		紧急联系电话	
紧急联系地址			
8.其他信息			
兴趣爱好		个人特长	

图 3-112　字体设置后效果

友情提示

"(请选择)"的字体设置是一个难点,需要注意以下两点:

①默认情况下,字体设置对被选中的整个单元格生效,需要设置单元格部分文字的字体,可以双击单元格,进入单元格编辑状态,此时可以选中单元格中部分文字进行设置。

②字号下拉列表框中并无 7 磅选项,可以使用键盘输入,然后按【Enter】键即可。

(4)合并单元格　具体操作:

选中标题所在的 A1:E1 单元格区域,单击【开始】选项卡【对齐方式】功能组中的【合并后居中】按钮,将标题所在的单元格进行合并。如图 3-113 所示。

图 3-113 合并单元格

以同样的方法,将"人事档案编码""照片"等需要合并的单元格进行合并。效果如图 3-114 所示。

员工档案信息主表
人事档案编码
1.基本信息

图 3-114 完成合并单元格效果图

(5)调整列宽和行高 具体操作:

用鼠标拖动列编号之间的分割线,调整各列的宽度为 13.44,使各列的宽度符合数据的录入需求,同时保证美观。如图 3-115 所示。

图 3-115 调整列宽

对列宽的调整需要逐列调整,对行高的调整可以一次性调整全部的行,以保证每一行的高度一致。

具体操作:用鼠标在行编号上拖动,选中第 2 行到第 37 行,随后移动鼠标到第 37 行和 38 行行编号之间的分割线,调整第 37 行的高度为 15。因在调整第 37 行前选中了第 2～37 行,故调整第 37 行行高时,其余的 2～36 行行高均会随之进行调整,调整后效果如图 3-116 所示。

图 3-116 调整行高

（6）设置单元格填充颜色　具体操作：

选中需要填充颜色的单元格，单击【开始】选项卡【字体】功能组中【填充颜色】下拉列表，选择颜色，即可为单元格设置填充颜色，效果如图 3-117 所示。

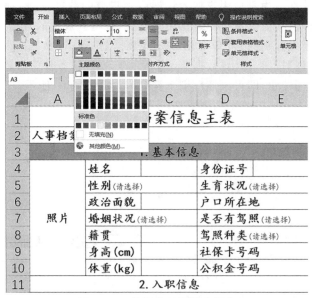

图 3-117　设置单元格填充颜色

（7）设置单元格格式　身份证号码为 18 位数字形式，在默认状态下，录入的 18 位数字将自动转换为科学计数法，不符合需求，应将其转换为【文本】。

具体操作：选中身份证号码的输入单元格 E4，单击【开始】选项卡【数字】功能区的【对话框启动器】，弹出【设置单元格格式】对话框，在【数字】选项卡下设置单元格内容为【文本】。此后，录入的身份证号码将以文本的形式进行存储和显示。如图 3-118 所示。

图 3-118　设置单元格格式为文本

其余如社保卡号码、公积金号码、移动电话、固定电话、紧急联系电话均需设置为文本格式。

进入本公司时间、参加工作时间、开始签订合同时间、任职时间、毕业时间、职称取得时间、取得证书时间需要设置为日期格式。具体日期类型为【＊2012年3月14日】。

（8）设置数据有效性　为避免用户输入错误或不规范的数据，给性别、生育状况等数据录入单元格设置数据有效性，提供下拉列表供用户选择，以得到规范的数据。

具体操作：选择录入性别的C6单元格，单击【数据】选项卡【数据工具】功能区中【数据验证】选项下的【数据验证】按钮，弹出【数据验证】对话框，在验证条件中设置允许为【序列】，来源为【男,女】，单击【确定】按钮，即可添加性别下拉列表，如图3-119所示。

图3-119　设置数据有效性

用同样的方法，对表格中其他标记有【（请选择）】提示的单元格设置相应的数据验证。

（9）最终效果　完成后的最终效果如图3-120所示。

图3-120　最终效果

4. 能力拓展

在制作电子表格时,不仅要关注表格的美观,还要注意数据录入的规范性与正确性,适当地使用数字格式与数字有效性规则可以有效地达到这一目标。

3.3 使用公式和函数进行数据计算和分析

公式与函数的使用是 Excel 最重要的内容之一,灵活地运用公式和函数不仅可以简化数据计算,而且可以实现数据处理的自动化。

3.3.1 知识要点

1. 公式运算符和语法

公式是单元格内以等号"="开始的运算符、值、引用或函数的组合,如图 3-121 所示。可在放置结果的单元格中直接输入公式的内容,公式输入完毕,计算也随之完成,其计算结果就会显示在单元格中,公式则显示在"编辑栏"中。

图 3-121 公式基本结构

公式中的运算符及引用运算符的应用示例如表 3-2 和表 3-3 所示。

友情提示

如果在公式中同时使用多个运算符,优先级别为:引用运算符,算术运算符,文本运算符,比较运算符。若要改变优先顺序,可以使用圆括号。

表 3-2 Excel 公式中的运算符

类型	运算符	含义	示例
	＋	加	5＋2.3
	－	减	B2－C2
算术运算符	＊	乘	3＊A1
	/	除	A1/5
	％	百分比	30％
	ˆ	乘方	5ˆ2

续表3-2

类型	运算符	含义	示例
	＝	等于	（A1＋B1）＝C1
	＞	大于	A1＞B1
比较运算符	＜	小于	A1＜B1
	＞＝	大于等于	A1＞＝B1
	＜＝	小于等于	A1＜＝B1
	＜＞	不等于	A1＜＞B1
文本运算符	＆	连接两个或多个字符串	"古城"＆"西安"得到"古城西安"

表3-3 Excel公式中的引用运算符

引用运算符	含义	示例
:	区域运算符,对两个引用之间(包括两个引用)的所有单元格进行引用	A1:A10
,	联合运算符,将多个引用合并为一个引用	SUM(A1:A10,B2:B10)
空格	交叉运算符,产生对同时隶属于两个引用的单元格区域的引用	SUM(E1:E12 A8:H8)

2. 单元格的引用

引用的作用在于标识工作表上的单元格或单元格区域,并指明公式中所使用数据的位置。引用的范围不局限于同一工作表,也可以是不同工作表、不同工作簿,甚至是其他应用程序中的数据。

如果要引用单元格,需顺序输入列字母和行数字。例如,D50引用了列D和行50交叉的单元格。如果要引用单元格区域,则输入区域左上角单元格的引用、冒号(:)和区域右下角单元格的引用,典型示例如表3-4所示。

表3-4 典型引用示例

引用内容	引用格式
在列A和行10中的单元格	A10
从A10单元格起到E16单元格止的矩形单元格区域	A10:E16
行5中的所有单元格	5:5
从行5到行10的所有单元格	5:10
列C中的所有单元格	C:C
从列C到列E中的所有单元格	C:E

随着大量的数据积累,有时还需要通过链接或者外部引用来共享其他工作簿或工作表中的数据。如图3-122所示,SUM函数将计算同一工作簿中Sheet2工作表A3:E5区域内的和值。

图 3-122 外部引用

通过引用可以在一个公式中使用不同工作表中的不同部分的数据,或在多个公式中使用同一个单元格中的数据,根据需求,单元格引用可分为:相对引用、绝对引用和混合引用 3 种。

(1)相对引用　相对引用是默认的单元格引用方式。相对引用使用单元格所在的行号和列标为其引用。如:B3 引用了第 3 行与第 2 列交叉处的单元格;单元格区域相对引用由单元格区域左上角至右下角单元格的相对引用组成,中间用冒号(:)分隔。如 A2:E6 是以 A2 单元格为左上角,E6 单元格为右下角的矩形区域的相对引用。

相对引用的特点是,当把计算公式复制或填充到其他单元格时,相对引用会自动随着移动位置的变化而变化。

例如:将成绩表中 D2 单元格学生的总分用公式"=SUM(B2:C2)"计算出来,然后单击 D2 单元格,将公式复制到 D3 单元格,观察 D3 单元格的内容,变为"=SUM(B3:C3)"。如图 3-123 所示。

D2	▼	× ✓ fx	=SUM(B2:C2)

	A	B	C	D	E
1	姓名	数学	语文	总分	
2	杨永攀	88	19	107	
3	李生裕	64	85		
4	杨明洪	28	84		

D3	▼	× ✓ fx	=SUM(B3:C3)

	A	B	C	D	E
1	姓名	数学	语文	总分	
2	杨永攀	88	19	107	
3	李生裕	64	85	149	
4	杨明洪	28	84		

图 3-123 相对引用

(2)绝对引用　绝对引用指公式和函数中的单元格地址是固定不变的,使用时无论公式被复制到哪个单元格,公式的结果都固定不变。具体表示时需要在行号和列标前加上美元符号"$",如$D$3 表示单元格 D3 的绝对引用,而$D$2:$F$7 表示单元格区域 D2:F7 的绝对引用。

例如:将成绩表中 D2 单元格的公式改为"=SUM($B$2:$C$2)",再将该公式复制到单元格 D3 中,会发现 D3 单元格中的公式仍然是"=SUM($B$2:$C$2)"。

(3)混合引用　混合引用指在同一个单元格中,既有相对引用又有绝对引用。混合引用分为绝对列相对行和相对列绝对行两种。如:$B4,B$4,C$5,$C5。

3. 使用公式计算数据

公式的输入可直接在单元格中输入,也可在编辑栏中输入,但都以等号"="开始,其后才是表达式。操作步骤如下。

Step1:选定要输入公式的单元格。

Step2:先输入"=",再输入具体表达式,例如:"=3*(4+7-2)",如图 3-124 所示。

Step3:输入后按【Enter】键,或单击编辑栏上的√按钮,计算结果就显示在单元格中。

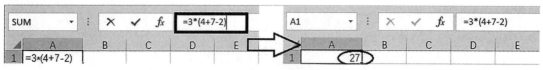

图 3-124　公式使用

4.函数的使用

电子表格软件提供的函数其实是一些预定义的功能模块,它们使用一些称为参数的特定数值按特定的顺序或结构进行计算。例如,SUM 函数对单元格或单元格区域进行加法运算。

(1)函数的结构　函数的结构以函数名开始,后面是左圆括号、以逗号分隔的参数和右圆括号。如图 3-125 所示。

参数:参数是常量、公式或函数,还可以是单元格引用。给定的参数必须能产生有效的值。

常量:常量是直接键入到单元格或公式中的数字或文本值,或由名称所代表的数字或文本值。例如 2017-8-10、数字 98 和文本"Information"都是常量。公式或由公式得出的数值都不是常量。

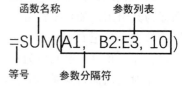

图 3-125　函数结构

(2)函数的嵌套　函数的嵌套也叫嵌套函数,就是指在某些情况下,可能需要将某函数作为另一函数的参数使用,也就是说一个函数可以是另一个函数的参数。

例如,下列公式在 IF 函数中嵌套使用了 AVERAGE 函数。这个公式的含义是:如果单元格 F2 到 F5 的平均值大于或等于 60,则显示"及格",否则显示"不及格"。

＝IF(AVERAGE(F2:F5)＞＝60,"及格","不及格")

(3)函数的输入　函数输入一般采用手工输入或向导输入两种方式。手工输入函数的方法和单元格输入公式的方法相同,先在编辑栏里输入等号(＝),然后再输入函数本身。对一些复杂的函数通常用函数向导一步步地输入,以避免在输入过程中产生错误。

以学生成绩表(图 3-126)中各门课程的平均分为例,具体操作如下:

	A	B	C	D
1	姓名	数学	语文	总分
2	杨永攀	88	19	107
3	李生裕	64	85	149
4	陈子轩	88	89	177
5	石头晶	13	47	60
6	李晶晶	35	69	104
7	雨菲菲	99	62	161
8	张果果	53	63	116
9	李小倩	75	84	159
10	王婷婷	54	22	76
11	张蕊蕊	67	40	107
12	李自强	57	73	130
13	王浩	36	21	57
14	张永飞	21	53	74
15	黄玉娟	85	35	120
16	平均分			

图 3-126　学生成绩表

Step1：选择要计算语文平均分的 B16 单元格。

Step2：单击【公式】选项卡【函数库】功能区中的 ![fx] 按钮，弹出【插入函数】对话框，如图 3-127 所示。

Step3：在【或选择类别(C)：】列表框中选择【常用函数】，并在【选择函数(N)：】列表框中选择所需的 AVERAGE 函数。

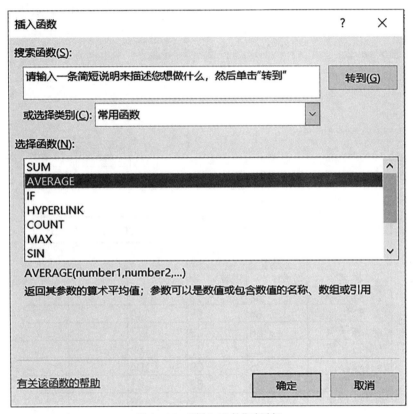

图 3-127　"插入函数"对话框

![友情提示图标] **友情提示**

Excel 提供十多类数百个函数，可以根据类别查找所需的函数，如图 3-128 所示。也可以在"搜索函数"框中输入简短描述查询所需的函数。

Step4：单击【确定】按钮，弹出【函数参数】对话框，在该对话框中设置函数的参数为 B2：B15，如图 3-129 所示。

Step5：单击【确定】按钮，在 B16 单元格中将自动录入公式＝AVERAGE(B2：B15)，并将函数的计算结果即语文的平均分显示在 B16 单元格中，如图 3-130 所示。

图 3-128　函数类别

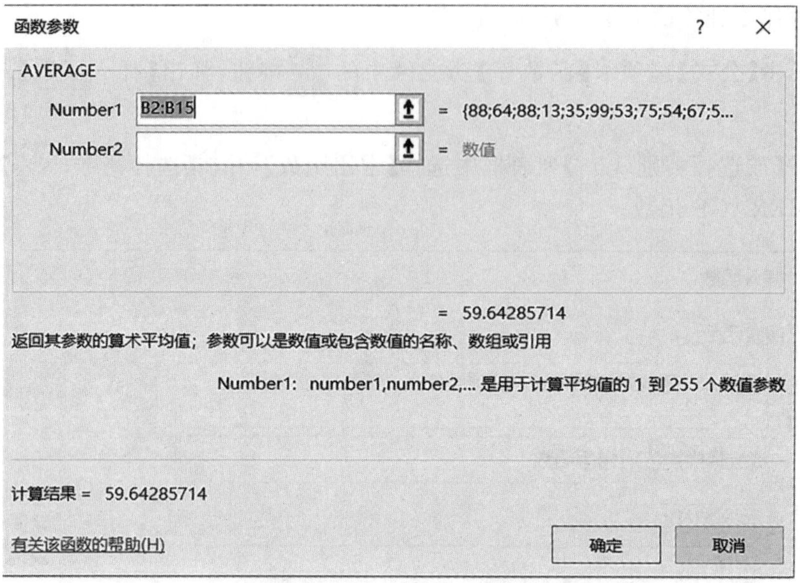

函数参数

AVERAGE

| Number1 | B2:B15 | ⬆ | = {88;64;88;13;35;99;53;75;54;67;5... |
| Number2 | | ⬆ | = 数值 |

= 59.64285714

返回其参数的算术平均值；参数可以是数值或包含数值的名称、数组或引用

Number1: number1,number2,... 是用于计算平均值的 1 到 255 个数值参数

计算结果 = 59.64285714

有关该函数的帮助(H)   确定   取消

图 3-129 设置函数参数

| B16 | ▼ | ⋮ | ✕ ✓ *fx* | =AVERAGE(B2:B15) |

	A	B	C	D	E	F
1	姓名	数学	语文	总分		
2	杨永攀	88	19	107		
3	李生裕	64	85	149		
4	陈子轩	88	89	177		
5	石头晶	13	47	60		
6	李晶晶	35	69	104		
7	雨菲菲	99	62	161		
8	张果果	53	63	116		
9	李小倩	75	84	159		
10	王婷婷	54	22	76		
11	张蕊蕊	67	40	107		
12	李自强	57	73	130		
13	王浩	36	21	57		
14	张永飞	21	53	74		
15	黄玉娟	85	35	120		
16	平均分	59.64286				

图 3-130 函数录入

Step6：将 B16 单元格的公式复制到 C16 单元格，由于公式中的单元格引用为相对引用，公式被复制到 C16 单元格会变成＝AVERAGE(C2:C15)，计算出数学的平均分。

友情提示

更为常用的操作方式是拖动 B16 单元格的"填充柄"至 C16 单元格，以快速实现公式的复制。

3.3.2 制作库存管理表

1.任务描述

在工作中,不仅会遇到如"员工档案信息主表"这类主要用于收集、整理与存储数据的电子表格,更多时候需要使用电子表格去对大量的数据进行自动计算。电子表格一方面能减轻手工计算的工作量,提高工作效率;另一方面可以避免手工计算易产生的计算错误。

本案例为一个简易的库存管理表,为用户展示在电子表格中如何利用公式和函数进行数据的计算。库存管理表如图3-131所示。

	A	B	C	D	E	F	G	H	I	J	K	L	M	N	O
1							库存管理表								
2	【编制单位】				【起始日期:						终止日期:				】
3	商品编号	商品单价	上期结存		本期入库		本期出库		本期结存		库存标准	补充显示	生产日期	保质期	是否过期
4			数量	金额	数量	金额	数量	金额	数量	金额					
5	1	120	20		100		90				50		2016/7/1	36	
6	2	18	30		500		520				10		2014/8/4	36	
7	3	2	200		480		500				120		2017/6/8	36	
8	4	2.5	100		240		200				100		2016/5/5	36	
9	5	360	12		36		30				15		2014/3/5	60	
10	6	120	15		36		40				15		2013/8/9	60	
11	7	45	60		36		42				15		2016/7/4	60	

图3-131 库存管理表

2.技术分析

观察库存管理表,需要进行计算的项目及解决思路如下。

(1)库存商品的金额需要计算 金额=商品数量×商品单价。

(2)本期结存的商品数量需要计算 本期结存数量=上期结存数量+本期入库数量-本期出库数量。

(3)在商品库存不足库存标准时 应当在补库显示字段中自动进行提示。

判断逻辑为:如果库存标准大于本期结存数量则显示"补库",否则不显示。

条件是:库存标准>本期结存数量;

满足条件显示:"补库";

不满足条件显示空白(用空格表示空白)。

这里适合使用IF函数进行判断。

(4)在商品过期时 应当在是否过期字段中自动进行提示。

判断逻辑为:如果生产日期到现在超过保质期则显示"过期",否则不显示。

条件是:当前日期-生产日期>保质期;

满足条件显示:"过期";

不满足条件显示空白(用空格表示空白)。

这里同样适合使用IF函数进行判断。

3.任务实现

(1)数据准备 录入表格数据,并进行基本的格式设置,如图3-132所示。

	A	B	C	D	E	F	G	H	I	J	K	L	M	N	O
1							库存管理表								
2	【编制单位】				【起始日期:						终止日期:				】
3	商品编号	商品单价	上期结存		本期入库		本期出库		本期结存		库存标准	补充显示	生产日期	保质期	是否过期
4			数量	金额	数量	金额	数量	金额	数量	金额					
5	1	120	20		100		90				50		2016/7/1	36	
6	2	18	30		500		520				10		2014/8/4	36	
7	3	2	200		480		500				120		2017/6/8	36	
8	4	2.5	100		240		200				100		2016/5/5	36	
9	5	360	12		36		30				15		2014/3/5	60	
10	6	120	15		36		40				15		2013/8/9	60	
11	7	45	60		36		42				15		2016/7/4	60	

图 3-132　录入表格数据

（2）计算本期结存数量　具体操作如下。

Step1：选中本商品1的本期结存数量单元格 I5，键盘输入"＝C5＋E5－G5"，按【Enter】键。商品1的本期结存数量将被计算出来显示在 I5 单元格中。如图 3-133 所示。

I5	▼	：	公式显示在编辑栏中		=C5+E5-G5

	A	B	C	D	E	F	G	H	I
1								库存管理表	
2	【编制单位】				【起始日期:				
3	商品编号	商品单价	上期结存		本期入库		本期出库		本期结存
4			数量	金额	数量	金额	数量	金额	数量	金额
5	1	120	20		100		90		30
6	2	18	30		500		520		
7	3	2	200		480		500	结果显示在单元格中
8	4	2.5	100		240		200		
9	5	360	12		36		30		
10	6	120	15		36		40		
11	7	45	60		36		42		

图 3-133　公式计算

Step2：鼠标拖动 I5 单元格的填充柄，向下填充至 I11 单元格，将 I5 中的公式复制到 I6：I11 单元格中，将整列的数量计算出来。如图 3-134 所示。

I5	▼	：	✕	✓	fx	=C5+E5-G5

	A	B	C	D	E	F	G	H	I
1								库存管理表	
2	【编制单位】				【起始日期:				
3	商品编号	商品单价	上期结存		本期入库		本期出库		本期结
4			数量	金额	数量	金额	数量	金额	数量	金
5	1	120	20		100		90		30
6	2	18	30		500		520		10
7	3	2	200		480		500		180
8	4	2.5	100		240		200		140
9	5	360	12		36		30		18
10	6	120	15		36		40		11
11	7	45	60		36		42		54

图 3-134　复制公式

（3）计算上期结存金额、本期入库金额、本期出库金额和本期结存金额。

操作：在 D5 单元格中输入公式"＝C5＊B5"，然后填充到 D6：D11 单元格。

在 F5 单元格中输入公式"＝E5＊B5",然后填充到 F6:F11 单元格。

在 H5 单元格中输入公式"＝G5＊B5",然后填充到 H6:H11 单元格。

在 J5 单元格中输入公式"＝I5＊B5",然后填充到 J6:J11 单元格。

结果如图 3-135 所示。

	A	B	C	D	E	F	G	H	I	J	K	L	M	N	O
1							库存管理表								
2	【编制单位】				【起始日期:						终止日期:				】
3	商品编号	商品单价	上期结存		本期入库		本期出库		本期结存		库存标准	补充显示	生产日期	保质期	是否过期
4			数量	金额	数量	金额	数量	金额	数量	金额					
5	1	120	20	2400	100	12000	90	10800	30	3600	50		2016/7/1	36	
6	2	18	30	540	500	9000	520	9360	10	180	10		2014/8/4	36	
7	3	2	200	400	480	960	500	1000	180	360	120		2017/6/8	36	
8	4	2.5	100	250	240	600	200	500	140	350	100		2016/5/5	36	
9	5	360	12	4320	36	12960	30	10800	18	6480	15		2014/3/5	60	
10	6	120	15	1800	36	4320	40	4800	11	1320	15		2013/8/9	60	
11	7	45	60	2700	36	1620	42	1890	54	2430	15		2016/7/4	60	

图 3-135　计算金额

(4)计算补库提示。使用 IF 函数处理补库显示的公式为"＝IF(K5＞I5,"补库","")"。参数说明如图 3-136 所示。

判断条件　　条件满足时　　条件不满足时

$$=IF(K5>I5, \quad "补库", \quad "")$$

图 3-136　函数参数说明

在公式中使用函数时,可以像前文的公式一样直接录入,但函数的录入相对公式来说比较复杂,容易出错,因此可以选择使用函数向导来录入函数。

Step1:选中商品 1 的补库显示单元格 L5,单击编辑栏上的插入函数按钮，弹出【插入函数】对话框,在【插入函数】对话框中找到并选中【IF】函数,单击【确定】,弹出 IF 函数的【函数参数】对话框。

Step2:按照 IF 函数的参数顺序,依次输入【K5＞I5】【"补库"】和【" "】。如图 3-137 所示。

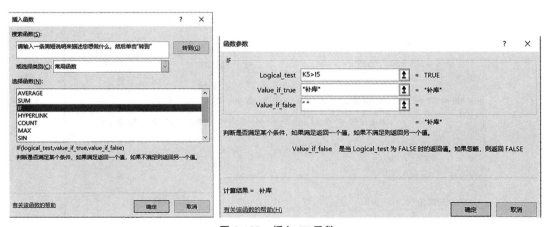

图 3-137　插入 IF 函数

Step3:单击【确定】,计算结果将显示在 L5 单元格中。由于商品 1 的库存数量不足库存标准,因此这里会显示补库。

Step4:将 L5 单元格中的公式填充到 L6:L11 单元格中,判断出所有商品中哪些需要补库。如图 3-138 所示。

	A	B	C	D	E	F	G	H	I	J	K	L	M	N	O
1							库存管理表								
2	【编制单位】				【起始日期】						终止日期:				】
3	商品编号	商品单价	上期结存		本期入库		本期出库		本期结存		库存标准	补充显示	生产日期	保质期	是否过期
4			数量	金额	数量	金额	数量	金额	数量	金额					
5	1	120	20	2400	100	12000	90	10800	30	3600	50	补库	2016/7/1	36	
6	2	18	30	540	500	9000	520	9360	10	180	10		2014/8/4	36	
7	3	2	200	400	480	960	500	1000	180	360	120		2017/6/8	36	
8	4	2.5	100	250	240	600	200	500	140	350	100		2016/5/5	36	
9	5	360	12	4320	36	12960	30	10800	18	6480	15		2014/3/5	60	
10	6	120	15	1800	36	4320	40	4800	11	1320	15	补库	2013/8/9	60	
11	7	45	60	2700	36	1620	42	1890	54	2430	15		2016/7/4	60	

图 3-138　补库显示

(5)计算是否过期　使用 IF 函数处理是否过期的公式为:"=IF((TODAY()−M5)/30<N5,""过期")"。这个公式中判断是否过期的条件比较复杂。如图 3-139 所示。

判断条件:当前日期与生产日期的时间差,折合成月数后,与保质期进行比较。

满足条件时表示不过期,不满足条件时表示过期。

$$=IF((TODAY()-M5)/30<N5, "", "过期")$$

当前日期　　生产日期　　保质期(月数)

图 3-139　过期公式计算

Step1:选中商品 1 的是否过期单元格 O5,单击【插入函数】按钮,选择 IF 函数并确定,依次输入 IF 函数的 3 个参数,如图 3-140 所示,然后单击【确定】,判断出商品 1 是否过期并显示。

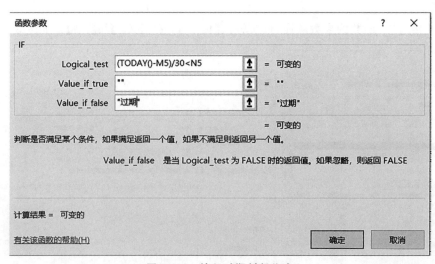

图 3-140　输入过期判断公式

Step2:将 O5 单元格中的公式填充到 O6:O11 单元格中,判断出所有商品中哪些是过期的。

4. 能力拓展

公式和函数是强有力的计算工具,用户应熟记常用的函数用法,并能够通过阅读函数说明摸索陌生函数的使用。只有反复练习,才能够熟能生巧,运用自如。除了以上介绍的函数外,另外补充介绍几个在工作和学习中常用的函数,如表 3-5 所示。

表 3-5 部分函数说明

函数名	函数及参数说明		示例
MIN(number1,[number2],…)	作用: 返回一组值中的最小值 参数说明: number1,number2,…number1 是可选的,后续数字是可选的。要从中查找最小值的 1 到 255 个数字		=MIN(B2:B14)
MAX(number1,[number2],…)	作用: 返回一组值中的最大值 参数说明: number1,number2,…number1 是必需的,后续数字是可选的。要从中查找最大值的 1 到 255 个数字		=MAX(B2:B14)
COUNT(value1,[value2],…)	作用: COUNT 函数计算包含数字的单元格个数以及参数列表中数字的个数。使用 COUNT 函数获取区域中或一组数字中的数字字段中条目的个数 参数说明: value1 必需。要计算其中数字的个数的第一项、单元格引用或区域 value2,… 可选。要计算其中数字的个数的其他项、单元格引用或区域,最多可包含 255 个		=COUNT(B2:B14)

以图 3-141 所示的语文成绩表为例,利用 MIN、MAX、COUNT 3 个函数统计语文成绩的最小值、最大值和成绩个数。具体步骤如下:

Step1:在 B15 单元格中输入"=MIN(B2:B14)",点击 ✔,计算出语文成绩的最低分数:19。

Step2:在 B16 单元格中输入"=MAX(B2:B14)",点击 ✔,计算出语文成绩的最高分数:100。

Step3:在 B17 单元格中输入"=COUNT(B2:B14)",点击 ✔,统计出语文成绩的个数:13。

Step4:完成后的效果如图 3-142 函数运行后效果所示。

	A	B
1	姓名	语文
2	李小璐	76
3	张天山	57
4	刘秀	36
5	张琦	100
6	董钟鹏	55
7	蔡徐坤	19
8	江尚坤	32
9	万宝丽	39
10	徐达	74
11	冰心	100
12	冷雪	45
13	蒋燕	88
14	杜威	67
15	最低分	
16	最高分	
17	计数	

图 3-141　语文成绩表

	A	B
1	姓名	语文
2	李小璐	76
3	张天山	57
4	刘秀	36
5	张琦	100
6	董钟鹏	55
7	蔡徐坤	19
8	江尚坤	32
9	万宝丽	39
10	徐达	74
11	冰心	100
12	冷雪	45
13	蒋燕	88
14	杜威	67
15	最低分	19
16	最高分	100
17	计数	13

图 3-142　函数运行后效果

3.4　使用数据清单进行数据统计与分析

　　数据清单是指包含一组相关数据的一系列工作表行,在对数据清单进行管理时,通常将其看作是一个数据库。其中,数据清单的行相当于数据库的记录,行标题相当于记录名;数据清单的列相当于数据库的字段,列标题相当于字段名。

　　Excel 2016 提供了大量功能以方便管理和分析数据清单中的数据。但应用时,要遵循如下准则。

　　(1)一般来说,每张工作表使用一个数据清单。

　　(2)避免在数据清单中放置空白行和列。

　　(3)在数据清单的第一行创建列标题。

　　(4)同一列数据的类型应一致。

　　(5)数据清单与其他数据间至少应留出一个空行和空列。

3.4.1　知识要点

1. 数据排序

　　Excel 2016 提供了多种方法对数据清单进行排序。当用户进行排序时,数据清单中的数据将被重新排列。

　　要求:以如图 3-143 所示的成绩表为例,利用 Excel 2016 对成绩表进行排序。

　　(1)单关键字排序　　按总分从高到低排序。

　　Step1:选中总分列(E 列)中的任意一个成绩数据单元格。

　　Step2:单击【数据】选项卡,点击【排序和筛选】功能区中的降序按钮 $\frac{Z}{A}\downarrow$,即可完成操作。

　　注意对比图 3-143 与图 3-144,可以发现整个数据清单中的数据,以行为单位,每一行按照排序规则进行了重新排序。

	A	B	C	D	E
1	姓名	性别	语文	数学	总分
2	杨永攀	女	99	32	131
3	李生裕	女	35	98	133
4	杨明洪	男	39	85	124
5	朱建敏	男	70	74	144
6	田祥春	男	91	68	159
7	罗海雯	女	77	84	161
8	李自强	男	97	43	140
9	梅雪婷	女	82	6	88
10	郭阳	女	67	51	118
11	焦雅文	男	85	65	150
12	王浩	女	57	24	81

图 3-143　成绩表

	A	B	C	D	E
1	姓名	性别	语文	数学	总分
2	罗海雯	女	77	84	161
3	李生裕	女	35	98	133
4	杨永攀	女	99	32	131
5	郭阳	女	67	51	118
6	梅雪婷	女	82	6	88
7	王浩	女	57	24	81
8	田祥春	男	91	68	159
9	焦雅文	男	85	65	150
10	朱建敏	男	70	74	144
11	李自强	男	97	43	140
12	杨明洪	男	39	85	124

图 3-144　单关键字排序

(2)多关键字排序　按性别排序,在性别相同的情况下按总分从高到低排序。

Step1:选中数据清单的任意一个单元格。

Step2:单击【数据】选项卡,点击【排序和筛选】功能区中的排序按钮

,弹出【排序】对话框。

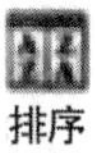

Step3:在【排序】对话框中,点击【添加条件】按钮,设置【主要关键字】为【性别】,【次要关键字】为【总分】。

Step4:设置两个关键字的【排序依据】为【单元格值】,【次序】为【降序】,单击【确定】,即可完成排序。如图 3-145 所示。

	A	B	C	D	E
1	姓名	性别	语文	数学	总分
2	罗海雯	女	77	84	161
3	李生裕	女	35	98	133
4	杨永攀	女	99	32	131
5	郭阳	女	67	51	118
6	梅雪婷	女	82	6	88
7	王浩	女	57	24	81
8	田祥春	男	91	68	159
9	焦雅文	男	85	65	150
10	朱建敏	男	70	74	144
11	李自强	男	97	43	140
12	杨明洪	男	39	85	124

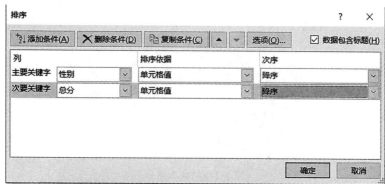

图 3-145　多关键字排序

2.数据筛选

筛选提供了一种可以快速过滤数据清单的简便方法,经过筛选后的数据清单只显示满足条件的数据行,以供用户浏览分析。与排序不同,筛选不影响行顺序,只是将不满足条件的行隐藏起来。Excel 2016 提供了自动筛选和高级筛选两种方法。

(1)自动筛选　自动筛选适用于简单条件,可使用户在含有大量数据的数据清单中快速查找到符合条件的记录。

要求:以如图 3-143 所示的成绩表为例,对成绩表进行自动筛选。

①文本筛选。只显示女生的信息。

Step1:选定数据清单中的任意一个单元格。

Step2:单击【数据】选项卡,选择【排序和筛选】功能区中的筛选按钮 。

Step3:单击"性别"下拉列表框选择"女",如图 3-146 所示,则数据清单中只显示性别为"女"的记录,其余的全被隐藏。

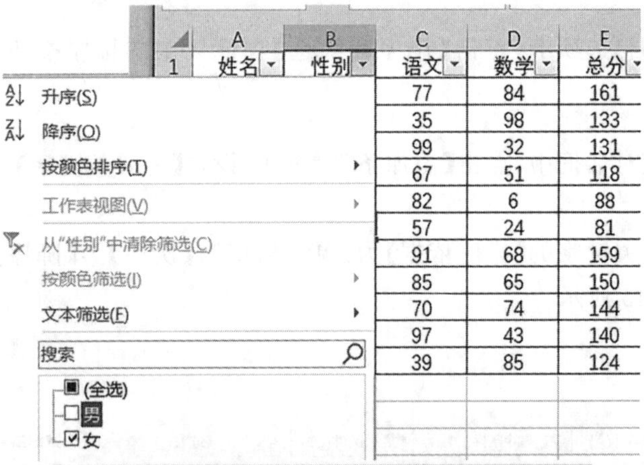

图 3-146　文本筛选

友情提示

更复杂的文本筛选,可以选中下拉列表框中的【文本筛选】选项,以文本的开头字符、结尾字符、包含字符、不包含字符等条件进行筛选。

②数字筛选。只显示语文成绩不及格的学生信息。

Step1:选定数据清单中的任意一个单元格。

Step2:单击【数据】选项卡,选择【排序和筛选】功能区中的筛选按钮 。

Step3：单击"语文"下拉列表框，选择【数字筛选】功能中的【小于】功能，弹出【自定义自动筛选方式】对话框。

Step4：如图 3-147 所示，设置筛选条件为小于 60，随后单击【确定】完成筛选。

自定义自动筛选方式	? ×
显示行：	
语文	
小于　　　　60	
● 与(A)　○ 或(O)	
可用 ? 代表单个字符	
用 * 代表任意多个字符	
	确定　　取消

图 3-147　数字筛选

③多条件筛选。显示语文不及格的女生信息。利用自动筛选也可以限定多个条件进行筛选，只需将若干条件的筛选依次进行即可（次序无关先后）。本例只需依次进行上文的女生筛选与语文不及格筛选即可。

（2）高级筛选　如果数据清单中要进行筛选的字段较多，筛选条件较复杂，自定义筛选就显得比较烦琐，此时可以使用高级筛选功能来处理。

使用高级筛选就必须先建立一个条件区域，用来指定数据筛选条件。条件区域的第一行是所有筛选条件的行标题，这些行标题必须与数据清单中的行标题完全一致，其他行用来输入筛选条件。

友情提示

条件区域与数据清单不能连接，必须用最少 1 个空白行或列将其隔开。

高级筛选的条件区域应该至少有两行，第一行用来放置列标题，下面的行则放置筛选条件，需要注意的是，这里的列标题一定要与数据清单中的列标题完全一样才行。在条件区域的筛选条件设置中，同一行上的条件认为是"与"条件，而不同行上的条件认为是"或"条件。

要求：以图 3-143 所示的成绩表为例，显示语文不及格的女生信息。

Step1：在与数据清单不直接连接的单元格中输入筛选条件，如图 3-148 所示。

	A	B	C	D	E	F	G	H
1	姓名	性别	语文	数学	总分			
2	罗海雯	女	77	84	161			
3	李生裕	女	35	98	133			
4	杨永攀	女	99	32	131			
5	郭阳	女	67	51	118		性别	语文
6	梅雪婷	女	82	6	88		女	<60
7	王浩	女	57	24	81			
8	田祥春	男	91	68	159		条件。与数据清单间	
9	焦雅文	男	85	65	150		隔至少一空白列或一	
10	朱建敏	男	70	74	144		空白行。	
11	李自强	男	97	43	140			
12	杨明洪	男	39	85	124			

图 3-148　高级筛选条件

Step2：单击【数据】选项卡，选择【排序和筛选】功能区中的高级按钮  高级，弹出【高级筛选】对话框。

Step3：设置【方式】为【在原有区域显示筛选结果（E）】，设置【列表区域（L）：】为"＄A＄1：＄E＄12"，设置【条件区域（C）：】为"Sheet2！＄G＄5：＄H＄6"，单击【确定】即可完成筛选。如图3-149所示。

友情提示

列表区域即数据清单，条件区域为输入的条件所在区域。如有必要，可以选中【将筛选结果复制到其他位置（O）】，然后设置【复制到（T）：】区域。

图3-149　高级筛选运行结果

3.分类汇总

分类汇总是对数据清单进行数据分析的一种方法，可以对数据清单中的某一项数据进行分类，并对每类数据的相关信息进行统计。统计的内容由用户确定，可统计同类记录的记录条数，也可对某些数值字段求和、求平均值以及求极值等。

在分类汇总之前，应先将数据清单中要分类汇总的数据列进行排序，以便将分类汇总的数据行组织到一起。

要求：以如图3-143所示的成绩表为例，对成绩表进行分类汇总，按性别显示各科成绩及总分的平均分。

Step1：按性别对成绩表进行排序。

Step2：选中数据清单中的任意单元格，单击【数据】选项卡，【分级显示】功能区中的分类汇总按钮 分类汇总 ，弹出【分类汇总】对话框。

Step3：设置【分类字段】为【性别】，【汇总方式】为【平均值】，【选定汇总项】为【语文】【数学】和【总分】，选中【替换当前分类汇总（C）】和【汇总结果显示在数据下方（S）】复选框，单击【确定】按钮，完成分类汇总。如图3-150和图3-151所示。

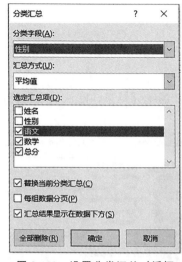

图 3-150 设置分类汇总对话框

	A	B	C	D	E
1	姓名	性别	语文	数学	总分
2	罗海雯	女	77	84	161
3	李生裕	女	35	98	133
4	杨永攀	女	99	32	131
5	郭阳	女	67	51	118
6	梅雪婷	女	82	6	88
7	王浩	女	57	24	81
8		女 平均值	69.5	49.16667	118.6667
9	田祥春	男	91	68	159
10	焦雅文	男	85	65	150
11	朱建敏	男	70	74	144
12	李自强	男	97	43	140
13	杨明洪	男	39	85	124
14		男 平均值	76.4	67	143.4
15		总计平均值	72.63636	57.27273	129.9091

图 3-151 分类汇总结果

说明:在分类汇总中的数据是分级别显示的,现在工作表的左上角出现了这样一个区域 
1 2 3,分别单击1、2、3,可以改变数据清单中分类汇总结果的显示级别。

4. 数据透视表

数据透视表为用户提供了在包含大量数据的数据清单中快速进行数值分析的功能,以帮助用户从中提取出有用的汇总信息。创建数据透视表时,用户可指定所需的字段、数据透视表的组织形式和要执行的计算类型。

要求:以如图 3-152 所示的销售统计表为例,运用数据透视表统计各销售部门上半年的销售总计。

	A	B	C	D	E	F	G	H	I	J	K
1,2,3				邯钢集团上半年销售统计表							
4	员工编号	姓名	销售团队	一月份	二月份	三月份	四月份	五月份	六月份	个人销售总计	销售排名
5	X126	贺淼	销售1部	¥75,500.00	¥98,500.00	¥88,000.00	¥100,000.00	¥98,000.00	¥88,000.00	¥548,000.00	第1名
6	X580	李丽坤	销售1部	¥82,500.00	¥71,000.00	¥89,500.00	¥89,500.00	¥84,600.00	¥58,000.00	¥475,100.00	第7名
7	X473	张大伟	销售2部	¥78,500.00	¥63,500.00	¥80,500.00	¥97,000.00	¥65,150.00	¥89,000.00	¥473,650.00	第8名
8	X574	蔡九	销售1部	¥82,060.00	¥78,000.00	¥81,000.00	¥98,500.00	¥98,500.00	¥57,000.00	¥495,060.00	第2名
9	X483	李梦达	销售2部	¥68,500.00	¥92,500.00	¥65,000.00	¥98,000.00	¥88,500.00	¥71,000.00	¥483,500.00	第6名
10	X481	张天路	销售3部	¥73,500.00	¥91,500.00	¥64,500.00	¥83,500.00	¥84,000.00	¥87,000.00	¥484,000.00	第5名
11	X266	刘蒙田	销售1部	¥78,500.00	¥62,500.00	¥87,000.00	¥94,500.00	¥78,000.00	¥91,000.00	¥491,500.00	第3名
12	X342	陈子轩	销售3部	¥84,500.00	¥63,500.00	¥67,500.00	¥98,000.00	¥78,500.00	¥94,000.00	¥486,500.00	第4名

图 3-152 销售统计表

Step1:选中数据清单中的任一单元格,单击【插入】选项卡【表格】功能区中的数据透视表

按钮 ,弹出【创建数据透视表】对话框。如果数据清单符合前文所述的数据清单创建准则,则数据清单区域将被自动选中。如图 3-153 所示。

Step2:单击【确定】按钮,一个空白的数据透视表将被创建出来。数据清单中的字段将被

罗列在右侧字段列表窗格中。如图 3-154 所示。

Step3：使用鼠标，依次将所需字段拖动到下方的布局框中。

- 销售团队，行标签
- 个人销售总计，数值

左侧的空白透视表中将会显示出销售团队及个人销售总计的统计结果。默认的数据统计方式为"求和"，如图 3-155 所示。

图 3-153　创建数据透视表

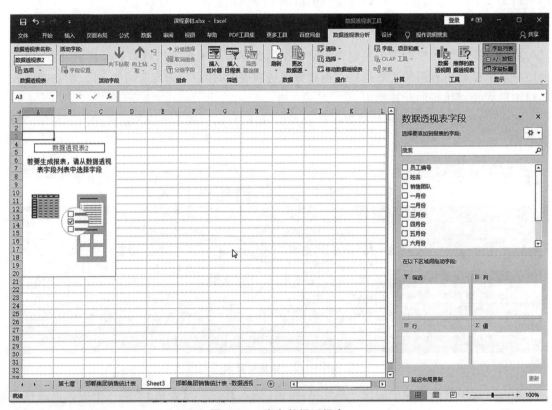

图 3-154　空白数据透视表

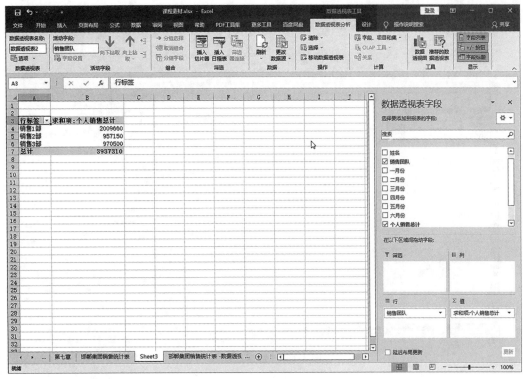

图 3-155　数据透视表

Step4：单击【值】列表框中的【求和项：个人销售总计】，在弹出的菜单中选择【值字段设置】，将【值字段汇总方式(S)】变更为【平均值】，单击【确定】按钮，完成设置。如图 3-156 和图 3-157 所示。

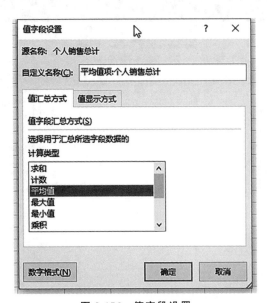

图 3-156　值字段设置

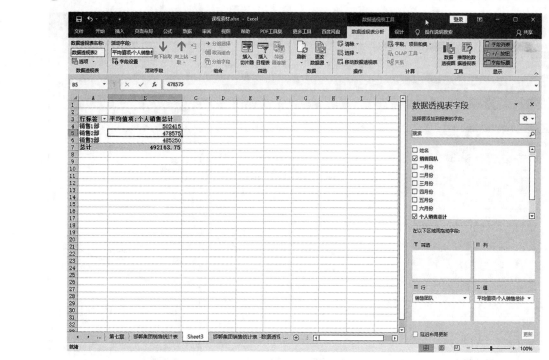

图 3-157　数据透视表

通过改变不同的标签设置、汇总方式、增加筛选条件等,数据透视表可以展现出各式各样满足不同需求的汇总结果。例如,将员工编号和团队放入行标签以得到不同的显示方式。图 3-158 所示。

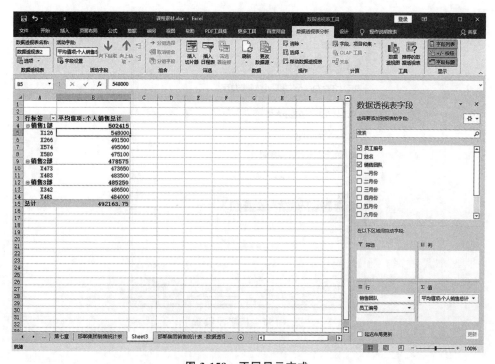

图 3-158　不同显示方式

将个人销售统计的汇总方式变更为【计数】，可以统计每个部门有多少人。如图 3-159 所示。

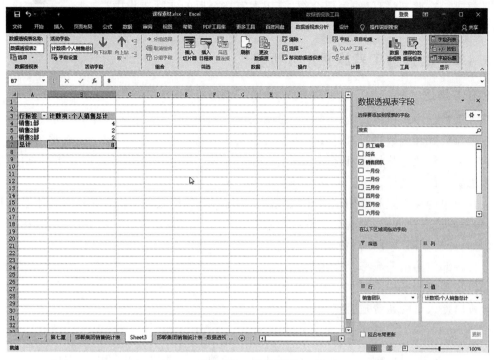

图 3-159 计数汇总

将【个人销售总计】字段拖入【筛选】区中，并设置筛选条件为"＜500000"，可以统计各部门销售金额小于 500000 的人数。如图 3-160 所示。

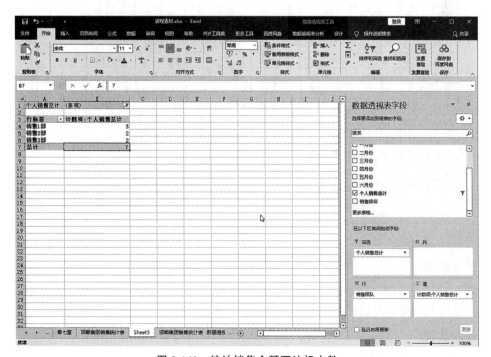

图 3-160 统计销售金额不达标人数

数据透视表功能强大,可以对数据进行分类、汇总、过滤等操作,制作出满足个性需要的数据统计报表。在此,我们仅作简要介绍,希望大家在今后的实际工作中举一反三、多加应用,以提高工作效率。

3.4.2 制作员工差旅费用分析表

1.任务描述

从大量数据中快速得到统计分析汇总结果以辅助决策,这是电子表格处理的一个重要功能。仅依靠公式和函数进行统计和分析将会使工作变得异常复杂,利用电子表格所提供的排序、筛选、分类汇总等分析工具将是更好的选择。在电子表格所提供的数据分析工具中,数据透视表无疑是最为便捷、快速,同时也是分析功能最为丰富的。

一张简单的员工差旅费用记录表,如图 3-161 所示,利用数据透视表在这张表中从不同的角度,用不同的汇总方式,发现数据背后的数据。

例如:分析不同季度分析费用高低;

分析各部门的出差频率及费用高低;

分析各地区的平均消费水平;

分析出差人员的花费是否正常;

……

日期	编号	雇员	部门	金额	类别	出差地区	月份
2021/1/20	16001	李三胖	行政部	¥555.00	飞机票	江苏省	1
2021/2/21	16002	张虎	行政部	¥1,227.00	酒店住宿	辽宁省	2
2021/2/22	16003	李天	行政部	¥1,783.00	酒店住宿	湖北省	2
2021/2/23	16004	王赛	行政部	¥1,160.00	酒店住宿	湖南省	2
2021/1/24	16005	李峰	行政部	¥552.00	火车票	贵州省	1
2021/1/25	16006	王一	市场部	¥1,316.00	酒店住宿	福建省	1
2021/1/26	16007	陈尚	市场部	¥738.00	火车票	辽宁省	1
2021/1/27	16008	吕丁一	市场部	¥1,525.00	酒店住宿	南京市	1
2021/1/28	16009	尚可家	市场部	¥603.00	通讯补助	江苏省	1
2021/2/8	16010	徐志摩	市场部	¥1,564.00	酒店住宿	上海市	2
2021/3/30	16011	林徽因	销售部	¥1,201.00	酒店住宿	北京市	3
2021/3/31	16012	大赛	销售部	¥614.00	高速通行费	江苏省	3
2021/2/1	16013	达里奥	销售部	¥1,827.00	酒店住宿	辽宁省	3
2021/3/2	16014	唐伯虎	销售部	¥1,312.00	酒店住宿	湖北省	3
2021/3/3	16015	昙三	研发部	¥300.00	燃油费	湖南省	3
2021/2/4	16016	唐三	研发部	¥1,761.00	酒店住宿	贵州省	2
2021/1/5	16017	郑成功	研发部	¥1,204.00	酒店住宿	福建省	1
2021/1/6	16018	郑爽爽	研发部	¥1,484.00	酒店住宿	江苏省	1

图 3-161 差旅费用记录表

2.技术分析

针对不同的需求,可分别创建不同的数据透视表以分析得到不同的数据。本案例用"各部门各季度差旅费用分析"这个主题讲解如何利用数据透视表进行数据分析。

3.任务实现

(1)创建空白数据透视表 具体操作:

Step1:选中数据清单中的任一单元格。

Step2:单击【插入】选项卡,单击【表格】功能区中的数据透视表按钮。

Step3:弹出【来自表格或数据区域的数据透视表】对话框,保持默认操作,单击【确定】按钮。

Step4:系统自动创建一个新的工作表,这张工作表即是空白的数据透视表。

(2)选择透视字段　具体操作:

用鼠标拖动的方式将部门、月份、金额3个字段分别拖动到【行】【列】【值】中,即可生成由这3个字段数据汇总而来的数据透视表。如图3-162所示。

图3-162　选择透视字段生成数据透视表

(3)调整字段布局,形成不同的透视角度　具体操作:

用鼠标拖动的方式调整部门、月份2个字段其所在的【行】或【列】区域,可以改变数据透视表的透视角度,以满足用户不同的分析需求。

①以部门为一级分析指标,月份为二级分析指标。如图3-163所示。

②以月份为一级分析指标,部门为二级分析指标。如图3-164所示。

③可将部门和月份均拖动到【列】区域,可变透视表数据排列方式为水平排列。

④统计各部门各季度的出差次数。

具体操作:单击【值】区域中的【求和项:金额】,选择【值字段设置】选项,弹出【值字段设置】对话框,选中【值汇总方式】选项卡,将【计算类型】由【求和】变更为【计数】,即可实现统计次数的功能。

⑤利用数据透视表进行筛选。

信息技术基础教程

具体操作:将"类别"和"出差地区"拖动到【筛选】中,数据透视表上方将出现"类别"和"出差地区"2个下拉列表,利用这2个下拉列表,可以限定进行统计的数据。如图3-165所示。

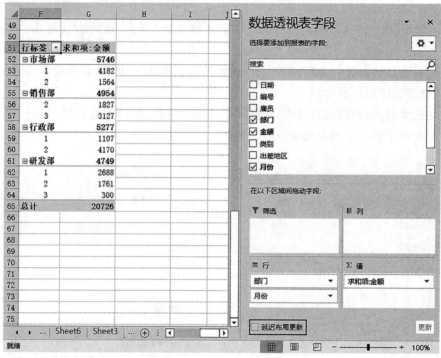

图 3-163　选择分析指标

图 3-164　选择不同的一级和二级分析指标

图 3-165　数据透视表筛选

⑥调整数据透视表外观。数据透视表创建后,实际上已经是一张完全独立存在的新工作表,按照前文的格式设置操作进行设置即可。

4. 能力拓展

数据透视表是电子表格快速进行数据分析的主要工具,可以实现排序、筛选、分类汇总等各种常用的数据分析功能。使用数据透视表的关键在于理清分析需求、合理进行字段的布局。

3.5　使用图表进行数据展现

图表是电子表格处理软件中重要的图形化展现工具。利用图表将表格中的数据生成各式各样的图形,从而直观、形象地表示数据的意义和变化,使数据易于阅读、评价、比较和分析。

3.5.1　知识要点

1. 创建图表

Step1:选中数据源。选中工作表中需要使用图表来展现的数据区域。需要注意的是:一般情况下,应当选中相应数据的字段名(列标题)。

例如,若需要使用成绩表中的姓名和总分来生成图表,除了姓名数据和总分数据需要选中外,还应当选中姓名和总分这 2 个字段名(列标题)。如图 3-166 所示,有底纹的单元格区域即为需要选中的部分。

姓名	性别	语文	数学	总分
陈子轩	女	89	98	187
李静	女	57	86	143
李豆豆	男	36	54	90
贺淼	男	100	82	182
何豪	男	55	55	110
李健	男	19	97	116
王艺璇	女	32	55	87
赵丹丹	女	39	39	78
车小静	女	74	20	94
甄彤彤	女	100	70	170
曹心怡	女	45	50	95
贺佳佳	女	88	49	137
郝强	男	67	15	82

图 3-166　数据源

Step2：选择合适的图表类型。Excel 2016 提供了柱形图、折线图、饼图、条形图、面积图、散点图、曲面图等常用图表。姓名与总分数据比较适合使用柱形图或条形图进行展现。

在 Excel 2016 中，单击【插入】选项卡，单击【图表】功能区中的插入柱形图或条形图按钮，选择【二维柱形图】项中的【簇状柱形图】，即可生成相应数据的条形图。如图 3-167 所示。

姓名	性别	语文	数学	总分
陈子轩	女	89	98	187
李静	女	57	86	143
李豆豆	男	36	54	90
贺淼	男	100	82	182
何豪	男	55	55	110
李健	男	19	97	116
王艺璇	女	32	55	87
赵丹丹	女	39	39	78
车小静	女	74	20	94
甄彤彤	女	100	70	170
曹心怡	女	45	50	95
贺佳佳	女	88	49	137
郝强	男	67	15	82
平均分		61.61538	59.23077	120.8462

图 3-167　柱形图

由于电子表格软件根据数据源自动生成图表，可能出现坐标轴颠倒的情况。可以点击【图表设计】选项卡【数据】功能区中的【切换行/列】按钮，实现坐标轴的转换。

具体操作：

Step1：选中柱形图。

Step2：单击【图表设计】选项卡，单击【数据】功能区中的切换行/列按钮，即可完成坐标轴的转换。

2. 编辑图表

(1)认识图表　图表在创建后，为默认的图表格式，用户可以根据需要进行编辑。一个典型的图表，一般都包含如下几个元素。如图 3-168 所示。

①图表区　放置图表及其他元素的大背景。

②绘图区　放置图表主体的背景。

③图例　图表中每个不同数据的标识。

④数据系列　就是源数据表中一行或者一列的数据。

其他还包括横坐标、纵坐标、图表标题等。

(2)编辑图表　可以进行图表元素格式设置和添加数据标签。

①图表元素格式设置　对图表中各种元素都可以进行边框、阴影、三维样式、发光和柔滑边缘等设置，只需在相应的图表元素上右击，在弹出菜单中选择相应的元素格式设置选项，然后在弹出的对话框中设置即可。如图 3-169 为 Excel 2016 中设置图例格式的对话框。各种元素的设置大同小异。

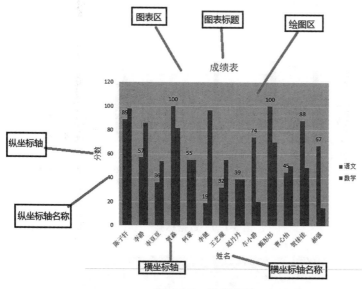

图 3-168 认识图表

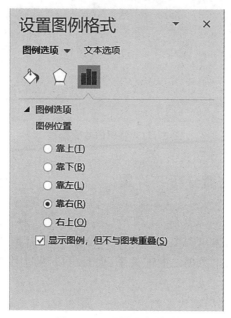

图 3-169 设置图例格式

②添加数据标签 数据标签是添加在数据系列上的数据标记。在数据系列上点击鼠标右键,在弹出的菜单中选择【添加数据标签】选项即可在数据系列上增加数据标志。效果如图 3-170 所示。

在已有数据标签的状态下,再次右击数据系列,单击【设置数据标签】格式,可以改变标签的格式和标签包含的数据内容。标签中可以包含的内容随图表的类型不同而不同。例如,柱形图的数据标签可以包含【系列名称】【类别名称】和【值】3 种数据,而饼图中除这 3 种数据外,还可以包含【百分比】和【引导线】。如图 3-171 所示。

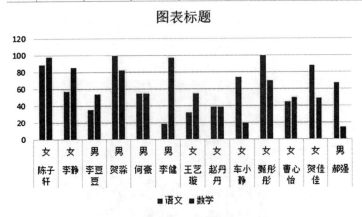

图 3-170　数据标签

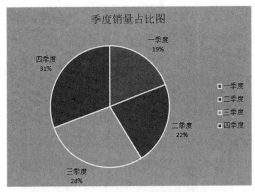

图 3-171　饼图的数据标签

3.5.2　制作销售业绩分析统计图

1. 任务描述

图表是将工作表中的数据以图形化的形式展现出来,使数据更加直观、美观、易懂。数据图形化后不仅可以准确反映出数据之间的关系,而且可以帮助用户更直观地观察数据的分布和变化趋势。

一个经过分析得到的"部门销售业绩汇总表",如图 3-172 所示,在这张表中,数字庞大,难以一目了然地从中获取信息。在本案例中,我们将针对不同的数据展现需求,利用不同类型的图表对分析结果进行图形化的展现。

	A	B	C	D	E	F
1	部门	一季度	二季度	三季度	四季度	总额
2	电网事业部	¥97,148.00	¥119,746.00	¥129,098.00	¥101,153.00	¥447,145.00
3	制造事业部	¥73,783.00	¥72,385.00	¥60,294.00	¥184,255.00	¥390,717.00
4	金融事业部	¥86,552.00	¥163,144.00	¥149,440.00	¥189,453.00	¥588,589.00
5	文化事业部	¥59,164.00	¥63,867.00	¥147,893.00	¥198,464.00	¥469,388.00
6	信息事业部	¥139,006.00	¥103,611.00	¥185,477.00	¥53,485.00	¥481,579.00
7	汇总	¥455,653.00	¥522,753.00	¥672,202.00	¥726,810.00	¥2,377,418.00

图 3-172　部门销售业绩汇总表

2. 技术分析

(1)用柱形图对比各部门的销售业绩　需要使用数据：部门名称、总额。

(2)用折线图展现各部门的销售发展趋势　需要使用数据：部门名称、各季度销售额。

(3)用饼图展现各季度销售额在公司销售总额的占比　观察销售受季节的影响情况。需要使用数据：季度名称、各季度汇总销售额。

3. 任务实现

(1)用柱形图对比各部门的销售业绩　具体操作如下。

Step1：选中部门名称数据(包含字段名)A1：A6,同时选中总额数据(包含字段名)F1：F6。

Step2：单击【插入】选项卡,单击【图表】功能区中的【插入柱形图或条形图】按钮,选择【二维柱形图】中的【簇状柱形图】选项。完成柱形图的制作,如图3-173所示。

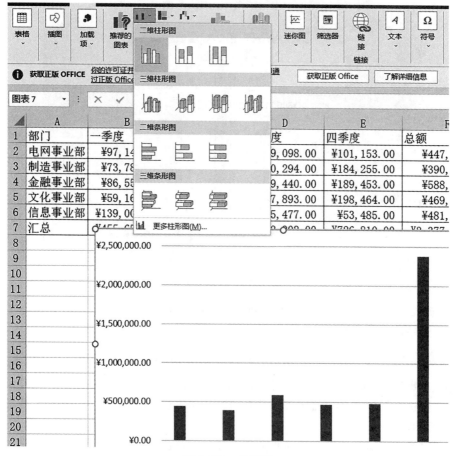

图 3-173　柱形图

Step3：格式化图表。

①单击图表标题,更改图表标题为"年度部门销售业绩"。

②选中图表区,右键选择【设置图表区格式】功能,单击打开【设置图表区格式】对话框,设置【填充】模式为【纯色填充】,设置【颜色】为"深蓝,文字 2,淡色 60%",设置【透明度】为"50%"。

③选中绘图区,右键选择【设置绘图区格式】功能,单击打开【设置绘图区格式】对话框,设置【填充】模式为【图案填充】,选择【图案】为"点线:5%"。

④选中数据系列,右键选择【设置数据系列格式】功能,单击打开【设置数据系列格式】对话框设置【填充】模式为【图案填充】,选择【图案】为"点线:30%"。

⑤选中图表,单击【图表设计】选项卡,选择【图表布局】功能区中的【添加图表元素】按钮

,单击,选择【图例】选项,随后选择【右侧】,将图例设置到图表的右侧。

⑥选中图表,单击【图表设计】选项卡,单击【图表布局】功能区中的添加图表元素按钮,选择【数据标签】选项,随后选择【数据标签外】,将数据标签显示到外部。

⑦适当调整图表的大小。最终完成效果如图 3-174 所示。

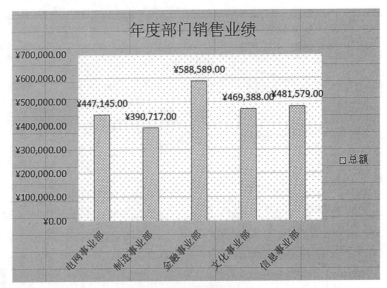

图 3-174 柱形图美化

(2)用折线图展现各部门的销售发展趋势 具体操作如下。

Step1:选中部门名称和各季度销售数据所在的 A1:E6 单元格。

Step2:单击【插入】选项卡,选择【图表】功能区中的插入折线图或面积图按钮 。

Step3:单击【插入折线图或面积图】按钮,下拉选择【二维折线图】中的【折线图】。

Step4:选中折线图表,单击【图表设计】选项卡,单击【数据】功能区中的【切换行/列】按钮,完成折线图制作。

Step5:参照上文对折线图进行适当的美化操作。修改图表标题为"季度部门绩效图"。最终效果如图 3-175 所示。

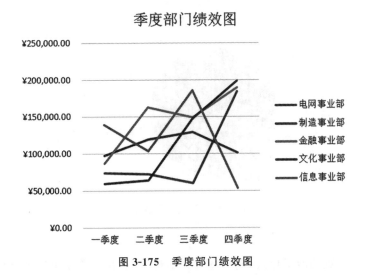

图 3-175 季度部门绩效图

（3）用饼图展现各季度销售额在公司销售总额中的占比 具体操作如下。

Step1：选中部门名称和各季度销售数据所在的 A1:E7 单元格。

Step2：单击【插入】选项卡，选择【图表】功能区中的插入饼图或圆环图按钮 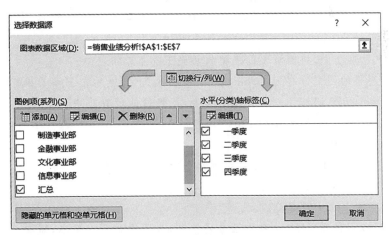 。

Step3：单击【插入饼图或圆环图】按钮，下拉选择【二维饼图】中的【饼图】。

Step4：选中饼图图表，单击【图表设计】选项卡，单击【数据】功能区中的【切换行/列】按钮，随后点击【选择数据】按钮，如图 3-176 所示，筛选需要统计的数据。

图 3-176 设置饼图操作数据

Step5：单击饼图绘图区，右键选择【设置数据标签格式】选项，打开【设置数据标签格式】对话框，选择【标签选项】选项卡，勾选【标签选项】选项【标签包括】中的"类别名称"和"百分比"，设置【标签选项】中【标签位置】的值为"标签外"。

Step5：选中图表，单击【图表设计】选项卡，单击【图表布局】功能区中的【添加图表元素】按钮，选择【图例】选项，随后选择【右侧】，将图例设置到图表的右侧。

Step6：参照上文对饼图进行适当的美化操作。修改图表标题为"季度销量占比图"。最终效果如图 3-177 所示。

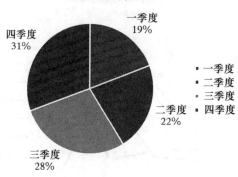

季度销量占比图

图 3-177　季度销量占比图

4.能力拓展

图表是数据最直观的展示形式,制作图表并不难,难点在于数据源的选择与图表类型的确定,请用户结合工作实际多看多练,以制作出满足工作需要的图表。

课后习题

一、选择题

1. 小陈从网站上查到了最近一次全国人口普查的数据表格,他准备将这份表格中的数据引用到 Excel 中以便进一步分析,以下哪种方法最合适?(　　)

    A. 对照网页上的表格,直接将数据输入到 Excel 工作表中。

    B. 通过 Excel 中的"自网站获取外部数据"功能,直接将网页上的表格导入到 Excel 工作表中。

    C. 通过复制、粘贴功能,将网页上的表格拷贝到 Excel 工作表中。

    D. 先将包含表格的网页保存为.html 或.mht 格式文件,然后在 Excel 中直接打开该文件。

2. 小白利用 Excel 2016 制作了一份员工档案表,但经理的计算机中只安装了 Office 2003,能让经理正常打开员工档案表的方法是(　　)。

    A. 将文档另存为 pdf 格式

    B. 小白在本机安装 Office 2003,并重新制作一份员工档案表

    C. 帮经理安装 Office 2016

    D. 将文档另存为 Excel 97-2003

3. Excel 工作表 D 列保存了 18 位身份证号码信息,为了保护个人隐私,需要将身份证信息的第 9～12 位用"*"表示,以 D2 单元格为例,以下哪种方法最优?(　　)

    A. ＝MID(D2,1,8)＋"****"＋MID(D2,13,6)

    B. ＝MID(D2,9,4,"****")

    C. ＝CONCATENATE(MID(D2,1,8),"****",MID(D2,13,6))

    D. ＝REPLACE(D2,9,4,"****")

4. 小白利用 Excel 对本单位销售人员的销售额进行统计,销售工作表中包含每位销售人员对应的产品销量,且产品的销售单价为 420 元,以下哪种计算每位销售人员销售额的方法更合适?(　　)

A. 将单价 420 定义名称为"单价",然后在计算的时候引用该名称。

B. 将单价 420 输入到某一个单元格中,然后在计算的时候绝对引用该单元格。

C. 将单价 420 输入到某一个单元格中,然后在计算的时候相对引用该单元格。

D. 直接通过公式"=销量 X420"计算销售额。

5. 以下错误的 Excel 公式形式是(　　　)。

A. =SUM(A3：$ D3)* F3　　　　　　B. =SUM(A3：D3)* F$3

C. =SUM(A3：3D)* F3　　　　　　D. =SUM(A3：D3)* $ F $ 3

6. 在 Excel 中,设定与使用"主题"的功能是指(　　　)。

A. 一段标题文字　　　　　　　　B. 标题

C. 一组格式集合　　　　　　　　D. 一个表格

7. 以下对高级筛选功能的解释,哪一个最合理?(　　　)

A. 高级筛选之前必须对数据进行排序。

B. 高级筛选通常需要在工作表中设置条件区域。

C. 高级筛选就是自定义筛选。

D. 利用"数据"选项卡中的"排序和筛选"组内的"筛选"命令可以进行高级筛选。

8. 在 Excel 成绩单工作表中包含了 50 名同学计算机应用基础的期末考试成绩,C 列为成绩值,第一行是标题行,在不改变行列顺序的情况下,在 D 列进行成绩排名,以下哪种方法最合适?(　　　)

A. 在 D2 单元格中输入"=RANK(C2,$ C2：$ C51)",然后向下拖动该单元格的填充句柄。

B. 在 D2 单元格中输入"=RANK(C2,C$2：C$ 51)",然后向下拖动该单元格的填充句柄。

C. 在 D2 单元格中输入"=RANK(C2,$ C2：$ C51)",然后双击该单元格的填充句柄。

D. 在 D2 单元格中输入"=RANK(C2,C$ 2：C$ 51)",然后双击该单元格的填充句柄。

9. Excel 中没有哪个迷你图?(　　　)

A. 迷你折线图　　　　　　　　　B. 迷你柱形图

C. 迷你散点图　　　　　　　　　D. 迷你盈亏图

10. 在 Excel 工作表中需要为多个不相邻的单元格输入相同的数据,以下哪种操作方法最合适?(　　　)

A. 在其中一个单元格输入数据,然后利用复制粘贴功能填充其他单元格。

B. 在输入区域左上方的单元格中输入数据,双击填充句柄,将其填充到其他单元格。

C. 在其中一个单元格输入数据,将其复制,随后利用 Ctrl 键,选中其他单元格,最后粘贴内容。

D. 同时选中所有不相邻的单元格,在活动单元格中输入数据,然后按 Ctrl+Enter 键。

11. 将单元格 L2 的公式 =SUM(C2：K3)复制到单元格 L3 中,显示的公式是(　　　)。

A. =SUM(C2：K2)　　　　　　　　B. =SUM(C3：K4)

C. =SUM(C2：K3)　　　　　　　　D. =SUM(C3：K2)

12. 在"记录单"中要迅速地找出性别为"男"且总分大于 350 的所有记录,可在性别和总分字段后输入(　　　)。

A. 男 >350　　　　　　　　　　　B. "男" >350

C. =男 >350　　　　　　　　　　D. ="男" >350

13. 对于 Excel 数据库,排序是按照(　　)来进行的。

　　A. 记录　　　　　　　　　　　　B. 工作表

　　C. 字段　　　　　　　　　　　　D. 单元格

14. 在 Excel 工作表中,如要选取若干个不连续的单元格,可以(　　)。

　　A. 按住【Shift】键,依次点击所选单元格

　　B. 按住【Ctrl】键,依次点击所选单元格

　　C. 按住【Alt】键,依次点击所选单元格

　　D. 按住【Tab】键,依次点击所选单元格

15. G3 单元格的公式是"＝E3 * ＄F＄3"如将 G3 单元格中的公式复制到 G5,则 G5 中的公式为(　　)。

　　A. ＝E3 * F3　　　　　　　　　　B. ＝E5 * ＄F＄3

　　C. ＄E＄5 * ＄F＄5　　　　　　　　D. E5 * F5

二、简答题

　　简述 Excel 中常用的函数及其作用。

三、操作题

　　1. 制作一个如下图所示的表格,要求标题字体为"华文彩云",字号为"14 号",居中显示,底纹为浅黄色;表头为紫色底纹,楷体、12 号;表格内容为浅蓝色底纹,楷体、12 号,且居中显示。

	A	B	C	D	E
1			五一节一周日程安排表		
2			上午		下午
3	星期一		跑步、上教堂	打网球、进《红楼梦》畅游一番	
4	星期二		跑步、逛街	上网找美眉去	
5	星期三		打扫卫生、做一顿丰盛的午餐慰劳自己	游泳	
6	星期四		若天公作美,找几个老哥们姐妹野餐去!		
7	星期五		大睡一觉,若睡不着就看电视	给远在天边的同学写写信	
8	星期六		看一回《射雕英雄传》	睡觉!	
9	星期日		最后一天,抓紧时间吃喝玩乐!	唉,准备工作吧!	

　　2. 根据下图所示 Excel 工作表,回答下面问题。

	A	B	C	D	E	F	G	H	I	J	K
1		优秀									
2	姓名	性别	语文	数学	物理	化学	英语	总分	平均分	等级	
3	李文	男	91	95	98	96	99	479			
4	赵强	男	88	76	95	92	84				
5	王海	男	76	98	92	93	72		86.2		
6	孙天	男	87	68	95	78	87				
7	孔乐	男	72	88	93	82	91				
8	周云	女	66	93	94	86	78		83.4	良	
9	张芳	女	82	86	72	96	67				
10	吴海	男	68	65	79	82	83				
11	贾红	女	92	86	72	85	68				
12	董辉	男	91	82	77	68	90				
13											

问题：

1. 写出"A3""总分"的求和函数公式（在 H3 单元格）。

2. 写出"A5"的"平均值"函数公式（在 I5 单元格）。

3. 写出"A8"的"等级"公式。要求是："平均分"大于 80 分、小于 90 分为"良"，小于 80 分为"及格"（在 J8 单元格）。

4. 对 A3 单元格插入批注"优秀"。

第4章 演示文稿制作

演示文稿制作是信息化办公的重要组成部分。借助 PowerPoint 2016 这一演示文稿制作工具,通过插入图片、视频、音频和动画等内容,可快速制作出图文并茂、富有感染力的演示文稿,从而使表达的内容更容易理解。

本章从介绍 PowerPoint 2016 基本操作环境、基本概念和基本操作入手,通过典型案例应用,帮助用户逐步提高利用 PowerPoint 2016 进行演示文稿创作的能力。学习完本章内容,学习者将获得以下基本能力:

(1)了解演示文稿的应用场景,熟悉相关工具的功能、操作界面和制作流程。

(2)掌握演示文稿的创建、打开、保存、退出等基本操作。

(3)熟悉演示文稿不同视图方式的应用。

(4)掌握幻灯片的创建、复制、删除、移动等基本操作。

(5)理解幻灯片的设计及布局原则。

(6)掌握在幻灯片中插入各类对象的方法,如文本框、图形、图片、表格、音频、视频等对象。

(7)理解幻灯片母版的概念,掌握幻灯片母版、备注母版的编辑及应用方法。

(8)掌握幻灯片切换动画、对象动画的设置方法及超链接、动作按钮的应用方法。

(9)了解幻灯片的放映类型,会使用排练计时进行放映。

(10)掌握幻灯片不同格式的导出方法。

4.1 PPT 基本操作

PowerPoint(以下简称 PPT)是目前市场上比较流行的演示文稿制作软件之一,利用它可以制作出图文并茂、表现力和感染力极强的演示文稿,并可通过电脑屏幕、幻灯片、投影仪或 Internet 将其发布。

4.1.1 基本窗体

1. 开始窗体

无论是从 Windows 开始菜单还是其他位置的快捷方式打开软件,首先看到的就是开始窗体,这一开始窗体又可以看作是一个"打开和新建演讲文稿"的窗口,如图 4-1 所示。

"开始窗体"包含的主要操作有,文件的新建、打开、保存、另存为、打印、共享、导出等。

(1)新建 即新建空白演示文稿,此处列出了"麦迪逊""图集""画廊"等主题,供用户快捷使用。点击【更多主题】,用户可以看见更多的形式各样的主题,如果 PPT 所提供的主题还不能满足用户的需求,还可以在联网的情况下,搜索微软或第三方提供的主题。

(2)历史记录 按照时间形式列出最近使用的演示文稿,点击任何最近使用的演示文稿,

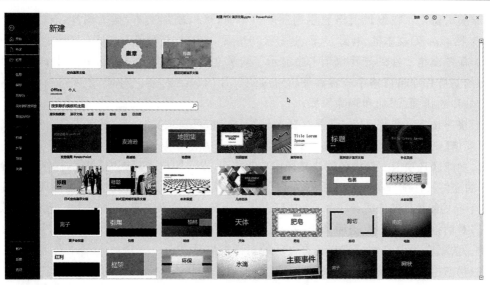

图 4-1　打开和新建演示文稿窗体

即会进入这一演示文稿的编辑页。用户还可以点击【更多演示文稿】，按存储路径去寻找已存储的演示文稿。

（3）登录　单击【登录】，即会进入 Microsoft 账号的登录界面，输入个人账号后，可以使用一些联网功能，比如云共享。

2.编辑界面

打开已建立的演示文稿，或者新建空白演示文稿后，即可进入"编辑页面"。界面如图 4-2 所示。这是 PPT 最重要的工作页面，日常的主要工作均在这一界面上进行。与 Word 和 Excel 相比，PPT 在编辑界面中多了幻灯片/大纲任务窗格。随着组件的不同，除编辑区结构有所改变外，其他地方与 Word 和 Excel 编辑界面相比并没有太大的变化。

图 4-2　基本编辑界面

（1）编辑窗格　在编辑窗格显示当前幻灯片时，可以添加文本，插入图片、表、SmartArt 图形、图表、图形对象、文本框、电影、声音、超链接和动画。所有幻灯片都是在这个区域中完成制作的。

（2）任务窗格　在幻灯片选项卡中显示了演示文稿幻灯片的缩略图，单击某个缩略图可以在右侧的幻灯片编辑窗格中查看和编辑对应幻灯片的详细内容。同时，在该选项卡中还可以进行幻灯片的排列、添加和删除等操作。

（3）快速访问工具栏　包括【保存】【撤销】等按钮，可自定义。当用户点击旁边的下拉按钮时即可新增【新建】【打开】【打印预览】等功能。

（4）功能区选项卡　提供各种快捷操作功能按钮，以便用户进行更为复杂的操作和设置。各式各样的控件被仔细分类和分组后放在了不同的选项卡中，点击相应的"功能区选项卡"，即可打开拥有不同功能控件的选项卡。由于功能区占用了 4 行多的显示空间，一般采用"自动隐藏"模式。

（5）对话框启动器　点击后弹出一个详细的相关选项设置窗口，显示功能区相关模块更多的选项。选项卡的大多数"组"都具有自己的对话框启动器。

（6）状态栏　显示演示文稿或其他被选定的对象的状态、主窗口页面设置状态。

（7）备注和批注　位于状态栏的右侧，点击后，可以输入当前幻灯片的备注与批注内容，并在展示演示文稿时进行参考。用户还可以打印备注，将它们分发给观众。如果是在网页上发布的演示文稿，输入备注不仅可以便于制作者参考，还利于观看者理解相应的内容。

（8）视图切换　根据不同编辑或放映场合的需要，可以在此切换文字（数据）显示区的视图模式。

（9）显示比例　可以根据需求调整文字（数据）显示区的显示比例，便于阅读与编辑。

3. 视图

根据不同用户对幻灯片浏览的需求，PPT 提供了 5 种视图：普通视图、大纲视图、幻灯片浏览视图、备注页视图和阅读视图。默认情况下，PPT 的视图模式为普通视图。普通视图是为了便于编辑演示文稿的内容而设计的，在此视图中，可撰写或设计演示文稿。如图 4-3 所示。

图 4-3　普通视图

每一种不同的视图都有各自不同的功能。除了普通视图之外,用户可以根据需要选择大纲视图、幻灯片浏览视图、备注页视图和阅读视图。

4.1.2 基本操作

演示文稿即 PPT 文档,其基本操作与 Word 和 Excel 类似,也包括新建、保存或另存为、页面设置和文件加密等。

1. 新建演示文稿

创建演示文稿是制作幻灯片的第一步,用户既可以新建一个空白演示文稿,也可以创建一个基于主题的演示文稿。在 PPT 中内置了一些主题供用户选择使用,除此之外,还可联机搜索所需的主题。

(1)新建空白演示文稿 通常情况下,每次启动 PPT 后,系统会默认进入"开始窗体",点击【空白演示文稿】,即会新建一个名为"演示文稿 1"的空白演示文稿,如图 4-4 所示。

图 4-4 新建空白演示文稿

(2)创建基于主题的演示文稿 单击【文件】选项卡,在新窗体左侧菜单中选择【新建】菜单项,会看到 PPT 自带的供用户使用的一些主题。以应用"徽章"主题为例,具体步骤如下:

Step1:搜索"徽章",即可得到图 4-5 所示的模板。

Step2:点击【徽章】弹出其主题对话框,点击【创建】,即可以创建"徽章"主题演示文稿,如图 4-6 所示。

2. 新建幻灯片

幻灯片是演示文稿的基本组成部分,新建幻灯片主要通过导航栏和【插入】选项卡两种途径创建。

(1)新建封面 在新建演示文稿的编辑窗口中,光标一般停留在导航栏的起始页即封面上。如果是通过模板或主题新建的演示文稿,第一页会有一个封面的样本供用户使用,用户只需在相应的文本框输入标题等文字即可,如图 4-7 所示。

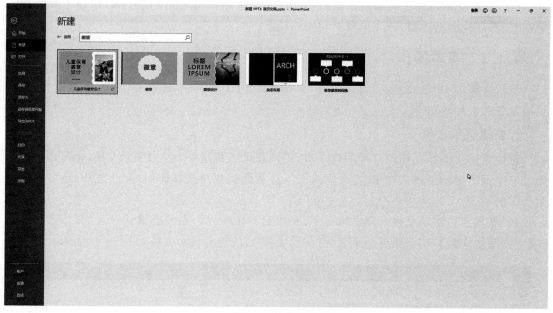

图 4-5　搜索主题

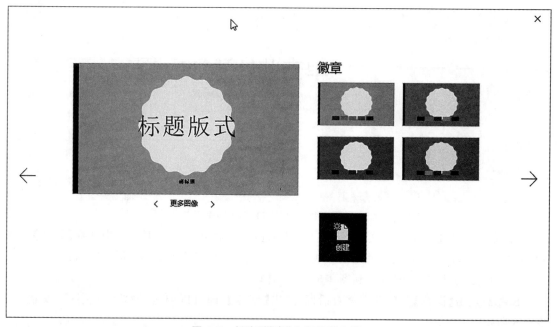

图 4-6　创建"徽章"主题演示文稿

（2）导航栏插入法　具体步骤如下。

Step1：单击导航栏中需要新建幻灯片的位置，例如，在现有幻灯片的最后或者两张幻灯片之间，此时系统即出现一条红线。如图 4-8 所示。

Step2：按【Enter】键，PPT 即会自动在此位置新建一张幻灯片。如图 4-9 所示。

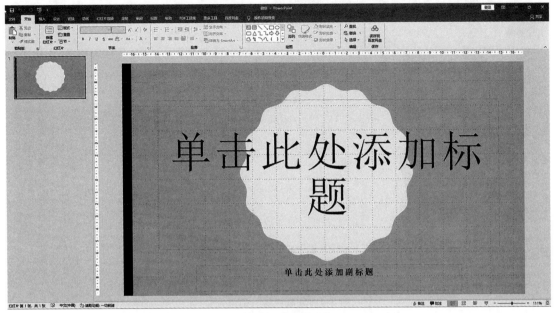

图 4-7　新建封面

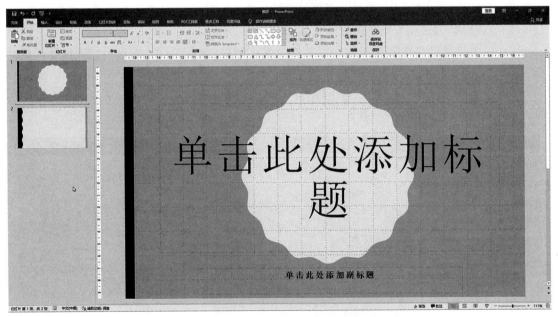

图 4-8　导航栏插入幻灯片 1

 友情提示

在导航栏点击鼠标右键,系统会弹出一个小的右键菜单,在这个小菜单中也可以实现新增幻灯片的操作。

占位符只是一个编辑工具,在放映时不会显示,所以,占位符一般由虚线边框所标识。新创

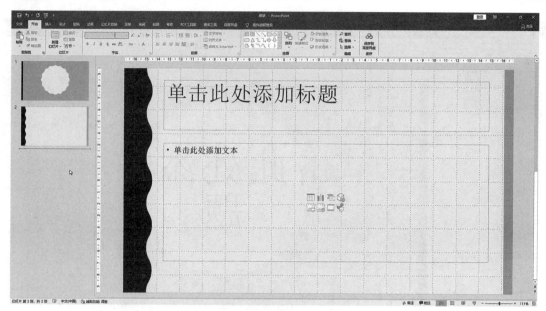

图 4-9　导航栏插入幻灯片 2

建的幻灯片中的"标题框"和"文本框"就是两个占位符。在"文本框"中又有一些虚化的对象插入按钮,点击任何一个按钮,系统会提示弹出相应的对象插入窗口,方便用户快速插入其他对象。

（3）通过【插入】选项卡新建幻灯片　具体步骤如下。

Step1:单击导航栏中需要新建幻灯片的位置。例如,现有幻灯片的最后或者两张幻灯片之间,系统即会在此画出一条红线。

Step2:切换到【插入】选项卡,点击【幻灯片】组中的【新建幻灯片】选项,可以选择不同的版式插入到当前位置。如图 4-10 所示。

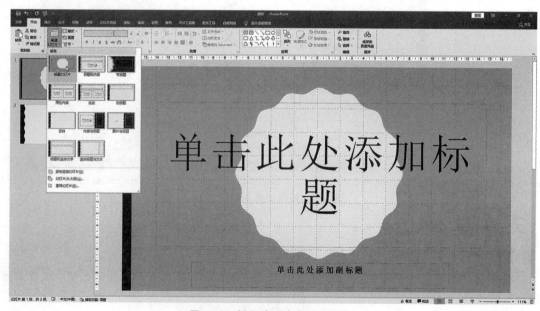

图 4-10　插入选项卡新建幻灯片

3.调整幻灯片显示比例

在PPT的实际使用过程中,最常见的问题就是创建演示文稿时的纵横比与实际播放时的纵横比不符,造成播放幻灯片时各种元素都发生错位,使得演示效果大打折扣。目前国内大多数演示环境以4:3为主,而PPT的默认纵横比是16:9,所以需要先将其改为4:3。

Step1:切换到【设计】选项卡,在【自定义】组中点击【幻灯片大小】选项,在下拉菜单中选择【标准(4:3)】选项。

Step2:弹出【Microsoft PowerPoint】对话框,提示"您正在缩放到新幻灯片大小。是要最大化内容大小还是按比例缩小以确保适应新幻灯片?"如图4-11所示。

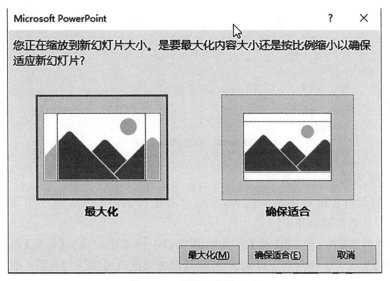

图4-11　缩放幻灯片大小

Step3:根据实际需要选择即可,在此选择【确保合适】。

友情提示

这里更改的纵横比是针对整个演示文稿的,即更改后,本演示文稿的所有幻灯片将采用这一纵横比。

4.保存演示文稿

Step1:在演示文稿窗口中的【快速访问工具栏】中,单击【保存】按钮。

Step2:弹出【另存为】对话框,在保存范围列表框中选择合适的保存位置,然后在【文件名】文本框中输入"徽章"。设置完毕,单击【保存】按钮即可。如图4-12所示。

友情提示

如果对已有的演示文稿进行了编辑操作,可以直接单击快速访问工具栏中的【保存】按钮保存文稿。如果要将已有的演示文稿保存在其他位置,可以在演示文稿窗口中单击【文件】按钮,在【文件窗】左侧的菜单中选择【另存为】菜单项进行保存即可。

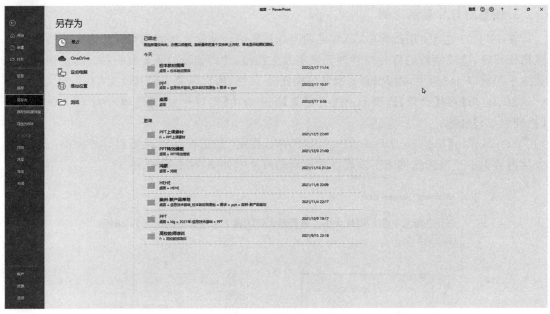

图 4-12　另存演示文稿

5. 加密演示文稿

为了防止别人查看演示文稿的内容,可以对其进行加密操作。本小节设置的密码均为"ABCDEFG"。具体步骤如下。

Step1:在演示文稿中,单击【文件】选项卡,在窗口左侧菜单中选择【信息】菜单项,然后单击【保护演示文稿】按钮。在弹出的下拉列表中选择【用密码进行加密(E)】选项。如图 4-13 所示。

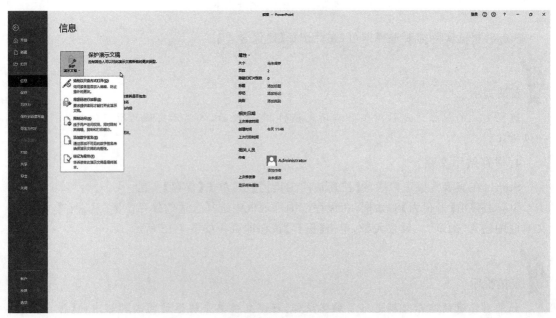

图 4-13　加密演示文稿

Step2：弹出【加密文档】对话框，在【密码（R）：】文本框中输入"ABCDEFG"，然后单击【确定】按钮。如图 4-14 所示。

Step3：弹出【确认密码】对话框，在【重新输入密码】文本框中输入"ABCDEFG"。设置完毕，单击【确定】按钮即可。

Step4：保存该文档，再次启动该文档时将会弹出【密码】对话框。在【输入密码以打开文件】文本框中输入密码"ABCDEFG"，然后单击【确定】按钮即可打开演示文稿。如图 4-15 所示。

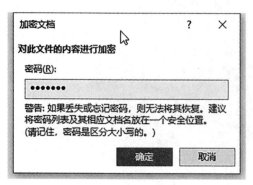

图 4-14　输入密码

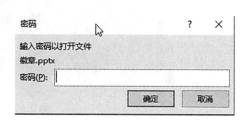

图 4-15　打开文稿时需要输入密码

Step5：如果要取消加密演示文稿，单击【文件】选项卡，在窗体左侧菜单中选择【信息】菜单项，然后单击【保护演示文稿】按钮。在弹出的下拉列表中选择【用密码进行加密】选项。

Step6：弹出【加密文档】对话框，如图 4-16 所示。此时，在【密码（R）：】文本框显示设置的密码"ABCDEFG"，将密码删除，然后单击【确定】按钮即可。

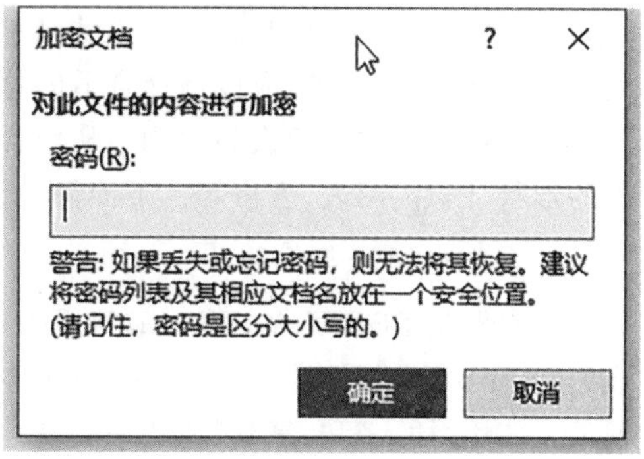

6.审阅与批注

审阅与批注的方法与 Word 文档的审阅与批

图 4-16　输入密码

注类似。审阅是在不改变幻灯片本身内容的基础上由编撰者或者团队成员给出"应答式"的功能。批注主要指编撰者对幻灯片内容给出进一步意见的支持性文字。审阅与批注在放映时均不会被显示，添加审阅和批注的方法如下。

Step1：切换到【审阅】选项卡，在【批注】组中单击【新建批注】按钮。

Step2：在窗口右侧弹出【批注】任务栏。单击【批注】文本框，即可输入想要批注的内容。按下【Enter】键后，随即显示出【答复】对话框，输入想要答复的内容即可。如图 4-17 所示。

4.1.3　幻灯片基本编辑

演示文稿创建完成后，就要对每页的幻灯片进行内容填充、版式设计等具体的操作。

1.幻灯片的组成要素

幻灯片的组成要素比较多，从形式上而言，幻灯片的要素包括：背景、版式、切换方式和动

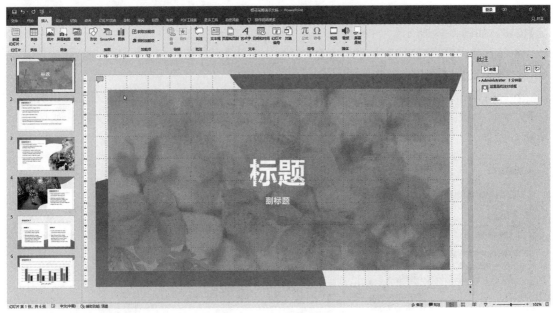

图 4-17 新建批注对话框

画设计。背景即一张幻灯片的外观底色,版式主要表现为幻灯片的内容布局,而切换方式决定了幻灯片的进入、退出的动态模式,动画设计则定义了各种内容出现的方式和次序。因此,在制作演示文稿时,首先,应该选择合适的背景主题;然后,设计美观的、能够反映内容主题的版式,最后,设置好放映切换和动画。从内容上而言,幻灯片的要素包括:标题文字、内容文字、适当的形状、图片、图表、表格等。下面简要说明常用对象的插入或创建方法。

2. 文本框建立与编辑

文本框是 PPT 演示文稿中最常用的对象之一,它可以将文字组织成"文字块"和其他图片或形状等对象进行组合。PPT 将文本框大致分为标题文本框和文字文本框两类。创建文本框最常使用"插入"和"复制"功能来实现。

(1)插入文本框　具体步骤如下。

插入文本框时,文本框的位置和大小主要通过鼠标的点击和拖拽完成。

Step1:切换到【插入】选项卡,在【文本】组中点击【文本框】按钮,在弹出的菜单中选择【绘制横排文本框】或者【竖排文本框】选项。如图 4-18 所示。

图 4-18 插入文本框

Step2:鼠标变为一个向下的小箭头,按下鼠标后则变成可以通过拖拉绘出文本框范围大小的十字形,将其拉伸到需要的大小。

Step3:松开鼠标左键,光标即停留在文本框内变成输入状态,同时自动切换到【开始】选项卡,以便用户调整文本格式。

（2）复制文本框　文本框的复制与 Word 和 Excel 的操作方法类似。具体步骤如下。

Step1：单击鼠标左键，选中要复制的文本框，此时文本框进入编辑状态。

Step2：单击鼠标右键，在弹出的菜单里选择【复制】选项。

Step3：选中要复制的位置，单击鼠标右键，在弹出的菜单里选择【粘贴】选项即可。

友情提示　消失的文本框

PPT 中的文本框默认都是无填充、无边框的，如果文本框建立后鼠标又点到了别的地方，创建的文本框就"消失"不见了，不用着急也无须再重新建立一个文本框，只要在之前文本框的位置点击下鼠标左键，"消失"的文本框就又回来了。如果在使用过程中需要对某些文本框进行填充，用户就要自行设置了。

（3）文本框编辑　文本框编辑具体步骤如下。

Step1：打开本实例演示文稿，将标题填写为"员工培训方案"，副标题填写为"全面提升公司员工的综合素质和业务能力"，此页即为"员工培训方案"的封面。效果如图 4-19 所示。

图 4-19　文本框基本编辑

Step2：在新建的幻灯片中，添加"员工培训方案"第一部分内容的标题"总体目标"和相关内容。如图 4-20 所示。

3. 设置行距

PPT 的主要作用就是演示，因此图文清晰、美观、易读就极为重要。与 Word 和 Excel 相比，行距的设置在 PPT 的使用中更为常用也更为重要。具体步骤如下。

选中文本框文字，切换到【开始】选项卡，在【段落】组中点击【行距】按钮，在下拉菜单中选择需要的行距值即可。在此，我们选择【2.0】。如图 4-21 所示。

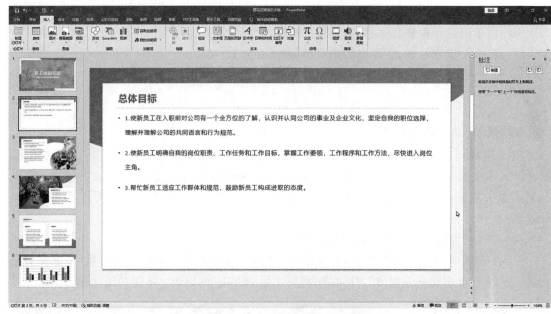

图 4-20　编辑总体目标

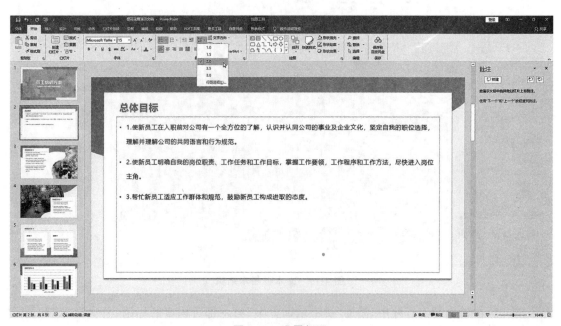

图 4-21　设置行距

友情提示

　　如果下拉菜单中的 5 种行距中没有需要的值，可以点击【行距选项】，弹出【段落】对话框，在【间距】组中【行距(N):】的下拉菜单中选择【多倍行距】，在其右侧填入想要的行距值即可。如图 4-22 所示。

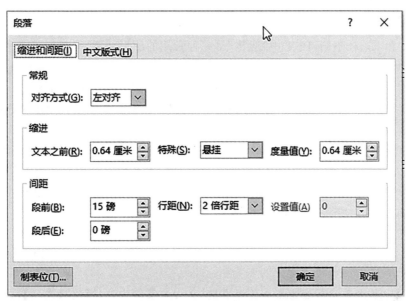

图 4-22　个性化段落设置对话框

4.设置文字方向

在 PPT 的具体演示应用中,有时需要改变文字方向,例如,将横排的文字转换为竖排或者按一定度数旋转等,PPT 对此提供了简捷的"一键式操作"模式。具体步骤如下。

选中文本框,切换到【开始】选项卡,在【段落】组中点击【文字方向】选项,在下拉菜单中选择【竖排(V)】,如图 4-23 所示。

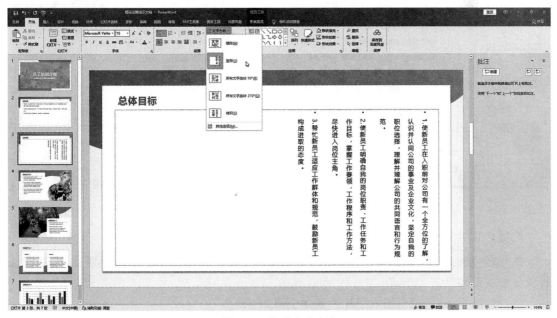

图 4-23　竖排文字方向

5.插入形状

与 Word 和 Excel 不同,PPT 中"形状"是一种常用的图形元素,一般用于表达不同内容的含义、分割区域或者吸引注意力等。

幻灯片中的"形状"主要通过两种方法获得:插入和复制。具体步骤如下。

Step1:切换到【插入】选项卡,在【插图】组中点击【形状】选项,在下拉菜单中选择【矩形:菱台】。

Step2:此时鼠标指针变成十字状,在想要添加的位置上,拖拉十字形鼠标指针到需要的大小,松开鼠标左键,一个菱台形状就添加到指定的位置了。

Step3:如果对图形大小和位置不满意,还可以进行调整。在此,我们将其缩小一点并放到主标题的右侧,设置完毕,效果如图 4-24 所示。

友情提示

这些插入的形状都可以通过点击鼠标右键,在右键菜单中选择【编辑文字】,为其添加合适的文字。在此,我们添加阿拉伯数字"1"。

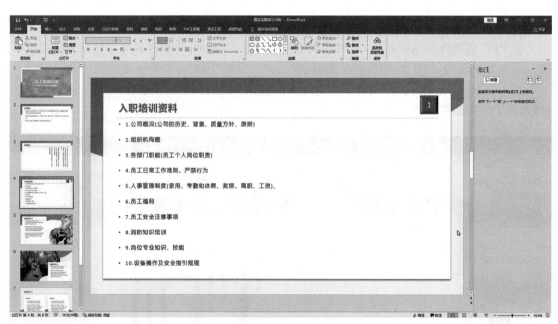

图 4-24　插入形状

6.插入图片

图片已经成为 PPT 的必备要素之一,好的图片可以让画面更美观,让主题更突出,从而获得更佳的演示效果。

(1)通过【插入】选项卡插入图片　具体步骤如下。

Step1:打开本实例的封面,切换到【插入】选项卡,在【图像】组中单击【图片】选项。

Step2:弹出【插入图片】对话框,根据存储路径,选择要插入的图片即可。在此,我们选择"peixun.jpg"。如图 4-25 所示。

图 4-25　选择插入的图片

　　Step3：点击【打开】按钮，返回 PPT 演示文稿，图片已经插入到幻灯片当中。调整图片的大小并放到需要的位置即可。效果如图 4-26 所示。

图 4-26　插入图片后效果

　　(2)通过占位符插入图片　在建立 PPT 演示文稿或者是插入幻灯片时，系统会提示选择某一版式，这些版式中占位符就预设了插入图片的操作。具体步骤如下。

　　Step1：新建一个幻灯片，并将版式设置为"2 项内容"。

Step2：单击占位符中的【图片】按钮，弹出【插入图片】对话框。

Step3：根据存储路径，选择要插入的图片，将插入的图片调整到适合的大小并放到需要的位置即可。同时，将此页标题设置为"培训方式"，并填充相关内容。效果如图4-27所示。

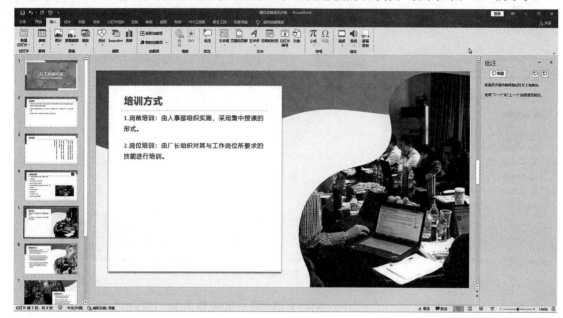

图 4-27　利用"占位符"插入图片

7. 图表的插入与调整

PPT 中的图表操作与 Excel 部分的内容息息相关，因为这些插入的图表以 Excel 数据表为基础，修改数据表则图表发生同步改变。这里的图表是指"柱形图""折线图""饼图"等可以对比数据趋势或者占比的图片。

图表的插入方式有 3 种：通过单击【插入】选项卡的【图表】功能按钮插入、通过占位符插入以及运用直接粘贴法插入。这里以占位符为例加以介绍。具体步骤如下。

Step1：新建一个幻灯片，在占位符中单击插入图表按钮，弹出【插入图表】对话框。

Step2：选择合适的图表，在此，我们选择【三维饼图】，单击【确定】按钮。如图4-28所示。

Step3：系统即在演示文稿中插入了一个图表，同时打开了一个临时的 Excel 数据表，供用户调整数据。

Step4：在 Excel 数据表中，填入相应的数据，则可获得需要的图表。用户可以根据需要对系列和类别进行修改并填入相关的数据。在此，我们将其修改为"考核方式"的相关内容。如图 4-29 所示。

Step5：关闭 Excel，即可在本张幻灯片中插入所选类型的图表。如图4-30所示。

8. 表格的插入与调整

表格是一种工整的信息对照方式，在幻灯片演示的时候，可以让观者的感觉更为直观。在幻灯片中插入表格的方法很多，下面我们以【插入】选项卡为例进行具体演示。

(1)通过【插入】选项卡创建　具体步骤如下。

Step1：新建一张幻灯片，切换到【插入】选项卡，点击【表格】功能按钮，系统打开可视化的

图 4-28　插入三维饼图

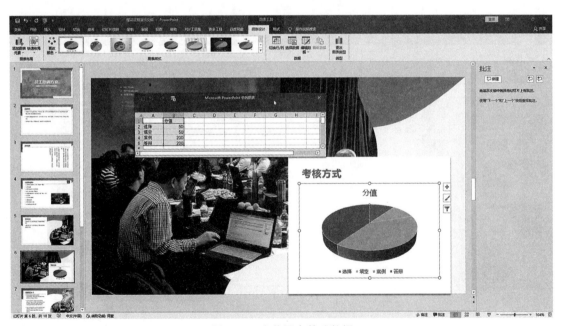

图 4-29　完善图表基础数据

表格创建下拉窗,创建一个 5 行 3 列的表格。

　　Step2:将鼠标在窗格上按住并拖拽,拖拽出需要的范围后松开鼠标,即可在幻灯片中插入表格。如图 4-31 所示。

　　Step3:拖动表格,将表格移动到合适位置,调整表格到合适大小,并输入相应内容。如图 4-32 所示。

信息技术基础教程

图 4-30 插入图表效果

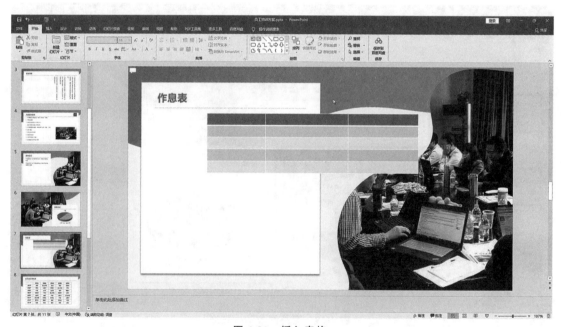

图 4-31 插入表格

友情提示

　　插入表格后,即可在表格中进行数据输入、字体字号、对齐方式等基本操作。选中表格,功能区即出现了针对表格的【设计】和【布局】选项卡。

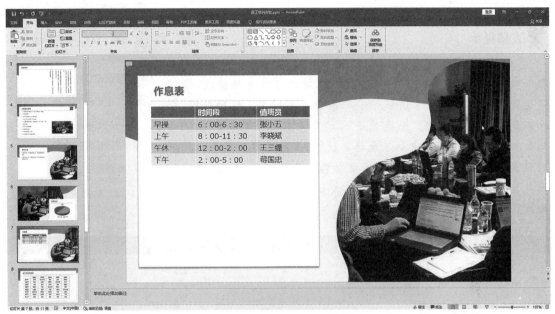

图 4-32 插入表格后的效果

(2)直接导入 Excel 表格 在实际工作中，从 Excel 中向 PPT 导入数据，可以节省重复录入数据制作表格的时间从而提高工作效率。具体步骤如下。

Step1：在 Excel 中选中需要导入数据的单元格区域进行复制。在此，我们选择“员工培训方案”的课程表进行复制。如图 4-33 所示。

	A	B	C	D	E	F
1						
2		星期一	星期二	星期三	星期四	星期五
3	第一节	法律	核心价值	口语	口语	新媒体
4	第二节	口语	心理学	管理学	核心价值	口语
5	第三节	行政	口语	心理学	法律	管理学
6	第四节	管理学	行政	核心价值	管理学	法律
7	第五节	心理学	法律	行政	心理学	核心价值
8	第六节	核心价值	新媒体	新媒体	行政	心理学
9	第七节	新媒体	管理学	法律	新媒体	行政
10	第八节	自习	自习	自习	自习	自习
11						

图 4-33 Excel 表格基础数据

Step2：在幻灯片中点击鼠标右键，在右键菜单【粘贴选项】中选择一个选项进行粘贴，即可将 Excel 工作表中的数据导入到 PPT 幻灯片中。在此，我们选择【保留源格式】进行粘贴。如图 4-34 所示。

Step3：此时，一个与 Excel 里一致的表格就导入到幻灯片里了，根据版面调整其大小和位置，并在标题处填入“员工培训课程表”。效果如图 4-35 所示。

图 4-34　粘贴保留源格式

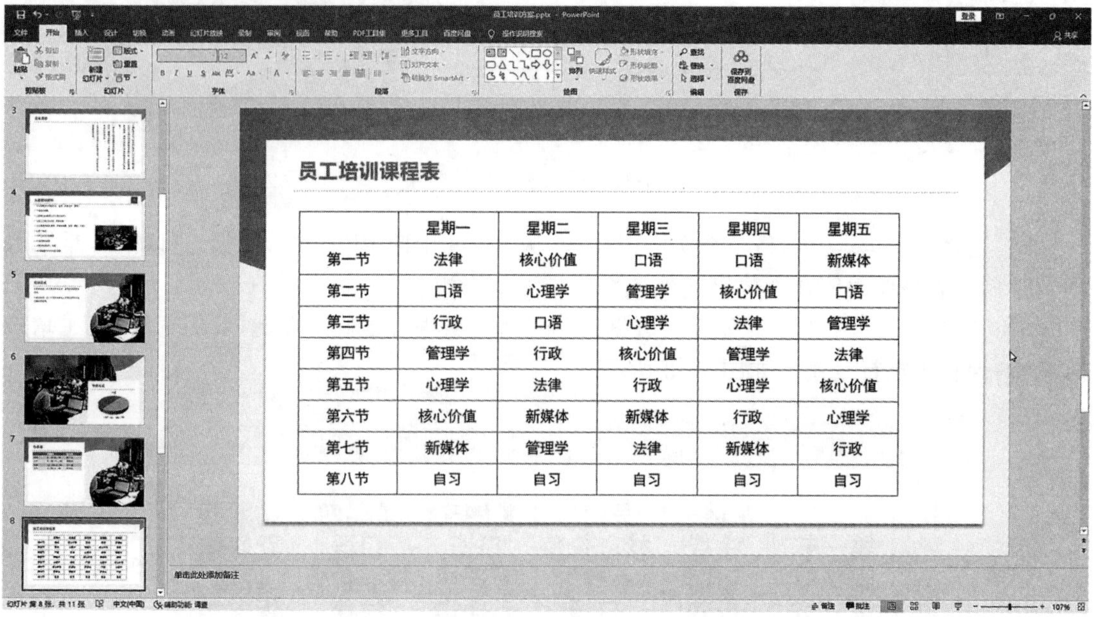

友情提示

"粘贴选项"中的"使用目标格式""保留源格式"两项只是将表格和数据粘贴过来,保持了一定的格式,数据可以直接修改,但涉及运算的表格不会受到影响。例如,修改了某一单元格的数据,求和不会发生相应变化。而通过嵌入方式将 Excel 表格嵌入 PPT 幻灯片中,嵌入时不仅复制了表格与数据,而且获得了整个工作簿的信息,在双击嵌入的表格后,系统功能区即切换到 Excel 系统的功能区,可以利用 Excel 的各种样式和函数等进行细致的数据处理。

图 4-35　调整后的员工培训课程表

（3）利用插入对象导入 Excel 工作簿　Office 组件中可以插入各类对象,对象的插入是各类应用系统之间信息导入的一个简捷方法,插入对象实际上就是将对象嵌入到本文档中。在 PPT 中插入 Excel 表格也可以通过插入对象实现。

方法 1:插入空对象。具体步骤如下。

Step1:单击【插入】选项卡【文本】组中的【对象】选项。

Step2:弹出【插入对象】对话框,在【插入对象】对话框中选择【XLSX 工作表】。如图 4-36 所示。

Step3:单击【确定】按钮,系统即会在幻灯片中插入一个 Excel 工作表。如图 4-37 所示。

方法 2:"由文件创建"插入现有对象。具体步骤如下。

Step1:单击【插入】选项卡【文本】组中的【对象】选项。

Step2:弹出【插入对象】对话框,勾选【由文件创建（F）】复选框。

Step3：点击【浏览】，弹出【浏览】对话框，根据存储位置找到需要插入的 Excel 工作簿，单击【确定】按钮，返回【插入对象】对话框，此时要插入的路径已经显示出来。如图 4-38 所示。

图 4-36　插入 Excel 工作表

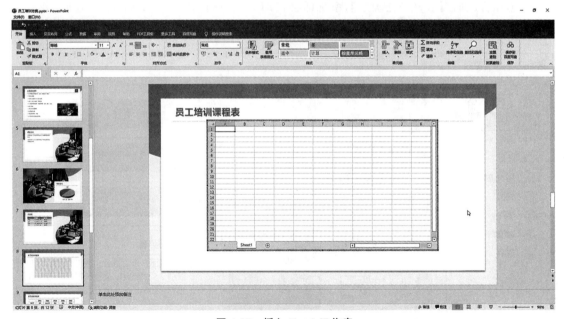

图 4-37　插入 Excel 工作表

Step4：点击【确定】，返回到 PPT 演示文稿，此时在幻灯片中已经插入了刚刚选中的 Excel 表。

9. SmartArt 图形的插入与调整

SmartArt 图形是预设的图形形状组合，PPT 利用 SmartArt 为用户提供了各种形状文本框组合，为用户增强演示文稿的表现力提供了有力工具。幻灯片中引入 SmartArt 的方法如下。

图 4-38　浏览插入表格的文件对象

Step1：插入一张幻灯片，版式修改为"2 项内容"，将标题内容修改为"培训要求"。

Step2：单击【插入】选项卡【插图】组中的【SmartArt】选项。弹出【选择 SmartArt 图形】对话框，选择合适的图形，单击【确定】，系统即会在幻灯片中插入 SmartArt 图形。在此，我们选择【垂直框列表】。如图 4-39 所示。

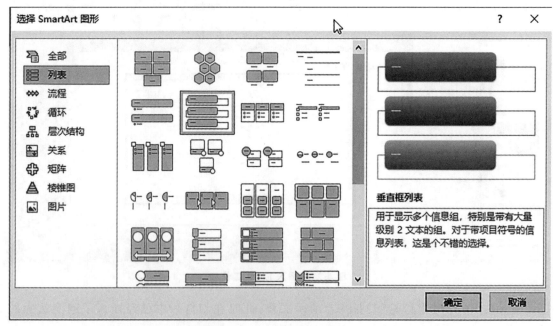

图 4-39　插入 SmartArt 图形

Step3：单击"确定"，SmartArt 图形便插入在当前的幻灯片中。选定 SmartArt 图形后，系统功能选项卡增加了"设计"和"格式"两个工具，可以使用它们对 SmartArt 图形进行设置。

Step4：在 SmartArt 图形编辑区可以输入相应的文字来对其进行设置。

Step5:最终效果如图 4-40 所示。

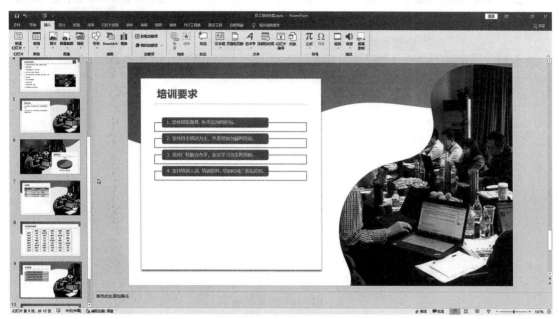

图 4-40　插入 SmartArt 效果图

　　除了可以插入以上素材之外,还可以插入视频和音频等多媒体信息,以此来丰富 PPT 的内容,增强展示效果。用户可以从【插入】选项卡【媒体】组中选择想要插入的媒体类型。

4.1.4　美化演示文稿

1.应用主题

　　应用主题是美化演示文稿的简便方法。PowerPoint 2016 提供了多种设计主题,包含协调配色方案、背景、字体样式和占位符位置。主题取代了在早期版本中使用的设计模板。用户可以利用主题使幻灯片有背景,使幻灯片上的字都有颜色,使内容排列整齐。除内容外,应用主题的幻灯片形式是完全一样的。使用预先设计的主题,可以轻松快捷地更改演示文稿的整体外观。

　　在【设计】选项卡【主题】功能区中单击要应用的文档主题。当鼠标指针停留在某主题的缩略图上时,就可以预览应用了该主题的当前幻灯片外观。若要查看更多主题,点击【主题】功能区右侧的下拉按钮,就可以弹出所有内置主题列表。如图 4-41 所示。如果内置的主题不能满足需求时,可自行从网上下载相关主题,通过单击【设计】选项卡【主题】功能区右侧下拉列表中的【浏览主题】命令进行选择安装。

2.应用母版

　　幻灯片母版用来定义整个演示文稿的幻灯片页面格式,对幻灯片母版的任何修改,都将影响到基于这一母版的所有幻灯片。

　　(1)制作幻灯片母版　制作幻灯片母版的具体方法如下。

　　Step1:打开一个空演示文稿,单击【视图】选项卡,选择【母版视图】功能区,单击【幻灯片母版】按钮,进入幻灯片母版设置窗口。如图 4-42 所示。

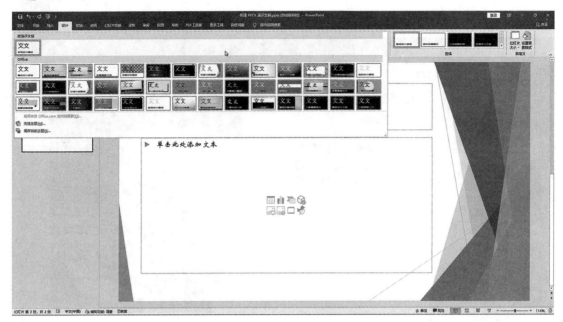

图 4-41　内置主题

图 4-42　幻灯片母版视图

Step2：在幻灯片母版视图中，左侧窗口显示的是不同类型的幻灯片母版缩略图，如选择"标题幻灯片"母版，显示在右侧的编辑区母版可进行编辑。

当用户在母版中单击选择任意对象时，功能区将出现【形状格式】选项卡。如图 4-43 所示。用户可以利用选项卡中的命令对幻灯片进行设计。

Step3：单击【幻灯片母版】选项卡，选择【母版版式】功能区，单击【插入占位符】按钮，下拉列表中的选项可以在母版中添加或修改占位符。

图 4-43　"形状格式"选项卡

Step4：若要删除默认幻灯片母版附带的任何内置幻灯片版式，在幻灯片缩略图窗格中右键单击要删除的幻灯片版式，然后单击快捷菜单上的【删除版式】选项。

Step5：单击【幻灯片母版】选项卡，单击【编辑主题】功能区中【主题】按钮，在下拉列表中可以应用基于设计或主题的颜色、字体、效果和背景。

Step6：单击【幻灯片母版】选项卡，选择【背景】功能区，单击【颜色】【字体】【效果】【背景样式】或【隐藏背景图形】按钮，可以更改背景的颜色、字体、效果和背景等。

Step7：单击【幻灯片母版】选项卡，选择【编辑母版】功能区，可以进行母版的插入、删除、重命名等操作。

Step8：单击【幻灯片母版】选项卡，选择【大小】功能区，单击【幻灯片大小】按钮，在下拉列表中可以设置幻灯片的大小。

（2）保存幻灯片母版　具体方法如下。

母版制作完成后，单击【文件】选项卡，选择【另存为】按钮，在【另存为】对话框的文件名文本框输入文件名。在【保存类型】下拉列表中选择【PowerPoint 模板】，单击【保存】按钮。

保存后单击【幻灯片母版】选项卡，单击【关闭】功能区【关闭母版视图】按钮。在普通视图下可以使用制作好的母版。

4.2　幻灯片设计中的对象使用

4.2.1　知识要点

1. 插入艺术字

艺术字比普通文本拥有更多的美化和设置功能，如渐变的颜色、个性的形状效果及立体效果等。单击【插入】选项卡，选择【文本】功能区，单击【艺术字】按钮，在打开的下拉列表框中选择合适的艺术字效果，即可插入艺术字。如图 4-44 所示。

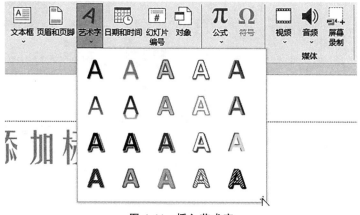

图 4-44　插入艺术字

2. 插入图片

图片是演示文稿中的重要组成部分。在幻灯片中既可以插入计算机中已有的图片,也可以插入 PPT 中自带的剪贴画。在 PPT 中使用带有内容或剪贴画占位符的幻灯片版式可以快速插入图片或剪贴画。如图 4-45 所示。

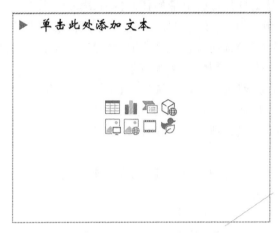

图 4-45　插入图片或剪贴画

3. 插入 SmartArt 图形

每个 SmartArt 图形都有其设计好的文本和图形的组织方式,因此即使不是专业的设计师,也可以利用 SmartArt 图形使幻灯片所表达的内容更加突出和生动。单击【插入】选项卡,选择【插图】功能区,单击【SmartArt】按钮,在打开的【选择 SmartArt 图形】对话框中选择合适的 SmartArt 图形即可插入 SmartArt 图形。如图 4-46 所示。

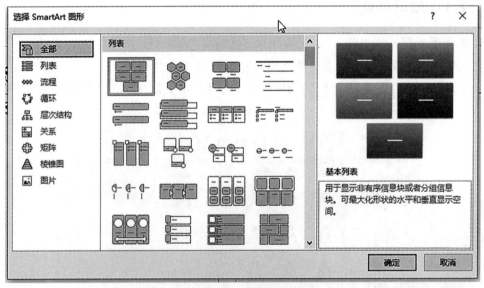

图 4-46　插入 SmartArt 图形

4. 插入形状

演示文稿中的形状包括线条、矩形、基本形状、箭头汇总等。这些形状经常作为项目元素使用在SmartArt图形中。利用不同的形状和形状组合也能达到突出重点的效果。单击【插入】选项卡，选择【插图】功能区，单击【形状】按钮，在打开的下拉列表框中选择合适的形状即可插入对应的形状。如图4-47所示。

图 4-48　插入表格

5. 插入表格及图表

表格和图表是演示文稿中一种重要的数据显示工具，用好表格和图表是提升演示文稿质量和效率的最佳方法之一。在幻灯片中插入表格的常用方法有3种，"插入表格"（分为两种：框选插入和对话框插入）、"绘制表格"和"Excel电子表格"。如图4-48所示。

图表是指根据表格数据绘制的图形。单击【插入】选项卡，选择【插图】功能区，单击【图表】按钮，在弹出的【插入图表】对话框中，根据需要选中相应的图表类型。如图4-49所示。

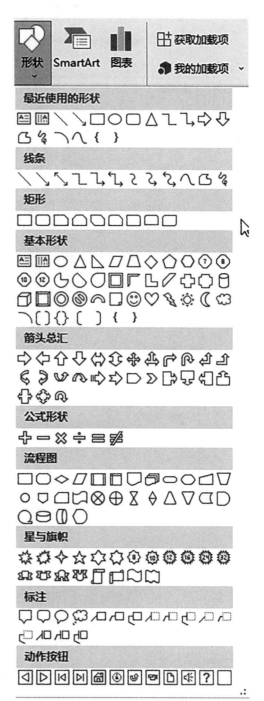

图 4-47　插入形状

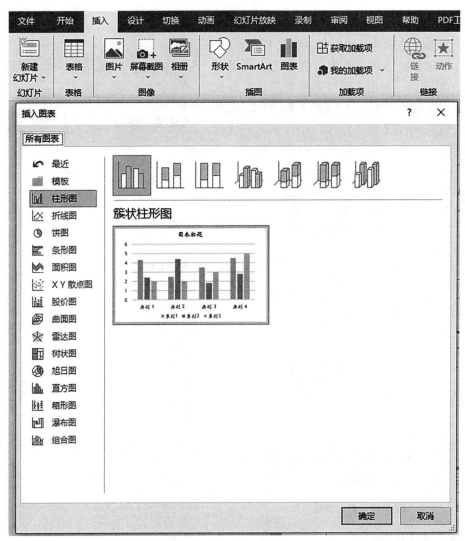

图 4-49　插入图表

6.插入媒体文件

为了改善幻灯片放映时的视听效果,可以向幻灯片中插入音频和视频媒体文件。

(1)插入音频　演示文稿支持的音频类型有多种,常见的音频格式介绍如下。

WAV 波形格式:这种音频文件将声音作为波形存储,其存储声音的容量可大可小。

MP3 音频格式:这种音频文件可以将音频压缩成容量较小的文件,且在音质丢失很小的情况下把文件压缩到最小,具有保真效果。

AU 音频文件:这种音频文件通常用于 UNIX 计算机或者网站创建声音文件。

MIDI 文件:这种音频文件是用于乐器、合成器和计算机之间交换音乐信息的标准格式。

WMA 文件:这种音频文件格式是以减少数据流量但保持音质的方法来达到更高的压缩率目的,生成的文件大小只有相应的 MP3 音频格式文件的一半。

(2)插入视频　常见的视频文件类型有以下几种。

AVI:AVI 即音频视频交错格式,是将语音和影像同步组合在一起的文件格式。它对视频文件采用了有损压缩方式,压缩比较高。

WMV:WMV是微软推出的一种流媒体格式,在同等视频质量下,WMV格式文件的体积比较小,因此适合在网上播放和传输。

MPEG:MPEG标准的视频压缩编码技术主要利用具有运动补偿的帧间压缩编码技术以减少时间冗余度,利用DCT技术减小图像的空间冗余度,利用熵编码在信息表示方面减少了统计冗余度,增强了压缩性能。

图4-50 插入媒体文件

用户可以根据需要在【插入】选项卡【媒体】功能区中选择相应的媒体类型。如图4-50所示。

4.2.2 制作新产品策划演示文稿

1.任务描述

某企业计划推广新产品,使消费者在最短的时间内认知新产品的功能,领导要求小王分析新产品推广的主流方法并制作"新产品策划"演示文稿,具体要求如下。

(1)在"新产品策划"演示文稿的第一张幻灯片中插入图片。

(2)在第一张幻灯片中插入音频作为背景音乐。

(3)新建两种幻灯片,分别插入艺术字"产品宣传"和"用数据说话"。

(4)在第二张幻灯片中插入"分离射线"SmartArt图形,并进行设置。

(5)在第三张幻灯片中插入三列五行的表格,并进行设置。

(6)在第三张幻灯片中插入形状"五角星"对排名第一的进行标注。

2.技术分析

首先"新产品策划"应该图文并茂,吸引观看者的目光,其次应利用图形、表格等多种对象将枯燥的数据形象化、具体化、立体化。

(1)在第一张幻灯片中插入图片。

(2)在第一张幻灯片中插入音频。

(3)在第二张和第三张幻灯片中插入艺术字。

(4)在第二张幻灯片中插入SmartArt图形。

(5)在第三张幻灯片中插入表格。

(6)在第三张幻灯片中插入形状。

最终效果如图4-51所示。

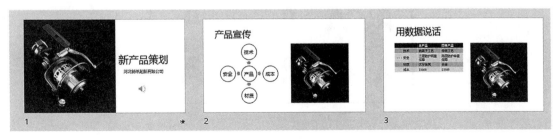

图4-51 "新产品策划"效果图

3.任务实现

Step1：在合适位置，建立"新产品策划.pptx"文件，并双击打开该文件。

Step2：根据任务需求，在演示文稿中插入三张幻灯片。

Step3：单击【开始】选项卡，选择【幻灯片】功能区，单击【版式】按钮，在下拉框中选择【标题幻灯片】版式。

Step4：选中第一张幻灯片，单击【插入】选项卡，选择【图像】功能区，单击【图片】按钮，在下拉框中单击【此设备】选项，在弹出的对话框中选择目标图片后点击【插入】按钮，即可插入图片。

Step5：选中插入的图片，图片四周出现八个正方形控制点，将鼠标移动到右下角的控制点上，鼠标变成双向箭头，按住鼠标不放，拖拽到合适的位置即可调整图片的大小。将鼠标移动到图片上，鼠标变成四向箭头，按住鼠标不放，拖拽到合适的位置即可调整图片的位置。

Step6：选中第一张幻灯片，单击【插入】选项卡，选择【媒体】功能区，单击【音频】按钮，在下拉框中选择【PC上的音频】选项，在弹出的对话框中选择目标背景音乐后单击【打开】按钮，即可插入音频文件。

Step7：选中插入的音频符号，单击【播放】选项卡，选择【音频选项】功能区，单击【开始】下拉列表选择"自动"选项，并将【循环播放直至停止】和【放映时隐藏】对应的复选框选中。

Step8：选中第二和第三张幻灯片，单击【开始】选项卡，选择【幻灯片】功能区，单击【版式】按钮，在下拉框中选择【两栏内容】版式。

Step9：选中第二张幻灯片，单击【插入】选项卡，选择【文本】功能区，单击【艺术字】按钮，在下拉列表中选择"填充：黑色，文本色1；阴影"艺术字，界面如图4-52所示。在对应的艺术字框内输入"产品宣传"，并将艺术字拖拽到幻灯片的合适位置。同样的方法在第三张幻灯片中插入艺术字"用数据说话"。

图4-52 选择艺术字样式

Step10：选中第二张幻灯片。左侧放置SmartArt图，右侧放置新产品图。单击右侧【图片】按钮，插入新产品图片。单击左侧【插入 SmartArt 图形】按钮，在弹出的【选择 SmartArt 图形】对话框中选择【循环】组中的"分离射线"类型，随后单击【确定】按钮。界面如图 4-53 所示。按照要求输入对应的文字。

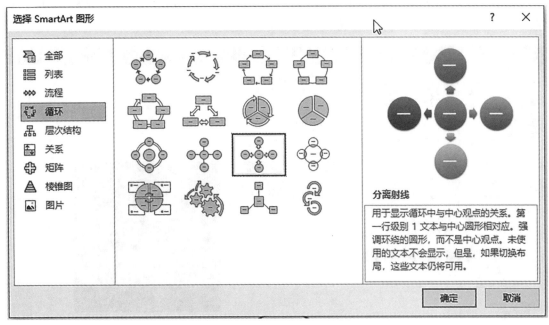

图 4-53　选择"分离射线"SmartArt 图形

Step11：选中 SmartArt 图形，单击【SmartArt 设计】选项卡，选择【SmartArt 样式】功能区，单击【更改颜色】按钮。在下拉列表中选择主题颜色"深色 2 轮廓"即可更改 SmartArt 图形颜色，界面如图 4-54 所示。

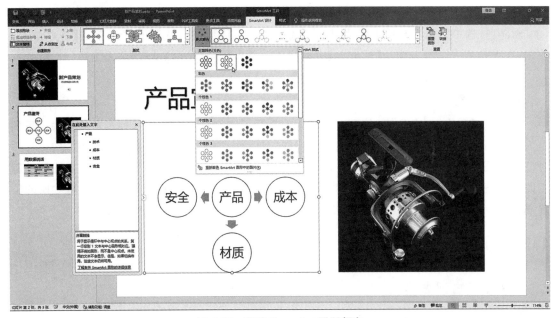

图 4-54　更改 SmartArt 图形颜色

Step12：选中第三张幻灯片。左侧放置表格，右侧放置新产品图。单击左侧【插入表格】按钮，在弹出的下拉列表中拖拽三列五行表格后单击鼠标即可插入表格，并在对应位置输入相应文本。

Step13：选中表格，单击【表设计】选项卡，选择【表格样式】功能区，设置表格样式为"中度样式 2"，如图 4-55 所示。单击右侧【图片】按钮，插入新产品图片。

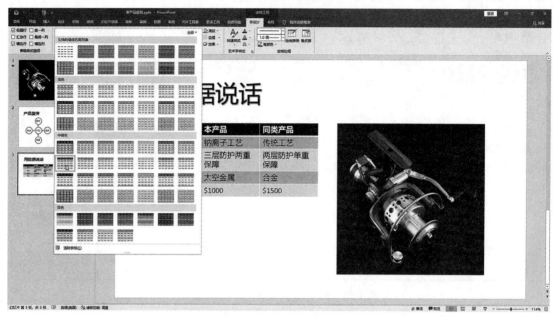

图 4-55　设置表格样式

Step14：选中第三张幻灯片。单击【插入】选项卡，选择【插图】功能区，单击【形状】按钮，在下拉列表中单击选择【星与旗帜】组第四个形状【五角星】按钮，在页面中绘制 3 个五角星。随后，将绘制的 3 个五角星拖拽到表格"安全"的前方。

Step15：选中五角星。单击【形状格式】选项卡，选择【形状样式】功能区，单击【形状填充】按钮，在下拉列表中单击选择【标准色】中的橙色。单击【形状轮廓】设置为"无轮廓"。

Step16：单击快速启动栏中的【保存】按钮，完成文稿制作。

4. 能力拓展

本案例以制作"新产品策划"演示文稿为例介绍了在幻灯片中插入各种对象的方法。目的是为了让用户通过这个案例的学习能够掌握在幻灯片中插入各种对象的基本技巧。幻灯片中对象的使用基本都在【插入】选项卡下，选中插入的对象后将会出现 8 个控制点，通过拖拽控制点即可调整对象的大小，当鼠标放到对象上鼠标变成四向箭头时拖拽鼠标即可调整对象的位置，如果要对对象进行进一步设计，则需要在最后出现的新选项卡中进行设置。

4.3　幻灯片动画设计

4.3.1　知识要点

幻灯片中的动画，一般分为元素动画和页面动画两类。

1.设置幻灯片动画

幻灯片的动画效果实际上是为幻灯片中的各个对象设置动画效果,而每个动画效果是由一个或多个动作组合而成的动画序列。

(1)动画样式 幻灯片动画效果样式默认有四组,分别是"进入""强调""退出"和"动作路径"。

(2)设置开始方式 单击【动画】选项卡,选择【计时】功能区,单击【开始】列表框,选择动画开始的方式。各项含义如下:

"单击时":表示要单击鼠标后才开始播放该动画。这是默认的动画开始方式。

"与上一动画同时":表示该动画将与上一个动画同时开始播放。

"上一动画之后":表示该动画将在上一个动画播放完毕后开始播放。

(3)设置计时 在动画窗格中单击动画序列右侧的下拉按钮,在下拉列表中单击【计时】选项,打开动画效果设置对话框。在【计时】选项卡中可以设置动画延迟播放时间、重复播放次数和播放速度等,界面如图 4-56 所示。其各选项功能如下。

"开始":设置动画的开始方式。

"延迟":设置动画延迟播放的时间。

"期间":设置动画播放时长。

"重复":设置动画重复播放的次数。

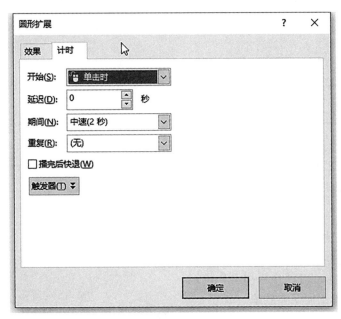

图 4-56 设置计时

(4)调整动画播放顺序 调整动画播放顺序有两种方法。

方法一:通过拖动鼠标调整。在动画窗格中选择要调整的目标动画,按住鼠标左键不放进行拖拽,此时有一条黑色的横线随之移动,移动到目标位置时松开鼠标即可。

方法二:通过单击按钮调整。在动画窗格中选择要调整的目标动画,单击窗格下方的向上箭头按钮或向下箭头按钮,该动画效果会向上或向下移动一个位置。

2.设置幻灯片切换效果

页面切换效果是指在幻灯片放映过程中,由一张幻灯片转换到下一张幻灯片时所出现的特殊效果,能使幻灯片在放映时更加生动,界面如图4-57所示。

图 4-57　页面切换效果

3.创建超链接与动作按钮

利用 PPT 提供的动作按钮和超链接,可以在演示文稿中创建交互功能。动作按钮可以发挥强大的超链接功能,轻松地从当前幻灯片中链接到另一张幻灯片、另一个程序或者互联网上的任何一个地方。

友情提示

在演示文稿中文字、图片等各种对象都可以通过设置其动作,使其具备与动作按钮相同的功能。

4.3.2　完善新产品策划演示文稿

1.任务描述

完善"新产品策划"演示文稿,具体要求如下。

(1)为"新产品策划"演示文稿的第一张幻灯片中的标题添加"缩放"动画效果,动画开始方式为"上一动画之后",延迟为"00:10"。

(2)在第一张幻灯片后添加一张幻灯片,在第二张幻灯片中给"产品宣传""用数据说话"添加超链接分别链接到对应的幻灯片。

(3)在第三、四张幻灯片中添加"返回"动作按钮。

(4)为演示文稿所有幻灯片添加"切出"切换效果。

2.技术分析

(1)打开演示文稿,并为第一张幻灯片添加动画效果。

(2)在第二张幻灯片中添加超链接。

(3)在第三、四张幻灯片中添加动作按钮。

(4)为演示文稿添加切换效果。

效果如图4-58所示。

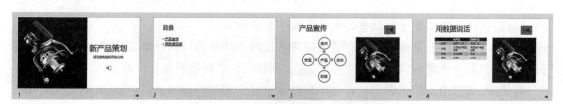

图 4-58　"新产品策划"演示文稿

3.任务实现

Step1:打开"新产品策划"演示文稿。

Step2:选中第一张幻灯片的标题,单击【动画】选项卡,选择【高级动画】功能区,单击【添加动画】按钮,在下拉列表中选择【更多进入效果】(图 4-59)。在弹出的【添加进入效果】对话框中选择【细微】组中的【缩放】功能,随后点击【确定】,生成动画效果。

图 4-59 添加动画效果

Step3:选中第一页标题,单击右侧【动画窗格】中动画下拉列表,选择【计时】命令,在弹出的对话框中设置【开始】为"上一动画之后",设置【延迟】为"00:10"。

Step4:选中第二张幻灯片中文本"产品宣传",单击【插入】选项卡,选择【链接】功能区,单击【链接】按钮,在弹出的【编辑超链接】对话框中设置【链接到】为【本文档中的位置】,并选择文档中的位置为"3.产品宣传"。界面如图 4-60 所示。使用同样的方法为"用数据说话"添加超链接。

Step5:选中第三张幻灯片,单击【插入】选项卡,选择【插图】功能区,单击【形状】按钮,在下拉列表中选择【动作按钮】组中的【动作按钮:转到开头】按钮。在第三张幻灯片右上角用鼠标拖拽出动作按钮，随后在弹出的【操作设置】对话框中设置【超链接到：】为"幻灯片"，在弹出的【超链接到幻灯片】对话框中选择【幻灯片标题】为"2.目录"（图 4-61），点击【确定】，完成设置。使用同样的方法在第四张幻灯片中添加"返回"动作按钮。

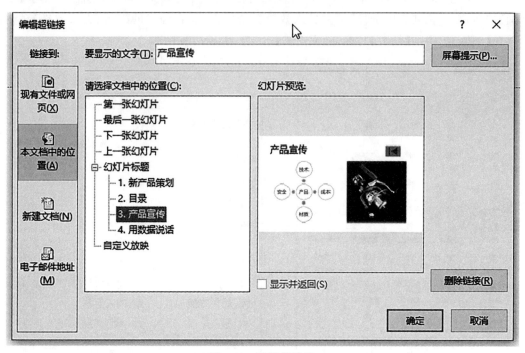

图 4-60　设置超链接

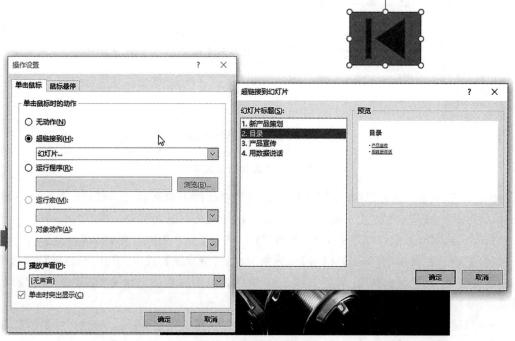

图 4-61　设置工作按钮

Step6：单击【切换】选项卡，选择【切换到此幻灯片】功能区，单击【切入】按钮。选择【计时】功能区，单击【应用到全部】按钮，完成整个演示文稿的页面切换设置。如图4-62所示。

Step7：完成动画设置，点击保存。

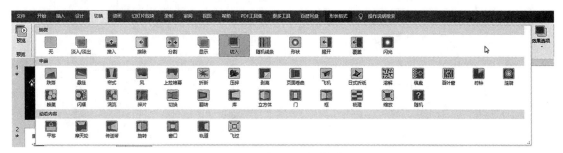

图4-62　设置页面切换效果

4. 能力拓展

本案例主要介绍了演示文稿动画设计的基本操作。目的是让用户通过这个案例的学习能够熟练掌握幻灯片基本动画设置和幻灯片切换设置以及超链接和动作按钮设计的基本方法。

（1）幻灯片动画设置　幻灯片动画效果样式默认有4组，分别是"进入""强调""退出"和"动作路径"。添加动画时必须选定添加动画的对象，也可以对已添加的动画进行进一步的细节设计。

（2）幻灯片切换　设置幻灯片切换时如果单击"全部应用"按钮，则整个演示文稿的每张幻灯片都具有相同的切换效果。

4.4　幻灯片放映设置

在不同的场合、不同的使用环境中，同一份演示文稿可能需要不同的放映内容和放映顺序。PPT为用户提供了多种放映方案，以满足用户不同的输出需求。

4.4.1　知识要点

1. 放映与设置放映

通过【幻灯片放映】选项卡中【设置】功能区中的【设置放映方式】功能来设置不同的放映方式。设置界面如图4-63所示，常用的是【演讲者放映（全屏幕）（P）】和【在展台浏览（全屏幕）（K）】。

"演讲者放映（全屏幕）"是演示文稿的默认放映方式。放映时全屏幕状态放映演示文稿，演讲者可以手动切换幻灯片和动画效果，也可以暂时暂停演示文稿。

"在展台浏览（全屏幕）"是放映方式中最简单的放映类型，不需要人为控制，系统将自动全屏循环放映演示文稿。可以按【Esc】键结束放映。

放映幻灯片可以是全部幻灯片，也可以是其中一部分幻灯片。如要需要循环放映，则需要选中【循环放映，按Esc键终止（L）】复选框。

2. 排练计时

使用排练计时，可以通过预演的方式，为每张幻灯片设置放映时间，使幻灯片能够按照设置的排练计时时间自动进行放映。

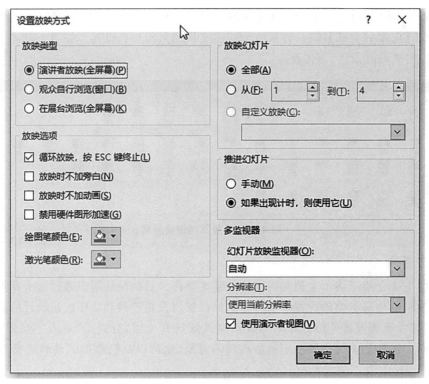

图 4-63　设置放映方式

演示文稿进入排练计时状态的同时打开【录制】工具栏自动为幻灯片计时，界面如图 4-64 所示。通过单击鼠标或者按【Enter】键控制下一个动画出现的时间。结束放映后即弹出提示对话框，提示排练计时时间并询问是否保留幻灯片的排练时间，单击【是】按钮进行保存。如果想撤销已有的排练计时，在【设置放映方式】对话框中撤销选择【如果存在排练计时，则使用它(U)】。

图 4-64　【录制】工具栏

3. 打印演示文稿

演示文稿不仅可以进行现场演示，还可以将其打印到纸张上。打印界面如图 4-65 所示。演示文稿创建后，有其默认的大小和页面布局。若默认的大小和页面布局不能满足用户的需求，可设置大小和页面布局。演示文稿打印时默认是打印整个演示文稿，也可以通过设置打印需要的幻灯片。如图 4-66 所示。

4.4.2　放映新产品策划演示文稿

1. 任务描述

放映并打印"新产品策划"演示文稿，具体要求如下：

(1)对"新产品策划"演示文稿的动画进行排练计时。

(2)为演示文稿设置放映类型为【循环放映，按 ESC 键终止(L)】。

(3)打印演示文稿，要求一页纸上显示两张幻灯片，并在幻灯片四周加框。

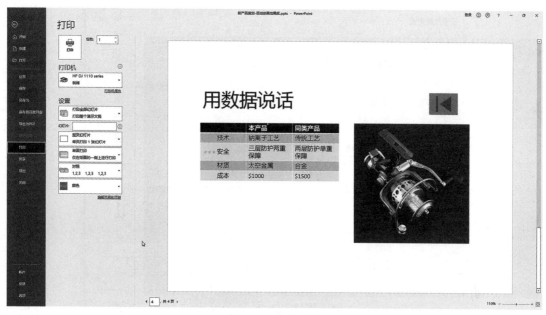

图 4-65　打印设置

2. 技术分析

（1）对演示文稿进行排练计时。

（2）设置演示文稿的放映方式。

（3）打印演示文稿。

3. 任务实现

（1）打开"新产品策划"演示文稿。选择【幻灯片放映】选项卡【设置】功能区中【排练计时】命令，进入排练计时状态。同时打开【录制】工具栏自动为幻灯片计时。通过单击鼠标或按【Enter】键控制下一个动画出现的时间。结束放映后即弹出提示对话框，提示排练计时时间并询问是否保留幻灯片的排练时间，单击【是】按钮进行保存。

（2）选择【幻灯片放映】选项卡【设置】功能区中【设置放映方式】命令，在打开的【设置放映方式】对话框中选中【循环放映，按 Esc 键终止(L)】复选框，界面如图 4-67 所示。

（3）单击【文件】选项卡【打印】功能，在【设置】功能中设置【讲义】为"2 张幻灯片"，并选中【幻灯片加框】复选框即可给幻灯片四周加框。界面如图 4-68 所示。

4. 能力拓展

放映"新产品策划"演示文稿，主要介绍演示文稿的放映设置及打印设置，内容包括排练计时、放映和打印的方法等。

图 4-66　打印范围设置

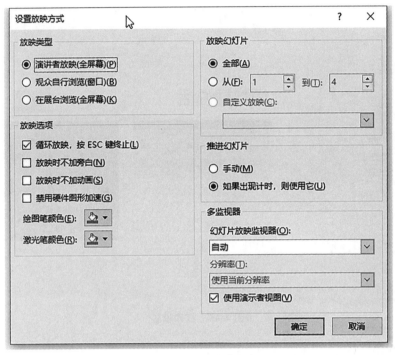

图 4-67 设置放映方式

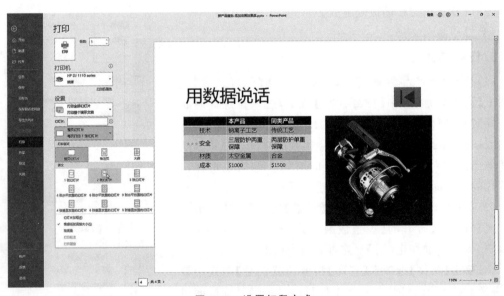

图 4-68 设置打印方式

 友情提示

(1)幻灯片放映时,需要从头开始放映使用快捷键【F5】,需要从当前幻灯片开始放映使用快捷键【Shift】+【F5】。

(2)循环放映幻灯片时使用【ESC】键退出。

课后习题

一、选择题

1. 如果需要在一个演示文稿的每一页幻灯片左下角相同位置插入学校的 logo，以下哪个选项最合适？（　　）

   A. 打开幻灯片母版视图，将 logo 插入在母版中，并调整到合适位置。

   B. 打开幻灯片放映视图，将 logo 插入在幻灯片中，并调整到合适位置。

   C. 打开幻灯片普通视图，将 logo 插入在幻灯片中，并调整到合适位置。

   D. 打开幻灯片浏览视图，将 logo 插入在幻灯片中，并调整到合适位置。

2. 小陈负责新员工的入职培训，在培训演示文稿中需要制作公司的组织结构图，以下哪种操作方法最优？（　　）

   A. 通过插入图片或对象的方式，插入在其他程序中制作好的组织结构图。

   B. 插入 SmartArt 图形制作组织结构图。

   C. 直接在幻灯片的适当位置通过绘图工具绘制出组织结构图。

   D. 先在幻灯片中分级输入组织结构图中的文字内容，然后将文字转换为 SmartArt 组织结构图。

3. 在 PowerPoint 中，幻灯片浏览视图主要用于（　　）。

   A. 对幻灯片的内容进行动画设计

   B. 对所有幻灯片进行整理编排或调整次序

   C. 观看幻灯片的整体播放效果

   D. 对幻灯片的内容进行编辑修改及格式调整

4. 设置 PowerPoint 演示文稿中 SmartArt 图形动画，要求一个分支形状展示完成后再展示下一分支形状内容，以下哪种操作方法最合适？（　　）

   A. 将 SmartArt 动画效果设置为"逐个按分支"。

   B. 将 SmartArt 动画效果设置为"整批发送"。

   C. 将 SmartArt 动画效果设置为"一次按级别"。

   D. 将 SmartArt 动画效果设置为"逐个按级别"。

5. 可以在 PowerPoint 同一窗口显示多张幻灯片，并在幻灯片下方显示编号的视图是（　　）。

   A. 幻灯片浏览视图　　　　　　　　B. 普通视图

   C. 阅读视图　　　　　　　　　　　D. 备注页视图

6. 小白在一次校园活动中拍摄了很多数码照片，事后想将这些照片做成电子相册，以下哪种操作方法最合适？（　　）

   A. 在文件夹中选中所有照片，然后单击鼠标右键直接发送到 PowerPoint 演示文稿中。

   B. 创建一个 PowerPoint 演示文稿，然后在每页幻灯片中插入图片。

   C. 创建一个 PowerPoint 演示文稿，然后批量插入图片。

   D. 创建一个 PowerPoint 相册文件。

7. 在 PowerPoint 演示文稿中通过分节组织幻灯片，如果要选中某一节内的所有幻灯片，以下哪种操作方法最佳？（　　）

   A. 单击节标题

B. 选中该节的一张幻灯片,然后按住【Ctrl】键,逐个选中该节的其他幻灯片

C. 选中该节的第一个幻灯片,然后按住【Shift】键,单击该节的最后一张幻灯片

D. 按【Ctrl】+【A】组合键

8. 小陈需要将 PowerPoint 演示文稿内容制作成一份 Word 版本讲义,以便后续可以灵活编辑及打印,以下哪种操作方法最合理?(　　)

　　A. 将演示文稿中的幻灯片以粘贴对象的方式,一张张复制到 Word 文档中。

　　B. 将演示文稿另存为"大纲/RTF 文件"格式,然后在 Word 中打开。

　　C. 在 PowerPoint 中利用"创建讲义"功能,直接创建 Word 讲义。

　　D. 切换到演示文稿的"大纲"视图,将大纲内容直接复制到 Word 文档中。

9. 将一个 PowerPoint 演示文稿保存为放映文件,以下哪种操作方法最佳?(　　)

　　A. 在"文件"中选择"保存并发送",将演示文稿打包成可自动放映的 CD。

　　B. 将演示文稿另存为.PPSX 文件格式。

　　C. 将演示文稿另存为.POTX 文件格式。

　　D. 将演示文稿另存为.PPTX 文件格式。

10. 在 PowerPoint 演示文稿中,不可以使用的对象是(　　)。

　　A. 图片　　　　　　　　　　　　　　　B. 超链接

　　C. 书签　　　　　　　　　　　　　　　D. 视频

11. 可以在 PowerPoint 内置主题中设置的内容是(　　)。

　　A. 字体、颜色和效果　　　　　　　　　B. 字体、颜色和表格

　　C. 字体、背景和效果　　　　　　　　　D. 字体、背景和表格

12. 在大纲视图中,演示文稿以大纲形式显示。大纲由每张幻灯片的标题和(　　)组成。

　　A. 段落　　　　　　　　　　　　　　　B. 提纲

　　C. 中心内容　　　　　　　　　　　　　D. 副标题

13. 如果要重新设置艺术字的字体,在【插入】中的【文本】组中单击(　　)按钮,在打开的下拉类表框中进行设置。

　　A. 艺术字　　　　　　　　　　　　　　B. 艺术字格式

　　C. 艺术字库　　　　　　　　　　　　　D. 艺术字形状

14. 以下哪种方式可以设置 PPT 页面的纵横比为 16∶9。(　　)。

　　A.【插入】中的【幻灯片】组　　　　　　B.【设计】中的【自定义】组

　　C.【幻灯片放映】中的【设置】组　　　　D.【视图】中的【显示】组

15. 以下关于 PPT 的叙述不正确的是(　　)。

　　A. PPT 也叫演示文稿

　　B. 可以将设计好的 PPT 直接输出为视频格式

　　C. PPT 不能像 Word 一样一页一页输出

　　D. 同一套 PPT 可以根据需要设置不同的放映方案

二、简答题

　　1. 简述 PowerPoint 2016 模板与主题的联系与区别。

　　2. 简述 PowerPoint【视图】选项卡【母版视图】功能区中【幻灯片母版】【讲义母版】和【备注母版】3 种母版的区别。

三、操作题

启动 PowerPoint,根据提供的"演讲.txt"记事本文档的内容,设计一个演示文稿,幻灯片的模板采用软件自带的方案,字体和表达方式可以自定义,动画采用软件自带的方案,下图所示为参考效果。

第5章 信息检索

信息检索(Information Retrieval)简称 IR 是人们进行信息查询和获取的主要方式,是查找信息的方法和手段。掌握信息的高效检索方法,是现代信息社会对高素质技术技能型人才的基本要求。本章包含信息检索的基础知识、搜索引擎使用技巧、专用平台信息检索等内容。

要点如下:

(1)理解信息检索的基本概念,了解信息检索的基本流程。

(2)掌握常用搜索引擎的自定义搜索方法,掌握布尔逻辑检索、截词检索、位置检索、限制检索等检索方法。

(3)掌握通过网页、社交媒体等不同信息平台进行信息检索的方法。

(4)掌握通过期刊、论文、专利、商标、数字信息资源平台等专用平台进行信息检索的方法。

5.1 信息检索概述

5.1.1 信息检索定义

信息检索有广义和狭义之分。广义的信息检索全称为"信息存储与检索",是指将信息按一定的方式组织和存储起来,并根据人们具体的目标需求找出有关信息的过程。狭义的信息检索为"信息存储与检索"的后半部分,通常称为"信息查找"或"信息搜索",是指从信息集合中找出人们所需要的有关信息的过程。狭义的信息检索包括 3 个方面的含义:了解使用者的信息需求、信息检索的技术或方法、满足信息使用者的需求。

5.1.2 信息检索原理

信息检索的基本原理是:通过对大量的、分散无序的文献信息进行搜集、加工、组织、存储,建立各种各样的检索系统,并通过一定的方法和手段使存储与检索这两个过程所采用的特征标识(特征标识是指从自然语言中精选出来的并加以规范化处理的一套特殊符号或代码)达到一致,以便有效地获得和利用信息源。

由信息检索原理可知,信息的存储是实现信息检索的基础。存储的信息不仅包括原始文档数据,还包括图片、视频和音频等,要存储这些信息首先要将这些原始信息进行计算机语言的转换,并将其存储在数据库中,否则无法进行机器识别。待使用者根据意图输入查询请求后,检索系统根据使用者的查询请求在数据库中搜索与查询相关的信息,通过一定的匹配机制计算出信息的相似度大小,并按从大到小的顺序将信息转换输出。

5.1.3 信息检索的基本流程

以"三维打印技术的应用"课题信息检索为例,信息检索的基本步骤为:分析课题、选择检索工具、提炼检索词、构造检索式、文献检索及检索式的调整和检索结果的处理。详细过程如下。

Step1:分析课题

对课题进行分析,主要是为了明确文献检索的目的及要解决的实质问题;明确主题概念以及各主题概念之间的关系;明确课题涉及的学科范围以及课题所需文献信息的语种、时间范围等内容(表5-1)。

表 5-1 分析课题

课题名称	三维打印技术的应用
主题概念	三维打印、应用
涉及学科	涉及光学、机械学、电学、计算机技术、数控技术及材料技术等
语种和时间范围	中文文献、不限时间

Step2:选择检索工具

选择检索工具时要考虑专业性和权威性,选择与学科专业相关的工具和具有权威性的检索工具。

在选择检索工具时首先要了解检索工具收录的范围,包括时间跨度、地理范围、文献语种、类型、揭示深度等;其次要了解检索工具的检索方法和系统功能。中文检索系统可考虑中国知网(CNKI)、万方数据、维普数据库等(表5-2)。

表 5-2 选择检索工具

课题名称	三维打印技术的应用
检索系统	CNKI、万方、维普

Step3:提炼检索词

提炼检索词一般采用切分、去除、替补等方法。提炼检索词一要力求检索词准确表达专业性,不要将一些意义广泛的词作为检索词,如研究等;二要考虑检索词的全面性,基于概念的上下位词,如三维打印与3D打印(表5-3)。

表 5-3 提炼检索词

课题名称	三维打印技术的应用
检索词	三维打印、3D打印、应用、运用

Step4:构造检索式

检索式是检索策略的逻辑表达式,是用来表达人们检索提问的,由基于检索概念产生的检索词和各种组配算符构成(表5-4)。

组配算符通常有布尔逻辑算符、截词符(通配符)、位置算符、嵌套算符(优先算符)4种。

表 5-4　构造检索式

课题名称	三维打印技术的应用
检索词	三维打印、3D 打印、应用、运用
检索式	（三维打印＋3D 打印）＊（应用＋运用）

Step5：文献检索及检索式的调整

选择合适的检索途径：主题途径、关键词途径、篇名途径、全文途径、作者途径等途径如图 5-1 所示。

Step6：检索结果的处理

检索结果的处理包括文献信息的选择、下载、存盘以及文献的阅读与引用。对于有参考价值、拟在论文写作过程参考或引用的文献，要逐篇下载，并将所有下载的文献信息按引文格式存盘，以便在论文的参考文献列表中使用。

主题 ▼
主题
篇关摘
关键词
篇名
全文
作者
第一作者
通讯作者
作者单位

图 5-1　检索途径选择

5.2　信息搜索引擎及信息检索方法

5.2.1　信息搜索引擎

搜索引擎是一种能够通过 Internet 接受使用者的查询指令，并向使用者提供符合其查询要求的信息资源网址的系统。它是一些在 Web 中主动搜索信息（网页上的单词和特定的描述内容）并将其自动索引的 Web 网站，其索引内容存储在可供检索的大型数据库中，建立索引和目录服务。搜索引擎既是用于检索的软件，又是提供查询、检索的网站。所以，搜索引擎也可称为 Internet 上具有检索功能的网页。搜索引擎的主要任务包括信息搜集、信息处理以及信息查询 3 个方面。

例如：百度搜索引擎

百度提供简单检索和高级检索两种检索方法。简单检索：包括新闻、网页、贴吧、MP3、图片、视频等多种检索页面，每种检索页面各有特点。用户可以在检索框中直接输入检索词，也可以在框中输入组合好的带有字段限定名称和算符代码的检索式进行检索，如图 5-2 所示。高级检索提供了关键词的布尔逻辑、时间、搜索结果、文档格式、关键词位置和网站域名限定项，如图 5-3 所示。

图 5-2　百度简单搜索页面

图 5-3　百度搜索引擎高级搜索

例如，使用百度搜索"庆祝建党 100 周年"。如图 5-4 所示。

图 5-4　搜索"庆祝建党 100 周年"

点击"百度一下"，显示搜索结果如图 5-5 所示：

图 5-5　"庆祝建党 100 周年"搜索结果

5.2.2　信息检索方法

1. 布尔逻辑检索

利用布尔逻辑算符(Boolean Logical)将检索词或代码组配成检索提问式,计算机将根据提问式与系统中的记录进行匹配,当两者相符时则命中,并自动输出该文献记录。这是现代信息检索系统中最常用的一种方法。常用的布尔逻辑算符有 3 种,分别是逻辑与"AND"、逻辑或"OR"、逻辑非"NOT",图形表示如图 5-6 所示。

(1)逻辑"与"　用 AND 或"＊"表示,用于两个范围之间交集运算。这种交集运算可以缩小检索范围,有利于提高查准率。

(2)逻辑"或"　用 OR 或"＋"表示,用于两个范围之间并关系运算。这种并运算可以扩大检索范围,防止漏检,提高查全率。

(3)逻辑"非"　用 NOT 或"－"表示,用于从某一检索范围中排除不需要的概念。这种组配可以缩小检索范围,使检索结果更准确。

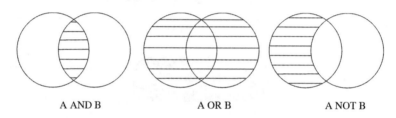

图 5-6　逻辑"与""或""非"图形表示

大多网络信息检索工具均支持布尔逻辑检索,但形式不尽相同。有的使用 AND、OR、NOT,有的使用 and、or、not,有的以符号代替,有的直接隐藏于菜单中。

2. 截词检索

截词检索就是用截断的词的一个局部进行的检索,并认为凡满足这个词局部中的所有字符(串)的文献,都为命中的文献。按截断的位置来分,截词可有后截断、前截断、中截断三种类型。不同的系统所用的截词符也不同,常用的有?、$、＊等。按截词符代表的个数不同也可分为有限截断(即一个截词符只代表一个字符)和无限截断(一个截词符可代表多个字符)。以下举例中用"?"来表示有限截断,用"＊"表示无限截断。

(1)后截断,前方一致　如:reali＊,system??(后截 0～2 个字母)。

(2)前截断,后方一致　如:＊computer。

(3)中截断,中间一致　如:＊comput＊,wom? n。

3. 位置检索

位置检索也叫原文检索,是对检索词在原始文献中相对位置的限定性检索,寻找符合要求的结果。通常位置检索包括以下 4 种级别的限制:

(1)词位置检索　限定检索词组(短语)的单个词之间的位置关系,包括紧密相连顺序不变、紧密相连顺序可以颠倒、词间可以插入 n 个单词等。

(2)自然句级检索　要求检索词出现在某一自然句中。

(3)字段级检索 要求检索词出现在某一字段中。

(4)记录级检索 要求检索词出现在某一记录中。

4. 限制检索

限制检索技术包括字段限制检索、二次检索以及范围限定检索等。

(1)字段限制检索 字段限制检索是指定检索词在记录中出现的字段,即检索入口的方法,也即限定检索词在数据库记录中的一个或几个字段范围内查找的一种检索方法。它是调整检索策略、提高文献信息检索专指度的一种重要手段。在进行字段限制检索时,计算机只对限制字段进行匹配运算,以提高检索效率和查准率。

(2)二次检索 二次检索又称"在结果中检索",是指在前一次检索的结果中运用逻辑"与、或、非"进行另一概念的再限制检索,其主要作用是进一步精选文献,以达到理想的检索结果,这也是限定检索的一种。二次检索用于用户在一次检索的检索结果中遇到检索结果不理想的情况时,在二次检索的检索框中,进一步设定检索条件、关键词,逐渐缩小文献范围,达到查询目的。一般在检索系统中用"在结果中查询"来表示二次检索的功能,设在实施检索后的检索结果页面上。

(3)范围限定检索 范围限定检索是指使用某些检索符号来限定检索范围,达到优化检索的方法。常用的检索符号有如下一些。

包含:用":"或"-"表示。

大于:用">"表示。

小于:用"<"表示。

等于:用"="表示。

大于或等于:用">="表示。

小于或等于:用"<="表示。

范围之外:用"!:"表示。

5.3 网络信息检索平台及其使用

5.3.1 字典、词典

1. 汉语字典(http://xh.5156edu.com/)

在线汉语字典查询方法分为3种:汉字检索法、部首检索法以及拼音检索法,如图5-7所示在线汉语字典汉字检索。

2. 韦氏大学词典(http://www.merriam-webster.com/)

网络版韦氏大学词典,也可称韦氏在线词典。网络版韦氏词典由 Dictionary(字典)和 Thesaurus(同义词词典)两部分组成。图5-8为韦氏词典选择界面。

5.3.2 百科全书

1. 中国大百科全书(https://h.bkzx.cn/)

《中国大百科全书》是我国第一部大型综合性百科全书,系统地介绍了中国社会、政治、经

在线汉语字典
xh. 5156edu. com

| | | 检索 | 按部首检索 | 按拼音检索 |

在上面的搜索框内输入条件,点击检索,就可以找到相应汉字的拼音、部首、笔划、注解、出处,也可以通过笔划、部首去检索。一些淘汰不用、电脑输不出的汉字,请通过在线康熙字典查找,给孩子起名,请通过在线起名大全进行起名字。

热门搜索: 兰 勉 罕 冠 人 估 伶 俐 侵 俯 倾　**最新收录:** 崎岖 真相大白 优柔寡断 巍然不动 高端

快捷查找: 形容词 动词 虚词 数词 代词 叹词 语气词 量词 连词 象声词 助词 副词 介词 方位词 时间词
笔画检索 汉字结构 通假字 生僻字 会意字 象形字 形声字 谦词、敬词 关联词 异形词 异体字

汉语实用附录	实用附录 ┃ 汉字启蒙 ┃ 文学常识 ┃ 历年热词 ┃ 汉语研究 ┃ 朝代顺序表
汉字五行属性查询	中国姓氏起源大全
熟语大全	汉语拼音字母表
汉字笔顺规则表	现代汉语词类表和语法表
特殊字符大全	形容梅花的词语
泄露与泄漏的区别	古代老虎的别称大全
截止与截至的区别	2021年新生儿爆款名字
交代和交待的区别	初一到初七的别称
形容春节的词语	雪的别称雅称
汉字六书的含义	2021年十大语文差错
竖钩和弯钩有什么区别	2021年中国媒体十大流行语

工具导航: 成语词典 反义词查询 近义词查询 文言文翻译 歇后语大全 古诗词大全 万年历 中文转拼音 简繁转换 火星文 区位码 语文网
手机站 版权所有 在线汉语字典 新华字典词典　浙ICP备05019169号 公安备案号:33038102330518

图 5-7　在线汉语字典汉字检索

Search for a Word

Suggested searches: admonish, lugubrious, collaborate, garble, career, disheveled

图 5-8　韦氏词典选择界面

济、文化的发展成果,对我国文化软实力的提升和综合实力的增强起到了重要的推动作用。该书大家云集,数据权威可靠,超过 3 万名专家学者参与编纂工作,两版历时 30 年编纂完成。学科体系搭建完善,包括哲学、社会科学、文学艺术、文化教育、自然科学、工程技术、农业科学、医学以及军事科学等各个学科和领域古往今来的知识。包含近 16 万条目,超过 80 个学科,100 万个知识点,2 亿文字量,10 余万幅图片。

党和国家领导人对《中国大百科全书》的编纂也非常关心和支持,甚至亲自撰稿和审阅有关条目。中国大百科全书首页如图 5-9 所示。

图 5-9　中国大百科全书主页

2. 大英百科全书(http://www.britannica.com)

诞生于 1568 年的《大英百科全书》又称《不列颠百科全书》(*Encyclopædia Britannica*),该书的条目均由世界各国著名的学者、各个领域的专家撰写,对主要学科、重要人物事件都有详尽介绍和叙述,其学术性和权威性已为世人所公认。

1994 年发布的《大英百科全书网络版》(*Encyclopedia Britannica Online*)是 Internet 上第一部百科全书,除包括印刷本内容外,还包括最新的修改和大量印刷本中没有的文章,可检索词条达到 980 000 个。收录了 322 幅手绘线条图、90 811 幅照片、193 幅国旗、335 幅地图、204 段动画影像、514 张表格等丰富内容,大英百科全书搜索主页如图 5-10 所示。

图 5-10　大英百科全书搜索主页

3. 百度百科(https://baike.baidu.com)

百度百科是一部内容开放、自由的网络百科全书,旨在创造一个涵盖所有领域知识、服务所有互联网用户的中文知识性百科全书。百度百科始建于 2006 年 4 月,本着平等、协作、分享、自由的互联网精神,提倡网络面前人人平等,所有人共同协作编写百科全书,让知识在一定的技术规则和文化脉络下得以不断组合和拓展。百度百科至今已有 24 020 897 个词条,百度百科主页如图 5-11 所示。

图 5-11　百度百科主页

4. 360 百科(https://baike.so.com/)

360 百科是一个中文百科,是 360 搜索的重要组成部分,其测试版于 2013 年 1 月 5 日上线,内容涵盖了所有领域。360 百科首页如图 5-12 所示。

图 5-12　360 百科首页

5.4 国内主要综合性信息检索系统

5.4.1 中国知网（CNKI）

中国知网,即中国国家知识基础设施(China National Knowledge Infrastructure,CNKI),是由清华同方光盘股份有限公司、中国学术期刊电子杂志社等单位,以实现全社会知识资源传播共享与增值利用为目标的信息化建设项目。1999 年 6 月正式启动,采用自主开发并具有国际领先水平的数字图书馆技术,建成了世界上全文信息量规模最大的"CNKI 数字图书馆"。

CNKI 的资源可分为"源数据库"和"知识仓库"两类。"源数据库"是指期刊、报纸、硕博论文、标准、专利等按文献来源分类的数据库,具体包括中国期刊全文数据库、中国优秀博硕士学位论文全文数据库、中国重要报纸全文数据库、中国重要会议论文全文数据库、中国年鉴全文数据库、中国专利全文数据库等。"知识仓库"是由"源数据库"精选出后再整合的数据库。

知网提供了快速检索、高级检索、专业检索等多种检索方法。

1. 快速检索

快速检索是一种简单检索,简洁方便,检索界面只有一个检索框,可输单词或一次词组检索,并支持二次检索,但不分字段,因此查全率较高、查准率较低。快速检索界面如图 5-13 所示。

图 5-13 CNKI 快速检索界面

2. 高级检索

高级检索按钮在 CNKI 首页检索输入框右侧。高级检索页面中的检索条件是指期刊年期、来源期刊、来源类别、支持基金、作者、作者单位等检索项,内容检索条件是指主题、篇名、关键词、摘要、全文、参考文献和中图分类号等检索项。

高级检索支持使用运算符 * 、＋、－、″、" "、（　）进行同一检索项内多个检索词的组合运算，检索框内输入的内容不得超过 120 个字符。

输入运算符 *（与）、＋（或）、－（非）时，前后要空一个字节，优先级需用英文半角括号确定。

若检索词本身含空格或 * 、＋、－、（　）、／、％、＝等特殊符号，进行多词组合运算时，为避免歧义，须将检索词用英文半角单引号或英文半角双引号引起来。

高级检索是一种比快速检索复杂一些的检索方式，既支持单词检索又支持多项双词逻辑组合检索。例如要查找智能算法有关的一些论述，高级检索界面如图 5-14 所示。

图 5-14　CNKI 高级检索界面

3. 专业检索

专业检索比快速检索功能更强大，但需要用户根据系统的检索语法编制检索式进行检索，适用于熟练掌握检索技术的专业检索人员。单击 CNKI 中的专业检索即可进入该页面。专业检索界面如图 5-15 所示。

图 5-15　CNKI 专业检索界面

除上述三种检索方式之外,CNKI 还包括"作者发文检索""句子检索""一框式检索""知识元检索"及"引文检索"等方式。在此不再赘述。

5.4.2　维普资讯网

维普数据库是由中国科学院西南信息中心重庆维普资讯有限公司研制开发的网络信息资源,该库是国内最早的中文光盘数据库,也是目前国内最大的综合性文献数据库。该数据库数据每季度更新一次。主要产品有中文科技期刊数据库全文版、文摘版、引文版、外文科技期刊数据库、中国科技经济新闻数据库、行业信息资源系统等。

维普数据库自应用以来,其检索界面不断修改,以期更适合用户检索。目前使用的界面可以提供快速检索、高级检索、检索式检索以及期刊导航 4 种检索方式。

1. 快速检索

进入维普数据库首页,默认的检索方式即为快速检索。如图 5-16 所示。

图 5-16　维普数据库快速检索界面

2. 高级检索

单击首页中检索按钮后的"高级检索"按钮,即进入高级检索界面。如图 5-17 所示。

图 5-17　维普数据库高级检索界面

3. 检索式检索

高级检索页面中含有检索式检索，单击即可进入检索式检索界面。如图 5-18 所示。

图 5-18　维普数据库检索式检索界面

4. 期刊导航

期刊导航界面(图 5-19)，期刊导航有 3 种查询方式：期刊名称、按首字母查找和按学科查询。

图 5-19　维普数据库期刊导航界面

5.5　专题信息的检索

5.5.1　学位论文信息的检索

以万方论文数据库(https://c.wanfangdata.com.cn/thesis)为例,学位论文全文数据库的数据资源由中国科技信息研究所提供,万方数据股份有限公司开发研制,收录始于1980年,年增30余万篇,涵盖基础科学、理学、工业技术、人文科学、社会科学、医药卫生、农业科学、交通运输、航空航天和环境科学等各学科领域。

系统提供了4种检索方式,分别是"简单检索""高级检索""作者发文检索"和"专业检索"。

1. 简单检索

简单检索界面是系统默认的检索界面,进入学位论文页面后,默认的检索界面如图5-20所示。

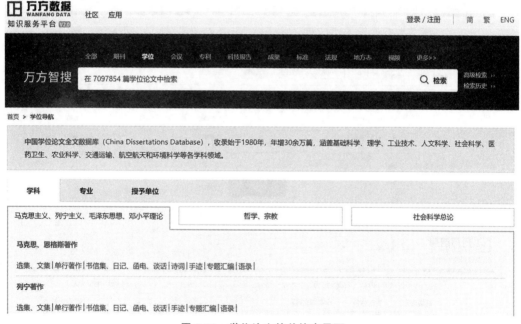

图5-20　学位论文简单检索界面

2. 高级检索

检索界面如图5-21所示,可根据检索要求在相应检索框中输入检索词,要注意各字段之间是逻辑"与"的关系。

3. 作者发文检索

检索界面如图5-22所示,可根据文章作者进行检索。

4. 专业检索

检索界面如图5-23所示。专业检索比其他检索方式功能更强大,但需要检索人员根据系统的检索语法编制检索式进行检索。适用于熟练掌握CQL检索技术的专业检索人员。

图 5-21 学位论文高级检索界面

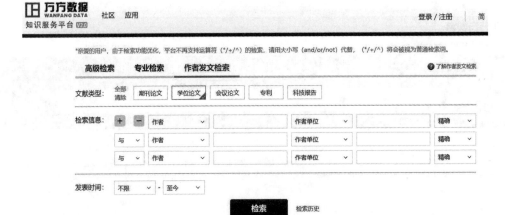

图 5-22 作者发文检索界面

图 5-23 学位论文专业检索界面

5.5.2 会议论文信息的检索

1. 万方学术会议论文数据库(https://c.wanfangdata.com.cn/meeting conference)

万方会议论文数据库是万方数据资源系统的科技信息子系统所提供的会议论文数据库。它包括中国学术会议论文全文数据库、中国学术会议论文文摘数据库、中国医学学术会议论文文摘数据库及 SPIE 会议文献数据库。除了全文库外,文摘库都可以通过万方数据资源系统的网站免费检索。如图 5-24 所示。

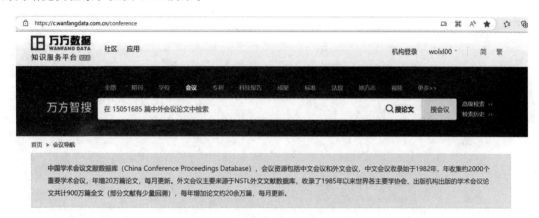

图 5-24 万方会议论文检索首页

2. CNKI 中国重要会议论文全文数据库

《中国重要会议论文全文数据库》是中国知网(https://www.cnki.net/)的会议论文数据库,重点收录 1999 年以来,中国科协、社科联系统及省级以上的学会、协会,高校、科研机构,政府机关等举办的重要会议上发表的文献。其中,全国性会议文献超过总量的 80%,部分连续召开的重要会议论文可回溯至 1953 年。目前,已收录出版 3 万次国内重要会议投稿的论文,累积文献总量 250 余万篇。中国重要会议论文全文数据库中国知网搜索页面如图 5-25 所示。

图 5-25 中国重要会议论文全文数据库中国知网搜索页面

3. NSTL 中外文会议论文库(http://www.nstl.gov.cn)

国家科技图书文献中心(NSTL)的中国会议论文数据库收录了 1985 年以来我国国家级学会、协会、研究会以及各省、部委等组织召开的全国性学术会议论文。数据库的收藏重点为自然科学各专业领域,每年涉及 600 余个重要的学术会议,年增加论文 4 万余篇,每季或月更新。国家科技图书文献中心首页如图 5-26 所示。

图 5-26　国家科技图书文献中心首页

5.5.3　专利信息的检索

专利文献的检索是通过一定的方法,运用特定的检索工具,从大量的专利文献中获取所需的目标专利文献的过程。进行专利文献检索之前,应仔细分析检索课题,发现隐含在检索需求中的检索已知条件,并将检索的已知条件用检索工具或检索系统能理解的检索指令予以表达。通常,检索课题的已知条件可构成检索该课题所需文献的检索入口,这些检索入口必定包含在特定检索工具具有的检索途径之中。

1. 中国专利信息检索系统

中国专利信息检索系统(http://search.cnipr.com/)由中华人民共和国国家知识产权局、中国专利信息中心创建维护,免费检索自 1985 年我国颁布专利法以来公布的所有专利文献。系统更新方式为周更新。

该检索系统由三大特点:一是能在网上直接获取下载近 3 年的专利说明书全文;二是带有国际专利分类表 IPC,可利用 IPC 表进行分类浏览检索,同时分类号和关键词还可互为查找,满足不同的检索要求;三是系统页面简洁,检索速度快。其检索首页如图 5-27 所示,高级检索界面如图 5-28 所示。

图 5-27　中国专利信息检索系统首页

图 5-28　中国专利信息检索系统高级检索界面

2. 中国知识产权网

中国知识产权网（http:∥www.cnipr.com）平台提供全部中国专利信息数据库，还包含

"六国"(美、日、英、法、德、瑞士)"两组织"(世界知识产权组织、欧洲专利局)在内的海量专利数据库,以及经过深度加工标引的中国中药专利数据库和中国专利说明书全文权代码数据库,总量达到千万件以上。

基于浏览器的信息服务平台,实现了在同一中文界面下对世界各国专利信息的统计检索和浏览,全部国外数据均采用英文文摘,最大限度地方便了用户的使用。平台具有表格检索、逻辑检索、智能模糊检索、IPC分类检索和同义词查询等多种检索途径,可以实现屏幕取词、模糊检索、二次检索、过滤检索等功能,如图5-29所示。

图5-29　中国知识产权网首页

5.5.4　商标信息的检索

商标是一个专门的法律术语。商标是用以识别和区分商品或者服务来源的标志。任何能够将自然人、法人或者其他组织的商品与他人的商品区别开的标志,包括文字、图形、字母、数字、三维标志、颜色组合和声音等,以及上述要素的组合,均可以作为商标申请注册。

商标检索即商标查询,是商标注册申请人或代理人到商标局查询申请注册的商标有无与在先权利商标相同或近似的情况,以了解自己准备申请注册的商标是否与他人已经注册的商标相混同。

国内的商标注册、查询等流程都是通过国家知识产权局商标局中国商标网来实现(http://sbj.cnipa.gov.cn/),如图5-30所示。

图5-30是中国商标局的首页,其中包含了网上申请、查询、下载及指南等功能。

1.商标申请

点击商标网上申请,出现商标申请页面,在该页面上根据不同的需求选择不同的用户类型申请方式,如图5-31所示:

点击网上申请用户登录,根据网站指示,按照流程完成商标申请。

图 5-30 中国商标局的首页

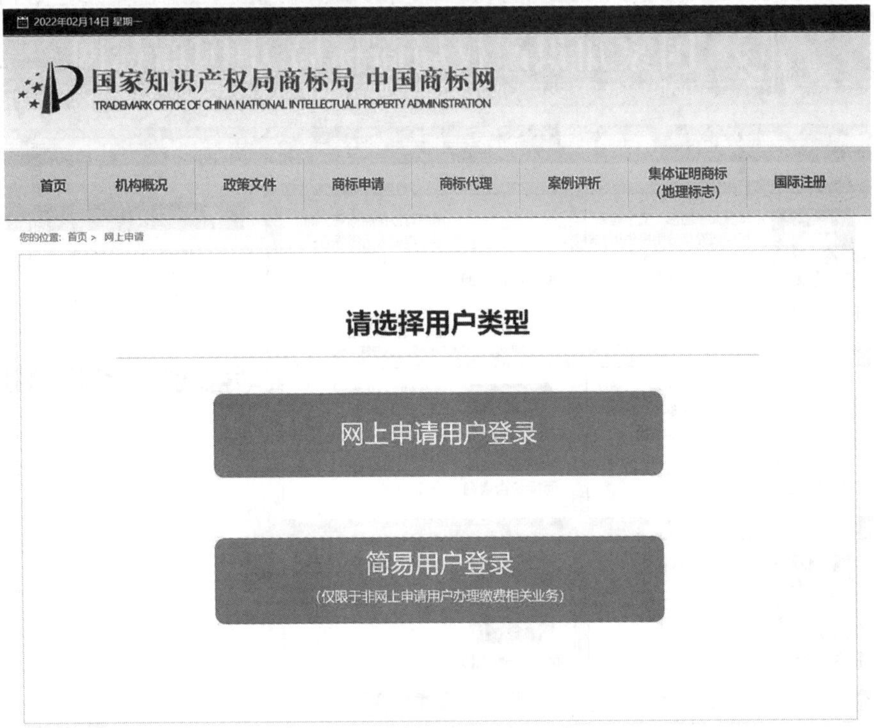

图 5-31 商标申请页面

2. 商标查询

点击网上商标查询，出现查询页面如图 5-32 所示：

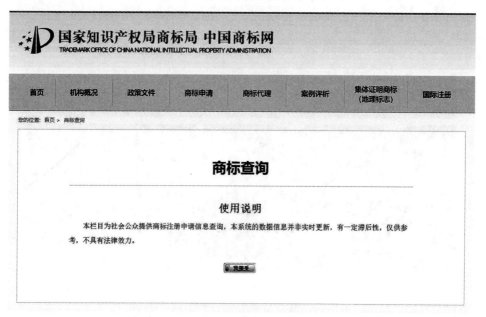

图 5-32　商标查询页面

点击【我接受】按钮，页面跳转到商标查询模块页面，具体如图 5-33 所示：

图 5-33　商标查询模块页面

商标查询模块包含商标近似查询、商标综合查询、商标状态查询、商标公告查询和其他相关查询模块，根据不同的查询模块能够得知关于自有商标的相关信息。

3. 相关功能

图 5-34、图 5-35 和图 5-36 分别显示商标近似查询、商标综合查询以及商标状态查询等功能模块页面。

图 5-34 商标近似查询页面

图 5-35 商标综合查询页面

图 5-36 商标状态查询页面

5.5.5 数字化学习资源的检索

国家数字化学习资源中心(https://www.nerc.edu.cn)是专业从事数字化学习资源和教育信息化软件研究、开发、推广与服务的业务部门。下设资源发展中心、网络课程制作中心、微课程制作中心、研发中心、营销中心及泛在学习研究院,首页如图 5-37 所示。

图 5-37 国家数字化学习资源中心首页

国家数字化学习资源中心检索类目包含了课程、文本、视频、动画、案例、音频等多种类型,如图 5-38 所示。

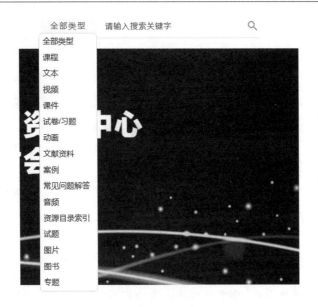

图 5-38　检索类目

搜索视频媒体——毛泽东思想，如图 5-39 所示。

图 5-39　搜索毛泽东思想页面

搜索结果，如图 5-40 所示。

图 5-40　搜索毛泽东思想结果页面显示

课后习题

一、选择题

1. 搜索引擎的主要任务包括信息搜集、信息处理以及(　　)3个方面。
   A. 信息接收　　　　　B. 信息发送　　　　　C. 信息传输　　　　　D. 信息查询

2. 信息检索的方法有布尔逻辑检索、位置检索、限制检索和(　　)。
   A. 截词检索　　　　　B. 绝对检索　　　　　C. 相对检索　　　　　D. 以上都有

3. 布尔逻辑检索中 * 表示(　　)
   A. 或　　　　　　　　B. 非　　　　　　　　C. 与　　　　　　　　D. 都不是

4. 截词检索中包括后截断、前截断和(　　)
   A. 上截断　　　　　　B. 下截断　　　　　　C. 中截断　　　　　　D. 无截断

5. 位置检索包含词位置检索、自然句级检索、字段级检索和(　　)。
   A. 文章检索　　　　　B. 段前检索　　　　　C. 段后检索　　　　　D. 记录级检索

6. 中国知网提供的高级检索中,检索框内输入的内容不得超过(　　)个字符。
   A. 130　　　　　　　B. 120　　　　　　　C. 110　　　　　　　D. 125

7. 万方论文数据库查询系统提供了 4 种检索方式,分别是简单检索、高级检索、作者发文检索和(　　)。
   A. 专业检索　　　　　B. 复杂检索　　　　　C. 立式检索　　　　　D. 二分检索

8. 中国知网的英文简称是(　　)
   A. CNKK　　　　　　B. CNIK　　　　　　C. CNKI　　　　　　D. CCKI

9. 中国知网除了快速检索、高级检索、专业检索方式外,还可能包含(　　)。
   A. 作者发文检索　　　B. 句子检索　　　　C. 知识元检索　　　D. 以上都是

10. 信息检索的基本步骤为:分析课题、选择检索系统、提炼检索词、构造检索式、文献检索及检索式的调整和(　　)。
    A. 收集资料　　　　　　　　　　　　　B. 整理资料
    C. 检索结果的处理　　　　　　　　　　D. 检索方式的改变

11. 限制检索技术包括字段限制检索、二次检索和(　　)
    A. 范围限定检索　　　　　　　　　　　B. 段落限制检索
    C. 文字限定检索　　　　　　　　　　　D. 数字限定检索

12. 下列说法错误的是(　　)
    A. 逻辑"或"用 OR 表示　　　　　　　　B. 逻辑"非"用 NOT 表示
    C. 逻辑"与"用 AND 表示　　　　　　　D. 逻辑"与"用 NAD 表示

13. 商标是用以识别和区分商品或者服务来源的标志,包括(　　)。
    A. 文字、图形、字母　　　　　　　　　B. 数字、三维标志
    C. 颜色、声音　　　　　　　　　　　　D. 以上都包括

14. 国家数字化学习资源中心检索类目包含了课程、文本、视频、动画、案例和(　　)等多种格式。
    A. 数字　　　　　　B. 文化　　　　　　C. 音频　　　　　　D. 体育

15. 下列说法正确的是(　　)。

A. 信息检索有广义和狭义之分

B. 信息的处理是实现信息检索的基础

C. 广义的信息检索全称为"信息分析与检索"

D. 选择检索工具时无须考虑专业性和权威性

二、简答题

1. 简述信息检索定义及原理。

2. 简述信息检索技术有哪些检索方法。

三、论述题

谈谈编写文献时怎样利用信息检索技术更好地为你提供服务。

第6章 新一代信息技术概述

新一代信息技术是以人工智能、量子信息、5G 移动通信、物联网、区块链等为代表的新兴技术。它既是信息技术的纵向升级,也是信息技术之间及其与相关产业的横向融合。本章主要介绍新一代信息技术的基本概念、技术特点、典型应用、技术融合等内容。

要点如下:
(1)理解新一代信息技术及其主要代表技术的基本概念;
(2)了解新一代信息技术各主要代表技术的技术特点;
(3)了解新一代信息技术各主要代表技术的典型应用;
(4)了解新一代信息技术与制造业等产业的融合发展方式。

6.1 人工智能

人工智能(Artificial Intelligence)简称 AI,是信息科学的一个分支,它试图了解智能的实质,并生产出一种新的能以与人类智能相似的方式做出反应的智能机器。该领域的研究包括机器人、语言识别、图像识别、自然语言处理和专家系统等。

6.1.1 人工智能定义及关键技术

人工智能是研究、开发用于模拟、延伸和扩展人的智能的理论、方法、技术及应用系统的一门新的技术科学。

尼尔逊教授对人工智能下了这样一个定义:"人工智能是关于知识的学科——怎样表示知识以及怎样获得知识并使用知识的科学"。美国麻省理工学院的温斯顿教授认为:"人工智能就是研究如何使计算机去做过去只有人才能做的智能工作。"这些说法反映了人工智能学科的基本思想和基本内容。即人工智能是研究人类智能活动的规律,构造具有一定智能的人工系统,研究如何让计算机去完成以往需要人的智力才能胜任的工作,研究如何应用计算机的软硬件来模拟人类某些智能行为的基本理论、方法和技术。人工智能的关键技术主要有以下几个方面。

1. 机器学习

机器学习(Machine Learning)是一门涉及统计学、系统辨识、逼近理论、神经网络、优化理论、计算机科学、脑科学等诸多领域的交叉学科,研究计算机怎样模拟或实现人类的学习行为,以获取新的知识或技能,重新组织已有的知识结构使之不断改善自身的性能,是人工智能技术的核心。

2. 知识图谱

知识图谱本质上是结构化的语义知识库,是一种由节点和边组成的图数据结构,以符号形式描述物理世界中的概念及其相互关系,其基本组成单位是"实体—关系—实体"三元组,以及实体及其相关"属性—值"对。不同实体之间通过关系相互联结,构成网状的知识结构。在知识图谱中,每个节点表示现实世界的"实体",每条边为实体与实体之间的"关系"。通俗地讲,知识图谱就是把所有不同种类的信息连接在一起而得到的一个关系网络,提供了从"关系"的角度去分析问题的能力。

3. 自然语言处理

自然语言处理是计算机科学领域与人工智能领域中的一个重要方向,研究能实现人与计算机之间用自然语言进行有效通信的各种理论和方法,涉及的领域较多,主要包括机器翻译、机器阅读理解和问答系统等。

4. 人机交互

人机交互主要研究人和计算机之间的信息交换,主要包括人到计算机和计算机到人的两部分信息交换,是人工智能领域的重要的外围技术。人机交互是与认知心理学、人机工程学、多媒体技术、虚拟现实技术等密切相关的综合学科。传统的人与计算机之间的信息交换主要依靠交互设备进行,主要包括键盘、鼠标、操纵杆等输入设备,以及打印机、绘图仪、显示器等输出设备。人机交互技术除了传统的基本交互和图形交互外,还包括语音交互、情感交互、体感交互及脑机交互等技术。

5. 计算机视觉

计算机视觉是使用计算机模仿人类视觉系统的科学,让计算机拥有类似人类提取、处理、理解和分析图像以及图像序列的能力。自动驾驶、机器人、智能医疗等领域均需要通过计算机视觉技术从视觉信号中提取并处理信息。随着深度学习的发展,预处理、特征提取与算法处理渐渐融合,形成端到端的人工智能算法技术。

6. 生物特征识别

生物特征识别技术是指通过个体生理特征或行为特征对个体身份进行识别认证的技术。从应用流程看生物特征识别通常分为注册和识别两个阶段,注册阶段通过传感器对人体的生物表征信息进行采集,如利用图像传感器对指纹和人脸等光学信息、麦克风对说话声等声学信息进行采集,利用数据预处理以及特征提取技术对采集的数据进行处理,得到相应的特征进行存储。

7. VR/AR

虚拟现实(VR)/增强现实(AR)是以计算机为核心的新型视听技术。结合相关科学技术,在一定范围内生成与真实环境在视觉、听觉、触感等方面高度近似的数字化环境,用户借助必要的装备与数字化环境中的对象进行交互、相互影响,获得近似真实环境的感受和体验,通过显示设备、跟踪定位设备、触力觉交互设备、数据获取设备、专用芯片等实现。

6.1.2 人工智能的典型应用

随着人工智能理论和技术的日益成熟,它所应用的领域也在不断扩大,涵盖了控制、设计、

管理、家电以及教育等领域。例如,天津市自 2017 年开始实施人工智能三年行动计划以来,分别在车联网、智慧教育、智能安防、智能家居、智慧金融以及智慧医疗与健康领域形成了一批典型示范应用,其中车联网领域包括天津港无人驾驶电动集装箱卡车示范运行、中新生态城智慧交通 V2X 车路协同等应用;在智慧医疗与健康领域,天津市人民医院通过高清晰三维成像机器人实现了通过微创手术方式实施高难度、高精度、低创伤的外科手术。

人工智能在教育领域也有了一定的发展,不管是在哪个学习阶段,人工智能都能够很好地解决学习者的疑问,并且能够快速地给出最佳的答案,可以随时随地进行学习,目前一些大学已经开始尝试人工智能的教学方式。

6.1.3 人工智能与制造业等产业的融合发展

人工智能与工业互联网的结合是大势所趋,人工智能 AI 与工业互联网 IIoT、大数据分析、云计算和信息物理系统的集成将使工业以灵活、高效和节能的方式运作。

人工智能逐渐的与制造业联合应用于生产中,例如 AI 在设计仿真中的应用,吉利公司通过 AI 技术进行汽车碰撞仿真实验,仿真时间大大缩短,碰撞的车辆损耗也大大减少。浙江大学与某汽轮机厂合作,在网络上进行汽轮机的设计与仿真,使得整个过程更直观、更直接,通过这套设计与仿真流程,大大节省了汽轮机产品设计的时间成本。

AI 在数字化排产中的应用,上汽在传统冲压车间,将手工排产结合 AI 技术转变成数字排产,减少了物料的存放,快速响应了生产需求,提高了生产效率,减少了能耗和物流成本等。

人工智能在制造业中的发展还有很多案例,包括 AI 在优化生产工艺的应用,AI 在个性化生产中的应用,AI 在生产质量监控中的应用等。

目前,AI 逐渐与我们的生活息息相关,在音频、视频、机械驾驶等领域都取得了一定的成果。例如,图 6-1 所示虚拟个人助理小米 AI 音箱、图 6-2 所示机器视觉、图 6-3 所示无人驾驶、图 6-4 所示机器翻译等。

图 6-1 虚拟个人助理小米 AI 音箱

图 6-2 机器视觉

图 6-3　无人驾驶

图 6-4　机器翻译

6.2　量子信息技术

量子信息是量子物理与信息技术相结合发展起来的新学科,主要包括量子通信和量子计算两个领域。量子通信主要研究量子密码、量子隐形传态、远距离量子通信的技术等;量子计算主要研究量子计算机和适合于量子计算机的量子算法。

6.2.1　量子信息技术定义及关键技术

量子信息技术是将电子技术、信息技术与计算机技术有机结合,研究构建通用量子处理器,实现量子处理和量子信息的各种应用的学科。量子信息关键技术主要包括以下几个方面:

1.量子通信技术

量子通信是指利用微观粒子(一般为光子)的量子态作为编码物理态,进行信息传递的通信方式,其特征是通信过程中的信息载体为物理系统的量子态。量子通信技术包含了量子隐形传态、量子密集编码、量子信息论、量子密码等研究分支。量子密码技术又包含量子安全直接通信(QSDC)、量子秘密共享(QSS)、量子公钥密码(QPKC)、量子密钥分发(QKD)等技术。

2.量子计算技术

量子计算是以量子力学原理为基础,用二能级系统作为信息处理单元(量子比特,qubit)通过对量子态的调控实现信息输入、信息处理及信息提取的并行计算方式。其核心在于以量子态来编码信息,优势源于量子相干性引起的量子并行。在经典计算中,基本信息单位为比特,运算对象是各种比特序列。与此类似,在量子计算中,基本信息单位是量子比特,运算对象是量子比特序列。所不同的是,量子比特序列不但可以处于各种正交态的叠加态上,而且还可以处于纠缠态上。

3.量子成像技术

量子成像是一种利用双光子复合探测恢复待测物体空间信息的一种新型成像技术,通过利用、控制(或模拟)辐射场的量子涨落来得到物体的图像。经典电磁波成像技术建立在电磁波的确定性理论模型和经典信息论基础之上,而量子成像技术建立在光场的量子统计的不确定性理论模型之上,所以量子成像能够打破经典成像的探测系统量子噪声极限、成像系统分辨率衍射极限、奈奎斯特采样极限,在成像探测灵敏度、分辨率和扫描成像速率上得到突破。

4. 量子定位技术

量子定位技术基于传统无线电导航定位系统的同步、信息传输、测距（测角/测时差/测相差/测频差）和解算（位置/方向/姿态）基本原理，利用量子的纠缠和压缩特性实现超越经典测量中能量、带宽和精度的限制。根据理论分析，量子定位技术在定位精度、安全性和抗干扰方面远优于无线电导航定位系统。

5. 量子传感技术

量子传感技术是基于量子力学特性实现对物理量进行高精度的测量，在量子传感中，电磁场、温度、压力等外界环境直接与电子、光子、声子等体系发生相互作用并改变它们的量子状态，最终通过对这些变化后的量子态进行检测实现外界环境的高灵敏度测量。我们把这些电子、光子、声子等量子体系看作是一把高灵敏度的量子"尺子"，称之为量子传感器。量子传感器可以观察到光子相位的微小变化，并通过量子态的调控高度压缩光场固有的散粒噪声，从而实现接近于海森堡测不准原理（物理学要求的测量极限）量级的观测。

6.2.2 量子信息技术的典型应用

量子信息技术的应用主要体现在量子计算机领域，量子计算机理论上具有模拟任意自然系统的能力，同时也是发展人工智能的关键。由于量子计算机在并行运算上的强大能力，使它有能力快速完成经典计算机无法完成的计算。量子信息技术在天气预报、药物研制、交通调度以及保密通信等领域有着广阔的应用。

1. 天气预报

量子计算机高效、快速地处理包含许多变量的大量数据，利用量子比特的计算能力，可以帮助人类建立更好的气候模型，促进气象条件的跟踪和预测，科学家可以依据气候模型做出未来全球变暖的预估，这些模型还能帮助人类确定现在需要采取哪些步骤来防止可能到来的灾害。

2. 药物研制

量子计算机对于研制新的药物也有着极大的优势，量子计算机能描绘出万亿计的分子组成，并且选择出其中最有可能的方法，提高人们发明新型药物的速度，并且能够更个性化的对于药理进行分析。

3. 交通调度

量子计算机可以根据现有的交通状况数据，通过深度分析，进行交通调度和优化。

4. 保密通信

量子计算机对于加密通信由于其不可克隆原理，将会使得入侵者不能在不被发现的情况下进行破译和窃听，这是量子计算机本身的性质决定的。

6.2.3 量子信息技术与制造业等产业的融合发展

随着量子信息技术的逐渐成熟，量子通信更是在信息安全、节能环保、交通管理、能源电力、智能工农业、金融保险等领域获得广泛应用。例如我国长沙凯乐信息技术有限公司和华为科技有限公司在量子通信技术应用方面都有一定的建树，长沙凯乐信息技术有限公司的星状网络数据链通信已经应用到广播电视、采矿石油、应急指挥、无人机、海事救援等相关领域。华为建立量子计算模拟器 HiQ 云服务平台,平台包括 HiQ 量子计算模拟器与基于模拟器开发的 HiQ 量子编程框架两个部分,该平台是华为公司在量子计算基础研究层面迈出的第一步。

2022 年 1 月 23 日,我国首个量子计算全球开发者平台正式上线。该平台前身为国内首个以"量子计算"为主要特色的双创平台,目前正式升级为 2.0 版,更新为"量子计算全球开发者平台",旨在将量子计算全球开发者平台打造成国内首个"经典-量子"协同的量子计算开发和应用示范平台,推进量子计算产业落地。

6.3 5G 移动通信技术

移动通信延续着每十年一代技术的发展规律,已历经 1G、2G、3G、4G 的发展,5G 作为一种新型移动通信网络,不仅要解决人与人通信,为用户提供增强现实、虚拟现实、超高清(3D)视频等更加身临其境的极致业务体验,更要解决人与物、物与物通信问题,满足移动医疗、车联网、智能家居、工业控制、环境监测等物联网应用需求。

6.3.1 5G 基本概念及关键技术

5G 或 5G 技术是第五代移动通信技术的简称,是最新一代蜂窝移动通信技术,也是继 2G、3G 和 4G 系统之后的延伸,是具有高速率、低时延和大连接特点的新一代宽带移动通信技术,是实现人机物互联的网络基础设施。5G 的关键技术包含以下几个方面。

1. 超密集异构网络

超密集异构网络能够改善网络覆盖,大幅度提升系统容量,并且对业务进行分流,具有更灵活的网络部署和更高效的频率复用。随着各种智能终端的普及,移动数据流量将呈现爆炸式增长,在未来 5G 网络中,减少小区半径,增加低功率节点数量,是保证未来 5G 网络支持 1000 倍流量增长的核心技术之一。因此,超密集异构网络成为未来 5G 网络提高数据流量的关键技术。

2. 自组织网络

传统移动通信网络中,主要依靠人工方式完成网络部署及运维,既耗费大量人力资源又增加运行成本,而且网络优化也不理想。在未来 5G 网络中,将面临网络的部署、运营及维护的挑战,这主要是由于网络存在各种无线接入技术,且网络节点覆盖能力各不相同,它们之间的关系错综复杂。因此,自组织网络(Self-Organizing Network,SON)的智能化将成为 5G 网络必不可少的一项关键技术。

3. 内容分发网络

在 5G 中,面向大规模用户的音频、视频、图像等业务急剧增长,网络流量的爆炸式增长会极大地影响用户访问互联网的服务质量。如何有效地分发大流量的业务内容,降低用户获取信息的时延,成为网络运营商和内容提供商面临的一大难题。仅仅依靠增加带宽并不能解决问题,它还受到传输中路由阻塞和延迟、网站服务器的处理能力等因素的影响,这些问题的出现与用户服务器之间的距离有密切关系。内容分发网络(Content Distribution Network,CDN)会对未来 5G 网络的容量与用户访问具有重要的支撑作用。

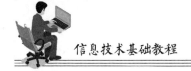

4. 终端直通（Device-to-Device，D2D）

D2D 技术无须借助基站的帮助就能够实现通信终端之间的直接通信，拓展网络连接和接入方式。由于短距离直接通信，信道质量高，D2D 能够实现较高的数据速率、较低的时延和较低的功耗；通过广泛分布的终端，能够改善覆盖，实现频谱资源的高效利用；支持更灵活的网络架构和连接方法，提升链路灵活性和网络可靠性。进入 5G 时代，车联网、自动驾驶、可穿戴设备等物联网应用将大量兴起，D2D 通信的应用范围必将大大扩展。

5. M2M 通信

M2M（Machine to Machine，M2M）作为物联网最常见的应用形式，在智能电网、安全监测、城市信息化、环境监测等领域实现了商业化应用。3GPP（第三代合作伙伴计划）已经针对 M2M 网络制定了一些标准，并已立项开始研究 M2M 关键技术。M2M 的定义主要有广义和狭义两种。广义的 M2M 主要是指机器对机器、人与机器间以及移动网络和机器之间的通信，它涵盖了所有实现人、机器、系统之间通信的技术；从狭义上说，M2M 指机器与机器之间的通信。对 M2M 而言，智能化和交互式是它的主要特征，基于这一特征设备将更加智慧和智能，为 5G 网络的应用奠定良好基础，提供可靠的硬件支持。

6.3.2 5G 的典型应用

5G 不仅应用于手机，它将面向未来 VR/AR、智慧城市、智慧农业、工业互联网、车联网、无人驾驶、智能家居、智慧医疗等。5G 超高速上网和万物互联将产生呈指数级上升的海量数据，这些数据需要云存储和云计算，并通过大数据分析和人工智能产出价值。下面主要从三个方面介绍 5G 的典型应用。

1. 车联网与自动驾驶

车联网技术经历了利用有线通信的路侧单元（道路提示牌）以及 2G/3G/4G 网络承载车载信息服务的阶段，正在依托高速移动的通信技术，逐步步入自动驾驶时代。根据中国、美国、日本等国家的汽车发展规划，依托传输速率更高、时延更低的 5G 网络，将在 2025 年全面实现自动驾驶汽车的量产，市场规模达到 1 万亿美元。

2. 外科手术

2019 年华为技术有限公司联合中国联通福建省分公司、福建医科大学孟超肝胆医院在中国联通东南研究院通过 5G 技术实施了外科手术。本次手术操作端放置在中国联通东南研究院内，通过 5G 技术实时传输操作信号，为 50 公里外孟超肝胆医院的实验动物进行远程肝小叶切除手术，由于延时只有 0.1 秒，外科医生用 5G 网络切除了实验动物的肝脏。

3. 智能电网

目前 5G 在电力领域的应用主要面向输电、变电、配电、用电四个环节开展，应用场景主要涵盖了采集监控类业务及实时控制类业务，包括输电线无人机巡检、变电站机器人巡检、电能质量监测等。利用 5G 智能电网，电力工作人员通过超高清摄像头监控输电线路和配电设施，能够及时发现故障隐患，快速定位恢复线路故障，恢复供电的时间缩短到秒级甚至毫秒级，节省 80% 的现场巡检人力物力。

6.3.3　5G 技术与制造业等产业的融合发展

随着工业互联网和 5G 技术的不断研发和普及,制造业成为这些高新技术的主要战场,一系列应用技术的加入,让制造业的效率和准确度大幅度提高。例如位于长沙的山河工业城利用 5G 进行内网改造,实现了园区内各要素、环节、系统、平台、设备的互联互通,资源实时精细管控与产品全生命周期管理,生产效益带来了巨大提升。中联重科 5G 智慧产业城实现移动机器人、柔性制造、质量监测、产品远程遥控等技术。红太阳光电、鼎英信息、和天电子、特变电工等企业,通过部署专网基站、5G CPE、5G 工业网关等,在光伏电池、冶金、电容器、输变电等传统流程领域,实现生产线自动化和智能化。

随着 5G 基础设施完善,智能、数据驱动的算法在医疗领域的应用也将成为现实,使医护人员可以更加便捷地使用 AI 软件来分析云上的实时患者数据,并提高其可靠性,如图 6-5 所示 5G 基础设施助推智能医疗。

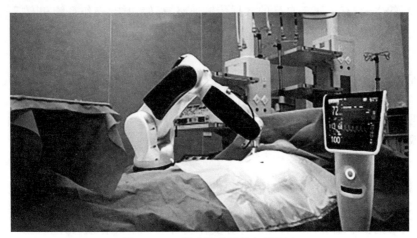

图 6-5　5G 基础设施助推智能医疗

6.4　物联网

物联网作为一种模糊的意识或想法而出现,可以追溯到 20 世纪末,1995 年比尔·盖茨在《未来之路》一书中就曾提及类似于物品互联的设想,只是当时受限于无线网络、硬件及传感设备的发展,并未引起重视。

物联网的英文名称为“The Internet of Things”,由该名称可见,物联网就是“物物相连的互联网”。

6.4.1　物联网基本概念及关键技术

物联网(IoT,Internet of things)是通过射频识别(RFID)装置、红外感应器、全球定位系统、激光扫描器等信息传感设备,按约定的协议把任何物品与互联网相连接进行信息交换和通信,以实现智能化识别、定位、跟踪、监控和管理的一种网络,是互联网基础上的延伸和扩展,是“万物相连的互联网”。实现物联网的关键技术很多,射频识别、传感网、M2M 系统框架以及云计算只是其中的几项。

1. 射频识别技术

射频识别技术(Radio Frequency Identification,简称 RFID)是一种简单的无线系统,由一个询问器(或阅读器)和很多应答器(或标签)组成。应答器由耦合元件及芯片组成,每个应答器具有扩展词条唯一的电子编码,附着在物体上标识目标对象,它通过天线将射频信息传递给询问器。RFID 技术让物品能够"开口说话"。这就赋予了物联网一个特性即可跟踪性。人们可以随时掌握物品的准确位置及其周边环境。

2. 传感网

传感网为随机分布的集成有传感器、数据处理单元和通信单元的微小节点,通过自组织的方式构成的无线网络。在物联网的传感技术中的主要传感节点由 MEMS(微机电系统)构成,它是由微传感器、微执行器、信号处理和控制电路、通信接口和电源等部件组成的一体化的微型器件系统。其目标是把信息的获取、处理和执行集成在一起,组成具有多功能的微型系统,集成于大尺寸系统中,从而大幅度地提高系统的自动化、智能化和可靠性水平。MEMS 赋予了普通物体新的生命,有了属于自己的数据传输通路、存储功能、操作系统和专门的应用程序,从而形成一个庞大的传感网。

3. M2M 系统框架

M2M 是 Machine-to-Machine 的简称,是一种以机器终端智能交互为核心的网络化的应用与服务。它将使对象实现智能化的控制。M2M 技术涉及 5 个重要的技术部分:机器、M2M 硬件、通信网络、中间件、应用。基于云计算平台和智能网络,可以依据传感器网络获取的数据进行决策,改变对象的行为进行控制和反馈。

4. 云计算

云计算是分布式计算的一种,指的是通过网络"云"将巨大的数据计算处理程序分解成无数个小程序,通过多部服务器组成的系统进行处理和分析这些小程序得到结果并返回。云计算旨在通过网络把多个成本相对较低的计算实体整合成一个具有强大计算能力的完美系统,并借助先进的商业模式让终端用户可以得到这些强大计算能力的服务。云计算与物联网相互促进,二者在平台和应用中相辅相成,为社会各产业及服务智慧化升级打造技术底座。

6.4.2 物联网典型应用

互联网是物联网的核心和基础,物联网则是互联网的拓展与延伸。如果说互联网是连接万物,而物联网则是连接物与物。物联网的应用领域有哪些?下面为大家介绍几个典型的物联网应用:

1. 智能交通

物联网技术在道路交通方面的应用比较成熟。随着社会车辆越来越普及,交通拥堵甚至瘫痪已成为城市的一大问题。对道路交通状况实时监控并将信息及时传递给驾驶人,让驾驶人及时调整出行,有效缓解了交通压力;高速路口设置道路自动收费系统(简称 ETC),免去进出口取卡、还卡的时间,提升车辆的通行效率;公交车上安装定位系统,能及时了解公交车行驶路线及到站时间,乘客可以根据搭乘路线确定出行,免去不必要的时间浪费。

2. 智能家居

智能家居就是物联网在家庭中的基础应用,随着宽带业务的普及,智能家居产品涉及方方面面。比如在家中无人的情况下,可利用手机等产品客户端远程操作智能空调调节室温,甚者还可以学习用户的使用习惯从而实现全自动的温控操作,使用户在炎炎夏季回家就能享受到冰爽带来的惬意;通过客户端实现智能灯泡的开关、调控灯泡的亮度和颜色等等;智能插座、智能体重秤、智能摄像头、窗户传感器、智能门铃、烟雾探测器、智能报警器等都是家庭不可少的安全监控设备,即使出门在外,也可以在任意时间、地方查看家中的实时状况,看似烦琐的种种家居生活因为物联网变得更加轻松、美好。

3. 公共安全

近年来全球气候异常情况频发,灾害的突发性和危害性进一步加大,互联网可以实时监测环境的不安全性情况,提前预防、实时预警、及时采取应对措施,降低灾害对人类生命财产的威胁。美国布法罗大学早在 2013 年就提出研究深海互联网项目,通过特殊处理的感应装置置于深海处,分析水下相关情况,海洋污染的防治、海底资源的探测、甚至对海啸也可以提供更加可靠的预警。该项目在当地湖水中进行试验,获得成功,为进一步扩大使用范围提供了基础。利用物联网技术可以智能感知大气、土壤、森林、水资源等方面各指标数据,对于改善人类生活环境发挥巨大作用。

以上只是物联网典型应用领域的一部分,物联网还能应用在医疗、建筑、能源环保等领域,物联网将是下一个推动世界高速发展的"重要生产力",不仅能提高人们的生活水平,也能为社会创造更多价值。

6.4.3 物联网技术与制造业等产业的融合发展

制造业目前正在经历第四次工业革命,随着物联网、人工智能和机器人技术的进步,物联网已经在很多领域与制造业也在不断发展。

上海浦东国际机场防入侵系统中应用物联网传感器。机场防入侵系统铺设了 3 万多个传感节点,覆盖了地面、栅栏和低空探测,可以防止人员的翻越、偷渡、恐怖袭击等攻击性入侵。

武汉市在智慧城市建设中,在污水处理行业采用基于物联网、云计算的城市污水处理综合运营管理平台为污水运营企业安全管理、生产运行、水质化验、设备管理、日常办公等关键业务提供统一业务信息管理平台,对企业实时生产数据、视频监控数据、工艺设计、日常管理等相关数据进行集中管理、统计分析、数据挖掘,为不同层面的生产运行管理者提供即时、丰富的生产运行信息,为辅助分析决策奠定良好的基础,为企业规范管理、节能降耗、减员增效和精细化管理提供强大的技术支持,从而形成完善的城市污水处理信息化综合管理解决方案。

6.5 区块链

区块链起源于比特币,2008 年 11 月 1 日,一位自称中本聪(Nakamoto Satoshi)的人发表了《比特币:一种点对点的电子现金系统》一文,阐述了基于 P2P 网络技术、加密技术、时间戳技术、区块链技术等的电子现金系统的构架理念,这标志着比特币的诞生。2009 年 1 月 3 日第一个序号为 0 的创世区块诞生,2009 年 1 月 9 日出现序号为 1 的区块,并与序号为 0 的创世区块相连接形成了链,标志着区块链的诞生。

6.5.1 区块链基本概念及关键技术

区块链是一个信息技术领域的术语。狭义地讲,区块链是按照时间顺序,将数据区块以顺

序相连的方式组合成的链式数据结构,并以密码学方式保证的不可篡改和不可伪造的分布式账本。广义地讲,区块链技术是利用块链式数据结构验证与存储数据,利用分布式节点共识算法生成和更新数据,利用密码学的方式保证数据传输和访问的安全、利用由自动化脚本代码组成的智能合约,编程和操作数据的全新的分布式基础架构与计算范式。

从本质上讲,区块链是一个共享数据库,存储于其中的数据或信息,具有"不可伪造""全程留痕""可以追溯""公开透明""集体维护"等特征,其关键技术包含点对点技术、非对称加密技术、共识机制以及智能合约等。

1. 点对点技术(P2P)

点对点技术(Peer-to-Peer,简称P2P)又称对等互联网络技术,它依赖网络中参与者的计算能力和带宽,而不是把依赖都聚集在较少的几台服务器上。P2P技术优势很明显,网络分布特性通过在多节点上复制数据,也增加了预防故障的可靠性,并且纯P2P网络与杂P2P和混合P2P不同,节点不需要依靠一个中心索引服务器来发现数据,整个系统也不会出现单点崩溃。

2. 非对称加密技术

非对称加密(公钥加密)指在加密和解密两个过程中使用不同密钥。在这种加密技术中,每位用户都拥有一对钥匙:公钥和私钥。在加密过程中使用公钥,在解密过程中使用私钥。公钥是可以向全网公开的,而私钥需要用户自己保存。非对称加密与对称加密相比,其安全性更好。

3. 共识机制

区块链的共识机制具备"少数服从多数"以及"人人平等"的特点,其中"少数服从多数"并不完全指节点个数,也可以是计算能力、股权数或者其他的计算机可以比较的特征量。"人人平等"是当节点满足条件时,所有节点都有权优先提出共识结果、直接被其他节点认同后并最后有可能成为最终共识结果。以比特币为例,采用的是工作量证明,只有在控制了全网超过51%的记账节点的情况下,才有可能伪造出一条不存在的记录。当加入区块链的节点足够多的时候,这基本上不可能,从而杜绝了造假的可能。

4. 智能合约

智能合约是基于可信的不可篡改的数据,可以自动化的执行一些预先定义好的规则和条款,因为数据不可篡改,所以保持了数据的真实性,在此基础上可以进行预先设定规则进行处理。以保险为例,如果每个人的信息(包括医疗信息和风险发生的信息)都是真实可信的,那就很容易的在一些标准化的保险产品中,去进行自动化的理赔。

6.5.2 区块链的典型应用

区块链技术可以在无需第三方背书情况下实现系统中所有数据信息的公开透明、不可篡改、不可伪造、可追溯。区块链作为一种底层协议或技术方案可以有效地解决信任问题,实现价值的自由传递,区块链技术在金融服务、物流服务、征信权属管理服务以及公益服务等领域具有广阔前景。

1. 金融服务

为了确保货币发行、存款、贷款、汇款等大量交易的确定性,银行必须在交易的审核和清算等诸多环节投入大量人力物力进行核实,这使得交易确认时间较长、开销较大。区块链技术可以大幅度降低交易成本,在不需要任何中介机构的情况下,省去了核实等烦琐复杂的环节,一笔交易的时间能缩短到几秒,甚至更快。

2. 物流服务

通过区块链可以降低物流成本,追溯物品的生产和运送过程,并且提高供应链管理的效率。该领域被认为是区块链一个很有前景的应用方向。

3. 征信权属管理

互联网企业从各种维度都获取了海量的用户信息,但从征信角度看,这些数据仍然存在数据量不足、相关度较差、时效性不足等若干问题。

记录数据天然无法篡改、不可抵赖。这些数据可以在时空中准确定位,并严格关联到用户,完全依靠数学研究成果,基于区块链的信用机制将天然具备稳定性和中立性。

4. 公益服务

区块链上存储的数据,高可靠且不可篡改,天然适合用在社会公益场景。公益流程中的相关信息,如捐赠项目、募集明细、资金流向、受助人反馈等,均可以存放于区块链上,并且有条件地进行透明公开公示,方便社会监督。

6.5.3 区块链技术与制造业等产业的融合发展

区块链的应用已从金融领域延伸到实体领域,电子信息存证、版权管理和交易、产品溯源、数字资产交易、物联网、智能制造、供应链管理等领域。例如我国电商企业通过开放区块链服务平台,帮助企业部署商品防伪追溯,已广泛应用于奶粉、保健品、大米等产品。

蚂蚁集团从 2015 年开始布局区块链,2020 年 3 月,蚂蚁区块链已联合天猫国际和菜鸟累计溯源商品超过 4 亿件,涵盖种类包括比利时钻石、澳洲进口奶粉、五常大米、平武蜂蜜、白酒、红酒、进口保健品、化妆品等。

2020 年 7 月蚂蚁区块链正式升级为"蚂蚁链",蚂蚁链目前每天"上链量"超过 1 亿条;技术上,蚂蚁链过去 4 年每年全球专利申请数始终保持第一位;在应用上,蚂蚁链已经助力解决了 50 多个场景的信任问题。

京东世纪贸易有限公司在 2016 年组建"京东智臻链"区块链团队,京东智臻链是京东自主研发的企业级区块链底层框架,支持企业提供集群和存储环境,支持企业自建 Baas 平台,数据完全由企业持有,从根本上解决数据安全问题。2020 年 4 月,京东智臻链已经注册 800 家以上的品牌商,落链数据超过 13 亿条,消费者"品质溯源"查询次数达 650 万次以上,同时,"区块链防伪追溯应用"已实现与工信部婴配奶粉追溯平台、中国物品编码中心、中国检科院等多个政府食品安全、监管机构的数据互通。

课后习题

一、选择题

1. 人工智能(Artificial Intelligence)英文简称( )。
    A. AD   B. AC   C. AI   D. IA
2. 人工智能领域的研究包括机器人、语言识别、图像识别、自然语言处理和( )等。

信息技术基础教程

A. 人工思想　　　B. 专家系统　　　C. 算法系统　　　D. 信息系统

3. 人工智能的关键技术包括机器学习、知识图谱、自然语言处理、AR/VR、计算机系视觉、生物特征识别和（　　）。

A. 人机交互　　　B. 面向对象　　　C. 面向过程　　　D. 机器语言

4. 量子信息主要包括量子通信和（　　）两个领域。

A. 量子物理　　　B. 量子纠缠　　　C. 量子计算　　　D. 量子计划

5. 量子信息关键技术包括量子通信技术、量子成像技术、量子定位技术、量子传感技术和（　　）。

A. 量子计算技术　　　　　　　B. 量子纠缠技术

C. 量子识别技术　　　　　　　D. 量子分割技术

6. 5G 是（　　）。

A. 5G 带宽技术　　　　　　　B. 第五代移动通信技术

C. 5G 带宽传输技术　　　　　　D. 5G 容量

7. 5G 的关键技术包含超密集异构网络、自组织网络、内容分发网络、M2M 和（　　）。

A. C2C　　　B. D2D　　　C. N2N　　　D. 都不是

8. 物联网的关键技术包括传感网、M2M 系统框架、云计算和（　　）。

A. RFID　　　B. FIFO　　　C. OFDM　　　D. WCMD

9. 射频识别技术（Radio Frequency Identification，RFID）是一种简单的无线系统，由一个询问器和（　　）组成。

A. 扩音器　　　B. 标签　　　C. 标识　　　D. 记录器

10. 下列说法正确的是（　　）。

A. 区块链起源于比特币

B. 区块链技术起源于中国

C. 是一种私有数据库

D. 区块链技术对于人类而言没有广阔的应用前景

二、简答题

1. 简述新一代信息技术的基本含义。

2. 简述人工智能技术在目前社会上的典型应用。

三、论述题

结合目前的物联网、人工智能和 5G 等技术，畅想一下未来的技术市场应用的发展走向。

参 考 文 献

[1] 万雅静.计算机文化基础 Windows 7 + Office 2010[M].北京:机械工业出版社,2016.

[2] 王国才,施荣华.计算机通信网络安全.北京:中国铁道出版社,2016.

[3] 答得喵微软 MOS 认证授权考试中心.微软办公软件国际认证 MOS Office2016 七合一高分必看[M].北京:中国青年出版社,2017.

[4] 策未来.全国计算机等级考试教程 一级计算机基础及 MS Office 应用[M].北京:人民邮电出版社,2021.

[5] 孙姜燕.信息处理技术员教程［M].北京:清华大学出版社,2018.

[6] 教育部考试中心.全国计算机等级考试一级教程——计算机基础及 MS Office 应用(2021年版)［M].北京:高等教育出版社,2021.

[7] 未来教育.2022 年 3 月版全国计算机等级考试上机考试题库一级计算机基础及 MS Office 应用[M].成都:电子科技大学出版社,2021.

[8] 曾健民,孙德红,高薇.信息检索技术实用教程[M]. 2 版.北京:清华大学出版社,2017.

[9] 段班祥.信息技术基础[M].西安:西安电子科技大学出版社,2020.

[10] 于海涛,马桂英,韩峰.大学信息技术基础[M].成都:成都时代出版社,2019.

[11] https://baike.baidu.com/item/量子信息技术/3561236? fr = aladdin,百度百科

[12] 罗锋华,李翔,汪波.5G 网络概述[M].北京:电子工业出版社,2020.

[13] 李联宁.物联网技术基础教程[M].北京:清华大学出版社,2012.

[14] 魏翼飞,李晓东,于非.区块链原理、架构与应用[M].北京:清华大学出版社,2019.

[15] 贾可荣,张彦铎.人工智能[M].北京:清华大学出版社,2018.